创新型人才培养“十三五”规划教材

电子实习指导教程

主编　曹海平　顾菊平

参编　谢　星　冯晓荣　顾海勤

周伯俊　黄媛媛　于　玮

杨衡静　袁蔚芳　陈燕云

電子工業出版社

Publishing House of Electronics Industry

北京·BEIJING

内 容 简 介

本书根据社会发展及教学改革的新形势，基于培养适应社会需求的高素质应用型人才的目的，依托高等工科院校本科电气信息类专业及机械工程专业相关课程（电子技术实践、电工电子实习）的基本要求编写而成。全书共8章，内容包括绪论、电子实习安全用电常识、常用电子元器件的识别与测试、印制电路板的设计与制作、电路焊接技术、电子产品调试工艺、常用电子测量仪器的原理及应用、典型电子产品的整机装配与调试。

本书可供电子信息类和电气自动化类专业及机械工程专业的学生进行电子技术实训使用，也可供实践指导老师和相关专业的工程技术人员参考。

图书在版编目（CIP）数据

电子实习指导教程/曹海平，顾菊平主编. —北京：电子工业出版社，2016.8
创新型人才培养“十三五”规划教材

ISBN 978-7-121-28848-7

Ⅰ. ①电… Ⅱ ①曹… ②顾… Ⅲ. ①电子技术－实习－高等学校－教材 Ⅳ. ①TN01-45

中国版本图书馆 CIP 数据核字(2016)第 108722 号

策划编辑：张　楠
责任编辑：谭丽莎
印　　刷：北京捷迅佳彩印刷有限公司
装　　订：北京捷迅佳彩印刷有限公司
出版发行：电子工业出版社
　　　　　北京市海淀区万寿路 173 信箱　邮编 100036
开　　本：720×1 000　1/16　印张：14.5　字数：309 千字
版　　次：2016 年 8 月第 1 版
印　　次：2023 年 7 月第 7 次印刷
定　　价：39.00 元

凡所购买电子工业出版社图书有缺损问题，请向购买书店调换。若书店售缺，请与本社发行部联系，联系及邮购电话：（010）88254888，88258888。

质量投诉请发邮件至 zlts@phei.com.cn，盗版侵权举报请发邮件至 dbqq@phei.com.cn。

本书咨询联系方式：（010）88254579。

前　言

实践教学是培养学生实训能力的有效途径。实践教学的改革是当今高等学校教学改革的一项重要任务，对培养学生理论联系实际具有重要的作用。电子技术实践（实习）是电子信息类和电气自动化类各专业及机械工程专业的必修实训课程，其特点是应用性广、实践性强，在培养学生的学习能力、实践能力和创新能力等方面具有不可替代的作用。

本书是根据电子技术实践（实习）课程教学的基本要求，基于工程训练中心实训平台编写的电子信息类和电气自动化类各专业及机械工程专业的电子实践教学用书。本书力求做到内容系统化、层次化，适应性广，针对性强，便于教师学生阅读和因材施教。

全书共分 8 章，内容包括绪论、电子实习安全用电常识、常用电子元器件的识别与测试、印制电路板的设计与制作、电路焊接技术、电子产品调试工艺、常用电子测量仪器的原理及应用、典型电子产品的整机装配与调试。内容设计上从认识、检测和选用电子元器件入手，再通过学习印制电路板的设计制作和电路焊接技术，逐步落实到如何设计、选择元器件、制作与调试一个单元电路及制作装配简单的电子产品。教学时可采用“教、学、认、做相结合”的方式，培养学生的分析问题和解决问题的能力，为后续课程（专业课程设计、毕业设计等）的学习提供必要的操作技能和工艺知识。

本书由南通大学曹海平、顾菊平主编，谢星、冯晓荣、顾海勤、周伯俊、黄缓缓、于玮、杨衡静、袁蔚芳、陈燕云参编。在编写的过程中，南通大学电气工程学院、电子信息学院的老师们提出了许多有益的意见和修改建议，在此表示诚挚的谢意。

由于编者水平有限，书中不当和错误之处在所难免，恳请同行专家和读者提出批评指正。

编者

CONTENTS

第1章

绪论

1.1 电子生产实习概述

对于工科类高等教育来说，生产实习（生产实践）是一个重要的教学环节，它是学生巩固理论知识、增强实践能力、培养工程逻辑思维的有效途径。电子生产实习是以电子技术理论为基础开展的实践教学，主要由三部分组成，即电子、电气的基本理论，电子、电气的基本元器件，电子工艺实践的基本工具和测试仪器。

（1）电子、电气的基本理论。生产实践是建立在理论基础知识上的。电子、电气的基本理论主要涉及电子技术、电气工程技术、计算机仿真技术及相关学科内容，如机械原理、材料、化学等基础知识。

（2）电子、电气的基本元器件。电子元器件是电子电路中具有独立电气性能的基本单元，是构成电子产品的基础。了解现代电子元器件的发展，掌握电子元器件的种类、结构、性能、特点、应用领域、技术指标和产品质量等，有助于电子产品的设计、调试和实施。

（3）电子工艺实践的基本工具和测试仪器。通过电子工艺实践，可了解电子产品的生产过程，学习电子电路的读图方法，掌握焊接技术、电子产品的工艺流程和调试技能等，规范操作方法，学会使用常用的电子测量仪器与测试技术，深化所学、所用的基本理论和工程技能。

1.2 电子产品设计的基本原则

电子产品的设计可分为电路设计和结构设计两方面。

1.2.1 电路设计

电路设计主要是指根据产品的性能指标和技术参数来设计电路。一般要求设计者至少掌握电路理论、电子技术和相关的计算机辅助设计工具。对于不同的电子产品，其设计过程也有所不同，但大致上可用电路设计流程框图来描述，如图 1-2-1 所示。

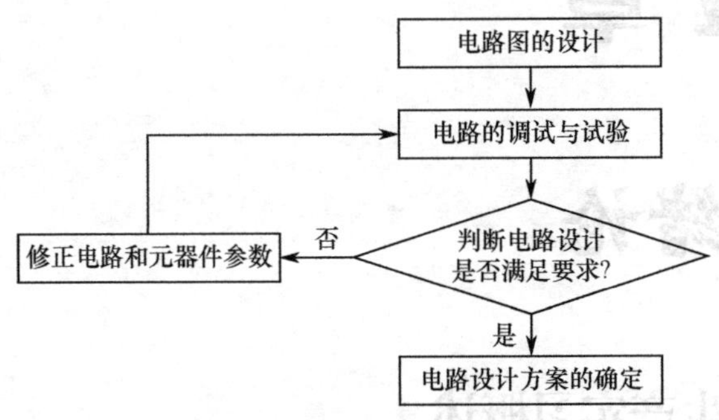

图 1-2-1　电路设计流程框图

（1）电路图的设计。根据产品性能的要求设计电路，并进行元器件的前期计算，确定电路参数指标等。

（2）电路的调试与试验。按设计好的电路，观测试验参数、技术指标和各种极限参数，提出修订电路的方案。

（3）修正电路和元器件参数。根据试验数据，对电路图和元器件进行必要的修正，提出修正后的电路图和元器件的参数。

（4）电路设计方案的确定。对电路的性能、技术指标、可靠性等进行测试与调整，确定元器件的型号和技术参数，确定产品的电路设计方案。

电路设计的整个过程是一个不断完善、修正、成熟、进步的过程，其原则是在完全满足电路性能要求的前提下，力求使所设计的电路简单、性能稳定、运行可靠、经济耐用。

1.2.2　结构设计

结构设计主要是根据电路原理图和元器件性能、尺寸等参数指标，并考虑影响整机性能正常发挥的各种因素，合理布置元器件、组件和结构在其产品内的具体空间位置的综合方案。

结构设计的优劣，对电子成品的性能、可靠性指标、维护性能、产品档次及价格的定位等都起着重要的作用。结构设计优的电子产品应该是质量稳定、简单合理、利于操作、非常人性化、人们容易接受的产品。

不同性能的产品，其结构设计是不一样的。同样功能的电子产品，由于使用环境等因素不同，其产品的结构设计也有着很大的差异。在进行结构设计时要综合考虑各种因素，以便能设计出合理、可靠、经济的电子产品。

结构设计应遵守的原则如下。

（1）满足电性能技术要求，即所选电路优良可靠，合理地选择元器件，通过严格的测试，而且对于产品的性能指标要求必须量化处理。

（2）要求产品工作可靠、稳定，平均无故障时间长，使用寿命长，抗干扰能力强，一致性好。

（3）产品的适应环境能力强，满足使用温度、湿度、气压、振动冲击、防灾、防化学气体等要求。

（4）工艺简单，即产品要易于装配和调试，便于观察、操作和检修，元器件易于更换，维护简单。

（5）满足产品总体设计要求，即根据用途和使用环境，产品的体积、质量的设计应适中。

（6）满足产品成本核算要求，即根据使用要求，合理地控制元器件和材料的生产成本。

另外，并不是所有电子产品设备都要求高精密度和高性能指标，应根据实际的环境、要求、用途等，进行合理的选择和设计。

1.3 电子产品的形成与制造工艺流程简介

1.3.1 电子产品的组成结构与形成过程

有些电子产品比较简单，有些就很复杂。一般来说，电子产品的组成结构可以用图 1-3-1 表示。

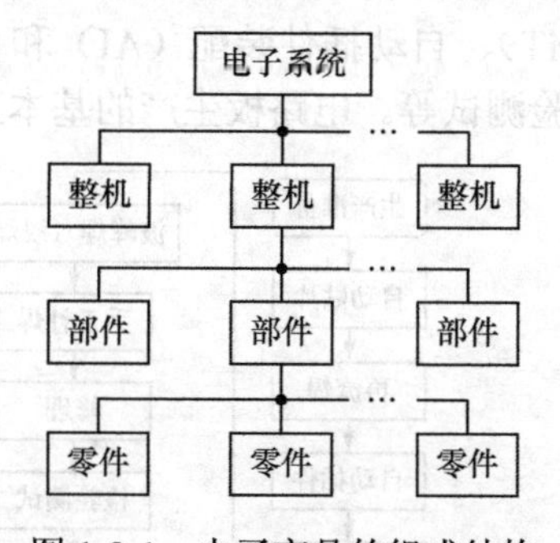

图 1-3-1 电子产品的组成结构

例如，一套闭路电视系统由前端的卫星接收机、节目摄录设备、编辑播放设备、信号混合等设备，传输部分的线路电缆、线路放大器、分配器、分支器等模块，以及终端的接收机等组成。卫星接收机、放大器等是整机，而接收机和放大器中的电路板、变压器等是其中的部件，电路板中的元器件、变压器中的骨架等则是其中的零件。有些电子产品的构成比较简单，如一台收音机由电路板、电子元器件、外壳等组成，这个级别的电子产品不能称为系统。

电子产品的形成也和其他产品一样，必须经历新产品的研制、试制试产、测试检验和大批量生产几个阶段后才能进入市场，到达用户手中。在产品形成的各个阶段，都有工艺技术人员参与，解决和确定其中的工艺方案、生产流程和方法。

在新产品研制阶段，工艺工程师参与研发项目组，分析新产品的技术特点和工艺要求，确定新产品研制和生产所需设备、手段，提出和确定新产品生产的工艺方案；在试制试产阶段，工艺技术人员参与新产品样机的工艺性评审，对新产品的元器件选用、电路设计的合理性、结构的合理性、产品批量生产的可行性、性能功能的可靠性和生产手段的适用性提出评审意见和改进要求，并在产品定型时，确定批量生产的工艺方案；产品在批量投产前，工艺技术人员要做好各项工艺技术的准备工作，根据产品设计文件编制好生产工艺流程，设计和制作必要的检测工装，对元器件、原材料进行确认，培训操作员工。在生产过程中要注意收集各种信息，分析原因，控制和改进产品质量，提高生产效率等。

1.3.2 电子产品生产的基本工艺流程

从以上介绍可知，电子产品系统是由整机组成的，整机是由部件组成的，而部件是由零件和元器件等组成的。由整机组成系统的工作主要是连接和调试，生产制造的工作不多，这里讲的电子产品生产是指整机产品的生产。

电子产品的装配过程是先将零件、元器件组装成部件，再将部件组装成整机，其核心工作是将元器件组装成具有一定功能的电路板部件或组件（PCBA）。

电路板的组装过程可以划分为机器自动装配和人工装配两类。机器自动装配主要是指自动贴片装配（SMT）、自动插件装配（AI）和自动焊接，人工装配指手工插件、手工补焊、修理和检验测试等。电路板生产的基本工艺流程如图 1-3-2 所示。

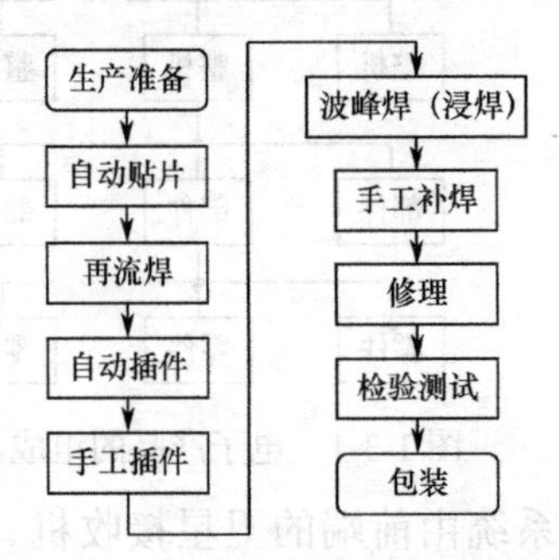

图 1-3-2　电路板生产的基本工艺流程

生产准备是指对将投入生产的原材料、元器件进行整形，如元器件剪脚、弯曲成需要的形状，把导线整理成所需的长度并装上插接端子等。这些工作必须在流水线开工之前就完成。

自动贴片是指将贴片封装的元器件用 SMT 技术贴装到印制电路板上，经过再流焊工艺焊接固定。

贴装好 SMT 元器件的电路板，送到自动插件机上，该机器把可以自动插装的元器件插到电路板上的相应位置，经机器弯角初步固定后就可转交到人工插件线上去了。

人工将那些不适合机插、机贴的元器件插好，经检验后送入波峰焊机或浸焊炉中焊接，焊接后的电路板，由人工对个别不合格的部分进行补焊、修理，然后进行在线静态测试和动态测试、功能性能的检测和调试、外观检查等检测工序，完成以上工序的电路板即可进入整机装配。

1.3.3 电子整机产品生产过程举例

下面以某电磁炉生产企业为例，说明该企业的生产流程。

该企业分为两个车间，二楼为电路板生产车间，一楼为电磁炉装配车间。生产流程如下。

（1）采购进厂的元器件经过进货检验后，进入元器件仓库管理。

（2）制订生产计划后，按计划将元器件发给整形备料部门，对元器件、印制电路板进行整形，做好上线准备。

（3）贴片室将整形后的印制电器板及所需的元器件领至本部门进行贴片和再流焊。

（4）自动插件室将贴好元器件的印制电路板及所需元器件领至本部门进行机插，插好元器件的电路板送至人工插件线上。

（5）电路板车间安装三条插件焊接线，其中一条生产线生产显示板，两条生产线生产控制电路板。经过自动贴片和自动插件的印制电路板，在人工插件线上插好剩下的元器件后，送入波峰焊机焊接，然后经补焊、修理、测试检验合格后送到装配车间装配。

（6）总装车间的主要设备是两条装配线和一个产品老化室，经装配好的产品送入老化室进行高温、高电压、大负荷、长时间通电老化，最后经检验合格后包装进入成品仓库。

（7）品质检验部门还将对产品进行抽检和环境试验。

第2章 电子实习安全用电常识

安全用电知识是关于如何预防用电事故及保障人身、设备安全的知识。在电子产品生产装配调试中，要用到各种工具、电子仪器等设备，同时还要接触危险的高电压，如果不掌握必要的安全用电知识，操作中缺乏足够的警惕，就可能发生人身、设备事故。为此，我们必须在熟悉触电对人体的危害和触电原因的基础上，了解一些安全用电常识，做到防患于未然。

2.1 触电对人体的危害

2.1.1 安全电压

安全电压是指在各种不同环境条件下，人体接触到带电体后各部分组织（如皮肤、心脏、呼吸器官和神经系统等）不发生任何损害的电压。安全电压是相对于电压的高低而言的，但更主要是指对人体安全危害甚微或没有威胁的电压。我国的安全电压额定值的等级分为 42V、36V、24V、12V 和 6V。通常情况下将 36V 以下的电压作为安全电压。但是，安全电压也与人体电阻有关。人体电阻一般为 100kΩ，在皮肤潮湿时可降到 1kΩ 以下。因此，在潮湿的环境中，因电阻的降低，人体即便接触 36V 的电压也会有生命危险，则要使用 12V 安全电压。

2.1.2 触电危害

触电对人体的危害主要有电伤和电击两种。

1. 电伤

电伤是由于发生触电而导致的人体外表创伤，通常有以下三种。

（1）灼伤。灼伤是由于电流的热效应对人体皮肤、皮下组织、肌肉甚至神经产生的伤害。它是最常见也是最严重的一种电伤。灼伤会引起皮肤发红、起泡、烧焦、坏死。

（2）电烙伤。电烙伤是指由电流的化学效应和机械效应造成人体触电部位的外部伤痕，触电部位的皮肤会变硬并形成肿块痕迹，如同烙印一般。

（3）皮肤金属化。这种化学效应是由于带电体金属通过触电点蒸发进入人体造成的，会使局部皮肤变得粗糙坚硬并呈青黑色或褐色。

2. 电击

所谓电击，是指电流通过人体时所造成的内部伤害，它会破坏人的心脏、呼吸系统及神经系统的正常工作，甚至会危及生命。在低压系统通电电流不大且时间不长的情况下，电流会引起人的心室颤动，当通电电流时间较长时，会造成人窒息而死亡，这是电击致死的主要原因。绝大部分触电死亡事故都是由电击造成的。日常所说的触电事故基本上多指电击。

电击可分为直接电击与间接电击两种。直接电击是指人体直接触及正常运行的带电体所发生的电击；间接电击则是指电气设备发生故障后，人体触及该意外带电部分所发生的电击。直接电击多数发生在误触相线、刀闸或其他设备的带电部分等情况下；间接电击一般发生在设备绝缘损坏，相线触及设备外壳，电气设备短路，保护接零及保护接地损坏等情况下。违反操作规程也是造成触电的最大隐患。

2.1.3 影响触电危害程度的因素

影响触电危害程度的因素有以下几个。

1. 电流大小

人体是存在生物电流的，一定限度的电流不会对人造成损伤。一些电疗仪器就是利用电流刺激穴位来达到治疗目的的。但若流过人体的电流大到一定程度，就有可能危及生命。电流对人体的作用如表 2-1-1 所示。

表 2-1-1 电流对人体的作用

电流/mA	对人体的作用
<0.7	无感觉
1	有轻微感觉
1～3	有刺激感，一般电疗仪器取此电流
3～10	感觉痛苦，但可自行摆脱
10～30	引起肌肉痉挛，短时无危险，长时间有危险
30～50	强烈痉挛，时间超过 60s 即有生命危险
50～250	产生心脏纤颤，丧失知觉，严重危害生命
>250	短时间内（1s 以上）造成心脏骤停，体内造成电灼伤

2. 电流种类

电流种类不同对人体的损伤有所不同。直流电一般引起电伤，而交流电则电伤与电击同时发生，特别是 40Hz 至 100Hz 的交流电对人体最危险。不幸的是人们日常使用的工频市电（我国为 50Hz）正是在这个危险的频段。当交流电频率达到 20kHz 时对人体的危害很小，用于理疗的一些仪器采用的就是这个频段。

3. 电流作用时间

电流对人体的伤害与其作用时间密切相关。可以用电流与时间的乘积（也称电击强度）来表示电流对人体的危害。触电保护器的一个主要指标就是额定断开时间与电流的乘积小于 30mA • s。实际产品可以达到小于 3mA • s，因此可有效防止触电事故。

4. 人体电阻

人体是一个不确定的电阻。皮肤干燥时，人体电阻可呈现 100kΩ 以上，而一旦潮湿，人体电阻可降到 1kΩ 以下。人体还是一个非线性电阻，随着电压升高，其电阻值减小。

2.2 人体触电的形式

人体触电的形式主要有三种：单相触电、两相触电、跨步电压触电。

2.2.1 单相触电

一般工作和生活场所供电为 380/220V 中性点接地系统，当人体接触带电设备或线路中的某一相导体时，一相电流通过人体经大地回到中性点，加在人体的电压为电源电压的相电压，这种触电称为单相触电。绝大多数的触电事故属于这种形式，如图 2-2-1 所示。

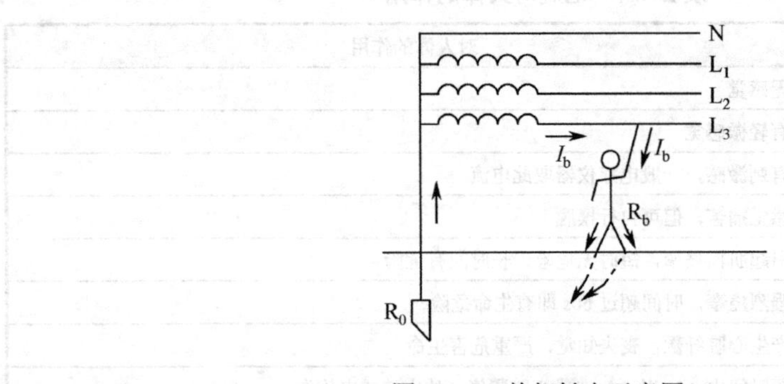

图 2-2-1 单相触电示意图

2.2.2 两相触电

两相触电是指人体两处同时触及两相带电体而发生的触电事故。这种形式的触电，加在人体的电压是电源的线电压。电流将从一相经人体流入另一相导线。因此，两相触电的危险性比单相触电大，如图 2-2-2 所示。

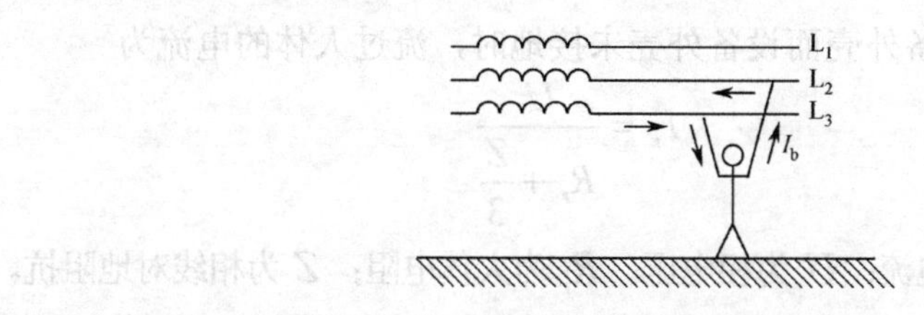

图 2-2-2 两相触电示意图

2.2.3 跨步电压触电

当带电体碰地时有电流流入大地，在该接地体接地点周围存在电场，当人走进这一区域时，两脚之间形成跨步电压而引起的触电事故叫作跨步电压触电，如图 2-2-3 所示。

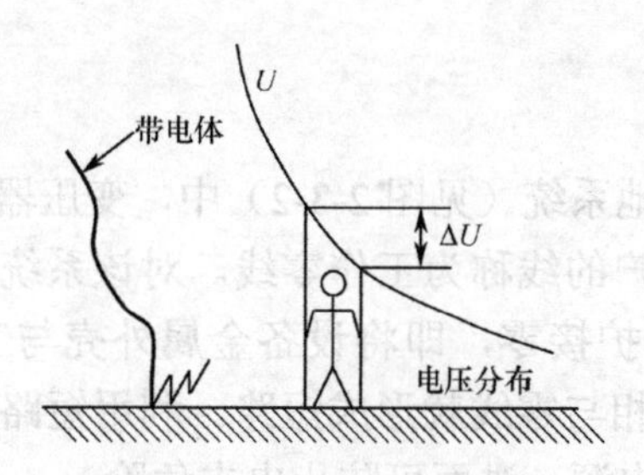

图 2-2-3 跨步电压触电示意图

2.3 用电安全技术简介

实践证明，采用用电安全技术可以有效预防电气事故。因此，我们需要了解并正确运用这些技术，不断提高安全用电的水平。

2.3.1 接地和接零保护

在低压配电系统中，有变压器中性点接地（三相四线制，现普遍采用）和不接地（三相三线制）两种系统，相应的安全措施有接地保护和接零保护两种方式。

1. 接地保护

在中性点不接地的配电系统中，电气设备宜采用接地保护，即将电气设备外壳与大地连接起来（这里是真正的接大地，不同于在电子线路中接公共参考电位零点的“接地”）。一般电气设备通过金属接地体接地并保证接地电阻小于 4Ω。接地保护示意图如图 2-3-1 所示。

当一相火线碰到设备外壳而设备外壳未接地时，流过人体的电流为

$$I_r = \frac{U}{R_r + \frac{Z}{3}}$$

式中，I_r 为流过人体的电流；U 为相电压；R_r 为人体电阻；Z 为相线对地阻抗。

当接上保护地线时，相当于给人体电阻并上一个接地电阻 R_g，此时流过人体的电流为

$$I_r{}' = \frac{R_g}{R_g + R_r} I_r$$

由于 $R_g << R_r$，故可有效保护人身安全。

由此也可看出，接地电阻越小，保护越好，这就是为什么在接地保护中总要强调接地电阻要小的缘故。

2. 接零保护

在变压器中性点接地系统（见图 2-3-2）中，变压器二次侧中性点接地称为工作接地，从中性点引到用户的线称为工作零线。对该系统而言，采用外壳接地已不足以保证安全，应采用保护接零，即将设备金属外壳与工作零线相连接。当绝缘损坏，有一相碰壳时，该相与零线就形成短路。利用短路时产生的大电流，使熔断器或过流开关断开，切断电源，进而可防止电击危险。

这种采用保护接零的供电系统，除工作接地外，还必须有重复接地保护，尤其是在供电线路长和分支供电系统中，必须采用重复接地，这些属于电工安装中的安全规则。

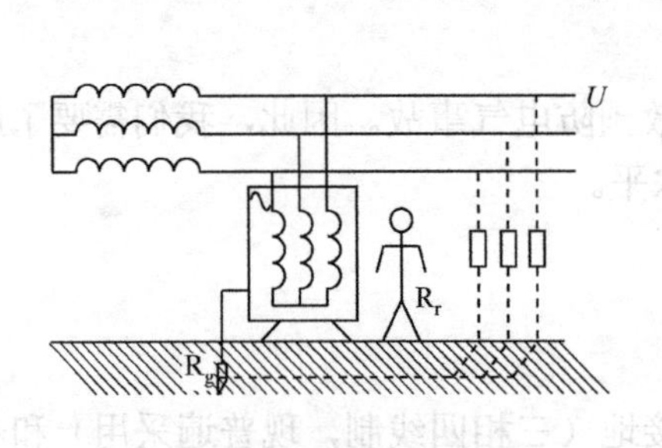

图 2-3-1　接地保护示意图

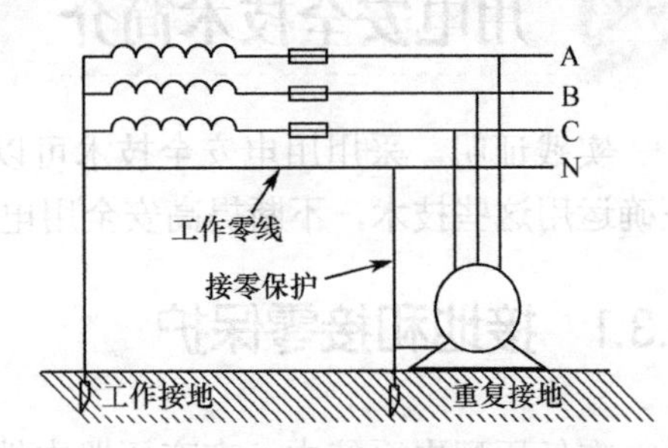

图 2-3-2　接零保护示意图

2.3.2 漏电保护开关

漏电保护开关也叫作触电保护开关，是一种保护切断型的安全技术，它比接地保护或接零保护更灵敏，更有效。

漏电保护开关有电压型和电流型两种，其工作原理有共同性，即都可看作一种灵敏继电器，如图 2-3-3 所示，检测器 JC 控制开关 S 的通断。对电压型而言，JC 检测用电器对地电压；对电流型而言，则检测漏电流，超过安全值即控制 S 动作切断电源。

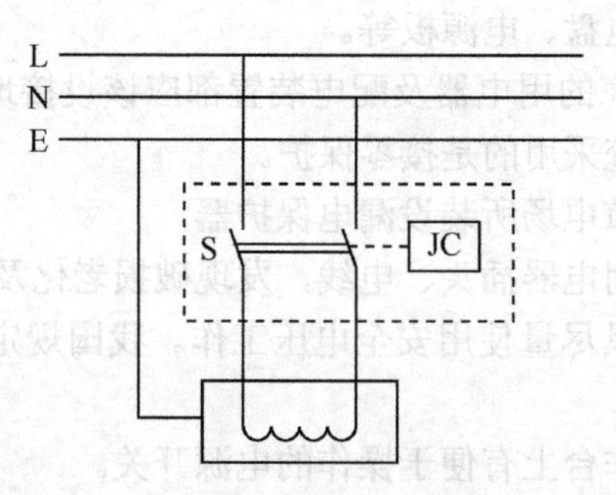

图 2-3-3 漏电保护开关示意图

由于电压型漏电保护开关的安装比较复杂，所以目前发展较快、使用广泛的是电流型保护开关。它不仅能防止人体触电，而且能防止漏电造成火灾；既可用于中性点接地系统，也可用于中性点不接地系统；既可单独使用，也可与接地保护、接零保护共同使用，而且安装方便，值得大力推广。

按国家标准规定，电流型漏电保护开关的电流时间乘积为不少于 30mA·s。实际产品一般额定动作电流为 30mA，动作时间为 0.1s。如果是在潮湿等恶劣环境下，则可选取动作电流更小的规格。

2.4 电子装接操作安全

这里所说的电子装接泛指工厂规模化生产以外的各种电子电器操作，如电器维修、电子实验、电子产品研制、电子实习及各种电子制作等。

2.4.1 人身安全

尽管电子装接工作通常称为“弱电”工作，但实际工作中免不了接触“强电”。一般常用的电动工具（如电烙铁、电钻、电热风机等）、仪器设备和制作装置大部分需要接市电才能工作，因此用电安全是电子装接工作的首要条件。

1. 安全用电观念

增强安全用电的观念是安全的根本保证。任何制度、任何措施，都是由人来贯彻执行的，忽视安全是最危险的隐患。

2. 基本安全措施

预防触电的措施很多，这里提出的几条措施是最基本的安全保障。

（1）对正常情况下带电的部分，一定要加绝缘防护，并且置于人不容易碰到的地方，如输电线、配电盘、电源板等。

（2）所有金属外壳的用电器及配电装置都应该设接地保护或接零保护。目前大多数工作生活用电系统采用的是接零保护。

（3）在所有使用市电场所装设漏电保护器。

（4）随时检查所用电器插头、电线，发现破损老化及时更换。

（5）手持电动工具尽量使用安全电压工作。我国规定常用安全电压为 36V，特别危险场所使用 12V。

（6）工作室或工作台上有便于操作的电源开关。

（7）从事电力电子技术工作时，工作台上应设置隔离变压器。

3. 安全操作习惯

习惯是一种下意识的、不经思索的行为方式，安全操作习惯可以经过培养逐步形成，并使操作者终身受益。为了防止触电，应遵守的安全操作习惯如下。

（1）在任何情况下检修电路和电器都要确保断开电源，仅仅断开设备上的开关是不够的，还要拔下电源插头。

（2）不要湿手开关、插拔电器。

（3）遇到不明情况的电线，先认为它是带电的。

（4）尽量养成单手操作电工作业。

（5）不在疲倦、带病等状态下从事电工作业。

（6）遇到较大体积的电容器时要先行放电，再进行检修。

（7）触及电路的任何金属部分之前都应进行安全测试。

在电子装接工作中，除了注意用电安全外，还要防止机械损伤和烫伤，相应的安全操作习惯如下。

（1）用剪线钳剪断小导线（如去掉焊好的过长元器件引线）时，要让导线飞出方向朝着工作台或空地，绝不可朝向人或设备。

（2）用螺丝刀拧紧螺钉时，另一只手不要握在螺丝刀刀口方向。

（3）在没有确信电烙铁脱离电源时不能用手摸烙铁头，以免烫伤。

（4）烙铁头上多余的焊锡不要乱甩。

（5）在通电状态下不要触及电子元器件（如变压器、功率器件、电阻、散热片等），以免烫伤。

2.4.2 设备安全

在电子实习中需要使用一些电子仪器，因此，除了特别注意人身安全外，设备安全也不容忽视。

1. 设备接电前的检查

将用电设备接入电源前，必须注意用电器不一定都是接 AC220V/50Hz 电源。我国市电标准为 AC220V/50Hz，但是世界上不同国家是不一样的，有 AC110V、AC115V、AC127V、AC225V、AC230V、AC240V 等电压，电源频率有 50Hz /60Hz 两种。

另外，环境电源也不一定都是 AC220V，特别是在工厂企业、科研院所，有些地方需要 AC380V 或 AC36V，有的地方需要 DC12V。因此，建议设备接电前要“三查”。

（1）查设备铭牌：按国家标准，设备都应在醒目处有该设备要求电源电压、频率、容量的铭牌或标志。小型设备的说明也可能在说明书中。

（2）查环境电源：检查电压、容量是否与设备吻合。

（3）查设备本身：检查电源线是否完好，外壳是否可能带电。一般用万用表的欧姆挡进行检查。

2. 设备使用异常的处理

1）用电设备在使用中可能发生以下几种异常情况

（1）设备外壳或手持部位有麻电感觉。

（2）开机或使用中熔断丝烧断。

（3）出现异常声音，如噪声加大，有内部放电声，电机转动声音异常等。

（4）异味最常见为塑料味、绝缘漆挥发出的气味，甚至烧焦的气味。

（5）机内打火，出现烟雾。

（6）仪表指示超范围。有些指示仪表数值突变，超出正常范围。

2）异常情况的处理办法

（1）凡遇上述异常情况之一，应尽快断开电源，拔下电源插头，对设备进行检修。

（2）对烧断熔断器的情况，绝不允许换上大容量熔断器继续工作，一定要查清原因后再换上同规格熔断器。

（3）及时记录异常现象及部位，避免检修时再通电查找。

（4）对有麻电感觉但未造成触电的现象不可忽视。这种情况往往是绝缘受损但未完全损坏，必须及时检修；否则随时间推移，绝缘会逐渐完全破坏，危险增大。

2.5 触电急救与电气消防

2.5.1 触电急救

发生触电事故后，千万不要惊慌失措，必须用最快的速度使触电者脱离电源。要记住当触电者未脱离电源前，其本身就是带电体，同样会使抢救者触电。

脱离电源最有效的措施是拉闸或拔出电源插头，如果一时找不到或在来不及找的情况下可用绝缘物（如带绝缘柄的工具、木棒、塑料管等）移开或切断电源线。关键是：一要快；二不使自己触电。一两秒的迟缓都可能造成无可挽救的后果。

脱离电源后如果患者呼吸、心跳尚存，应尽快送医院抢救；若心跳停止应采用人工心脏挤压法维持血液循环；若呼吸停止应立即做口对口的人工呼吸；若心跳、呼吸全停，则应同时采用上述两个方法，并向医院告急求救。

2.5.2 电气消防

（1）发现电子装置、电气设备、电缆等冒烟起火，要尽快切断电源（拉开总开关或失火电路开关）。

（2）使用砂土、二氧化碳或四氯化碳等不导电灭火介质，忌用泡沫或水进行灭火。

（3）灭火时不可将身体或灭火工具触及导线和电气设备。

思考题

1. 什么叫安全电压？我国规定的安全电压是多少？
2. 触电对人体的危害主要有哪几种形式？影响触电危害程度的因素有哪些？
3. 什么叫单相触电？什么叫两相触电？各有何特点？
4. 什么叫接地保护？什么叫接零保护？各适用于什么场合？
5. 常见的触电原因有哪些？怎样预防触电？
6. 在电子实习时，应怎样进行安全操作，才能保证人身安全？
7. 在使用电子设备时，怎样保证设备安全？
8. 发现有人触电，怎样使触电者尽快脱离电源？

第3章 常用电子元器件的识别与测试

在电子产品中，电子元器件种类繁多，其性能和应用范围也有很大的不同。随着电子工业的飞速发展，电子元器件的新产品层出不穷，其品种规格十分繁杂。本章只对电阻器、电位器、电容器、电感器、半导体器件及集成电路等最常用的电子元器件进行简要介绍，希望读者对众多的电子元器件有一个概括性的了解。

3.1 电阻器

当电流通过导体时，导体对电流的阻碍作用称为电阻。在电路中起电阻作用的元件称为电阻器，简称电阻。电阻器是电子产品中最通用的电子元件。它是耗能元件，在电路中的主要作用为分流、限流、分压，用作负载电阻和阻抗匹配等。

3.1.1 电阻器的图形符号与单位

1. 电阻器的图形符号

电阻器在电路图中用字母 R 表示，常用的图形符号如图 3-1-1 所示。

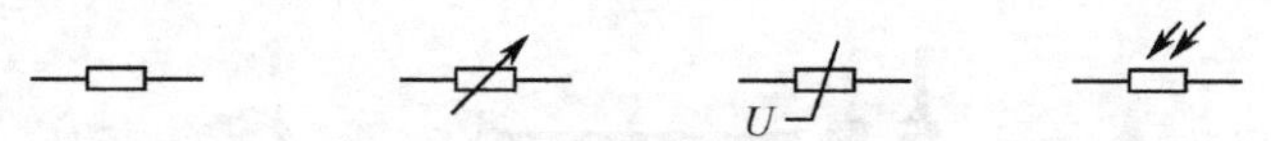

(a) 电阻器的一般符号 (b) 可调电阻器 (c) 压敏电阻器 (d) 光敏电阻器

图 3-1-1 电阻器的图形符号

2. 电阻器的单位

电阻器的单位为欧姆（Ω），还有千欧（kΩ），兆欧（MΩ）等。其换算方法是：1 兆欧=1000 千欧=1 000 000 欧姆。

3.1.2 电阻器的分类

电阻器种类繁多，形状各异，功率也不同。

1. 按结构形式分类

电阻器按结构形式分类有固定电阻器、可变电阻器两大类。固定电阻器的种类比较多，主要有碳膜电阻器、金属膜电阻器和线绕电阻器等。固定电阻器的电阻值是固定不变，阻值的大小就是它的标称值。

2. 按制作材料分类

电阻器按制作材料分类有线绕电阻器、碳膜电阻器、金属膜电阻器、水泥电阻器等。

3. 按形状分类

电阻器按形状分类有圆柱型、管型、片状型、钮型、马蹄型、块型等。

4. 按用途分类

电阻器按用途分类有普通型电阻器、精密型电阻器、高频型电阻器、高压型电阻器、高阻型电阻器、敏感型电阻器等。

3.1.3 常用的电阻器

常用的电阻器有许多，图 3-1-2 列举了几种。

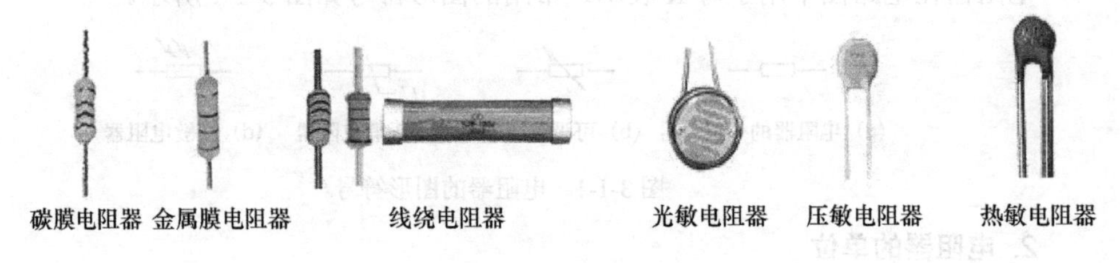

图 3-1-2 常用的电阻

1. 碳膜电阻器

碳膜电阻器是最早、最广泛使用的电阻器。它将碳氢化合物在高温真空下分解，使其在瓷质基体上形成一层结晶碳膜，再通过改变碳膜的厚度或长度来确定阻值。其主要特点是耐高温、高频特性好、精度高、稳定性好、噪声小，常在精密仪表等高档设备中使用。

2. 金属膜电阻器

金属膜电阻器是在真空条件下，在瓷质基体上沉积一层合金粉制成的，它通过改变金属膜的厚度或长度来确定阻值。这种电阻器具有噪声小、耐高温、体积小、稳定性和精密度高等特点，也常用在精密仪表等高档设备中。

3. 线绕电阻器

线绕电阻器是用康铜丝或锰铜丝缠绕在绝缘瓷管上制成的。这种电阻器分为固定和可变两种。它具有耐高温、精度高、功率大等优点；但是，它的高频特性差。它适用于大功率场合，额定功率大都在 1W 以上。

4. 光敏电阻器

光敏电阻器是一种电导率随吸收的光量子多少而变化的敏感电阻器。它是利用半导体的光电效应特性制成的，其阻值随着光照的强弱而变化。光敏电阻器主要用于各种自动控制、光电计数、光电跟踪等场合。

5. 热敏电阻器

热敏电阻器是一种具有正负温度系数的热敏元件。NTC 热敏电阻器具有负温度系数，其阻值随温度升高而减少，可用于稳定电路的工作点。PTC 热敏电阻器具有正温度系数，在达到某一特定温度前，其阻值随温度升高而缓慢下降，当超过这个温度时，其阻值急剧增大。这个特定温度点称为居里点。PTC 热敏电阻器在家电产品中被广泛应用，如彩电的消磁电阻器、电饭煲的温控器等。

3.1.4 电阻器型号的命名方法

电阻器型号根据 GB2471—81 命名，见表 3-1-1。

示例：RJ71 精密金属膜电阻器

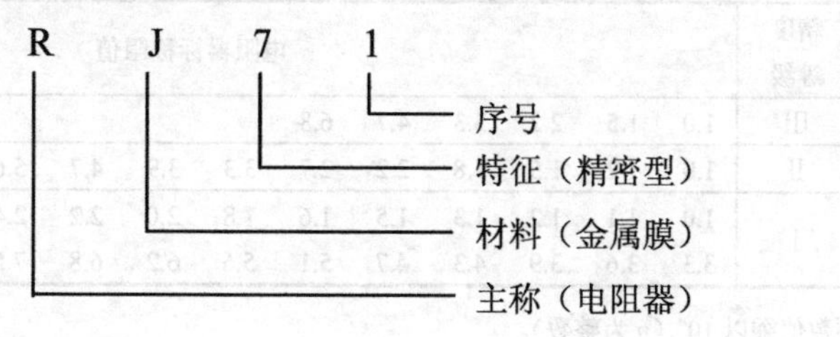

表 3-1-1 电阻器型号的命名方法

第一部分：主称		第二部分：材料		第三部分：特征			第四部分：序号
符号	意义	符号	意义	符号	电阻器	电位器	
R	电阻器	T	碳膜	1	普通	普通	对主称、材料相同，仅性能指标、尺寸大小有区别，但基本不影响互换使用的产品，给同一序号；若性能指标、尺寸大小明显影响互换时，则在序号后面用大写字母作为区别代号
W	电位器	H	合成膜	2	普通	普通	
		S	有机实心	3	超高频	—	
		N	无机实心	4	高阻	—	
		J	金属膜	5	高温	—	
		Y	氧化膜	6	—		
		C	沉积膜	7	精密	精密	
		I	玻璃釉膜	8	高压	特殊函数	
		P	硼酸膜	9	特殊	特殊	
		U	硅酸膜	G	高功率	—	
		X	线绕	T	可调	—	
		M	压敏	W	—	微调	
		G	光敏	D	—	多圈	
		R	热敏	B	温度补偿用	—	
				C	温度测量用		
				P	旁热式	—	
				W	稳压式	—	
				Z	正温度系数	—	

3.1.5 电阻器的主要参数

1. 标称阻值

电阻器表面所标注的阻值叫作标称阻值。不同精度等级的电阻器，其阻值系列不同。标称阻值是按国家规定的电阻器标称阻值系列选定的，标称阻值系列见表 3-1-2，阻值单位为欧（Ω）。

表 3-1-2 电阻器的标称阻值系列

标称阻值系列	允许误差	精度等级	电阻器标称阻值											
E6	±20%	Ⅲ	1.0	1.5	2.2	3.3	4.7	6.8						
E12	±10%	Ⅱ	1.0	1.2	1.5	1.8	2.2	2.7	3.3	3.9	4.7	5.6	6.8	8.2
E24	±5%	Ⅰ	1.0	1.1	1.2	1.3	1.5	1.6	1.8	2.0	2.2	2.4	2.7	3.0
			3.3	3.6	3.9	4.3	4.7	5.1	5.6	6.2	6.8	7.5	8.2	9.1

注：使用时将表列数值乘以 10^n（n 为整数）。

2. 允许误差

电阻器的允许误差就是指电阻器的实际阻值对于标称阻值的允许最大误差范围，它标志着电阻器的阻值精度。普通电阻器的误差有±5%，±10%，±20%三个等级，允许误差越小，电阻器的精度越高。精密电阻器的允许误差可分为±2%，±1%，±0.5%，…，±0.001%等十几个等级。

3. 额定功率

电阻器通电工作时，本身要发热，如果温度过高就会将电阻器烧毁。在规定的环境温度下，电阻器可以长期稳定地工作，不会显著改变其性能，不会损坏的最大功率限度就称为额定功率。

线绕电阻器的额定功率系列为（W）：1/20、1/8、1/4、1/2、1、2、4、8、12、16、25、40、50、75、100、150、250、500。

非线绕电阻器的额定功率系列为（W）：1/20、1/8、1/4、1/2、1、2、5、10、25、50、100。

4. 额定电压

额定电压是由阻值和额定功率换算出的电压。

5. 温度系数

温度系数是指温度每变化 1℃所引起的阻值的相对变化。温度系数越小，电阻器的稳定性越好。阻值随温度升高而增大的为正温度系数，反之为负温度系数。

3.1.6 电阻器的标注方法

由于受电阻器表面积的限制，通常只在电阻器外表面上标注电阻器的类别、标称阻值、精度等级、允许误差和额定功率等主要参数。常用的标注方法有以下几种。

1. 直接标注法（直标法）

直标法是将电阻器的主要参数直接印刷在电阻器表面上的一种方法，即用数字和单位符号在电阻器表面标出阻值，其允许误差直接用百分数表示（若电阻器上未标注允许误差，则均为±20%）。电阻器直标法如图 3-1-3 所示。

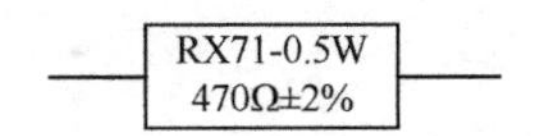

图 3-1-3　电阻器直标法

2. 文字符号法

文字符号法是将电阻器的主要参数用数字和文字符号有规律地组合起来印刷在电阻器表面上的一种方法。电阻器的允许误差也用文字符号表示，见表 3-1-3。

表 3-1-3　文字符号及其对应的允许误差

文字符号	D	F	G	J	K	M
允许误差	±0.5%	±1%	±2%	±5%	±10%	±20%

其组合形式为：整数部分+阻值单位符号（Ω、k、M）+小数部分+允许误差。

示例：Ω47K——0.47Ω±10%（K 是允许误差）

2k2J——2.2kΩ±5%（J 是允许误差）

4M7K——4.7MΩ±10%（K 是允许误差）

7M5M——7.5MΩ±20%（后一个 M 是允许误差）

3. 数码法

数码法是用三位数字表示阻值大小的一种标注方法。从左到右，第一、二位数为电阻器阻值的有效数字，第三位则表示前两位有效数字后面应加“0”的个数。单位为欧姆。允许误差通常采用文字符号表示。

示例：101M——100Ω±20%（M 是允许误差）

472J——4.7kΩ±5%（J 是允许误差）

4. 色环标注法（色标法）

色标法是用不同颜色的色环把电阻器的参数（标称阻值和允许误差）直接标注在电阻器表面上的一种方法。国外的电阻器大部分采用色标法。色环颜色与数字的对应关系见表 3-1-4、表 3-1-5。

（1）电阻器的色环标注有两种形式：四环标注与五环标注。

四环标注：适用于通用电阻器，有二位有效数字。

五环标注：适用于精密电阻器，有三位有效数字。

（2）色环电阻器的识别。要想准确熟练地识别每一个色环电阻器的阻值大小和允许误差大小，必须掌握以下几点。

① 熟记表中的色环与数字的对应关系。

② 找出色环电阻器的起始环。色环靠近引出线端最近的一环为起始环（即第一环）。

③ 若是四环电阻器，只有±5%、±10%、±20%三种允许误差，因此凡是有金或银色环的便是尾环（即第四环）。

④ 五环标注电阻器按上述②识别。

表 3-1-4 四环标注法

颜色	第一位有效数字	第二位有效数字	倍率	允许误差
黑	0	0	10^0	
棕	1	1	10^1	
红	2	2	10^2	
橙	3	3	10^3	
黄	4	4	10^4	
绿	5	5	10^5	
蓝	6	6	10^6	
紫	7	7	10^7	
灰	8	8	10^8	
白	9	9	10^9	
金			10^{-1}	±5%
银			10^{-2}	±10%
无色				±20%

表 3-1-5 五环标注法

颜色	第一位有效数字	第二位有效数字	第三位有效数字	倍率	允许误差
黑	0	0	0	10^0	
棕	1	1	1	10^1	±1%
红	2	2	2	10^2	±2%
橙	3	3	3	10^3	
黄	4	4	4	10^4	
绿	5	5	5	10^5	±0.5%
蓝	6	6	6	10^6	±0.25%
紫	7	7	7	10^7	±0.1%
灰	8	8	8	10^8	
白	9	9	9	10^9	
金				10^{-1}	±5%
银				10^{-2}	±10%
无色					±20%

示例：

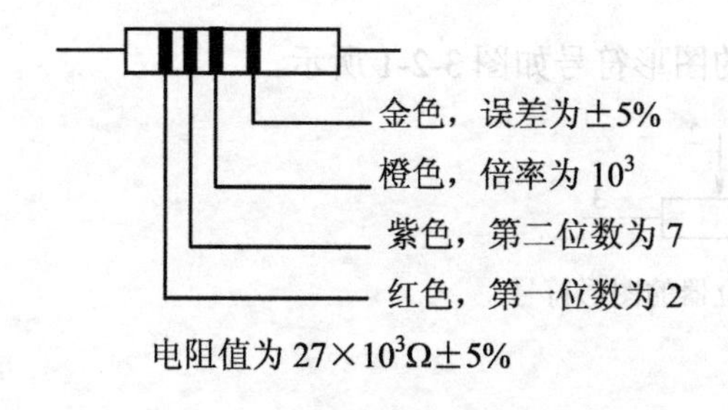

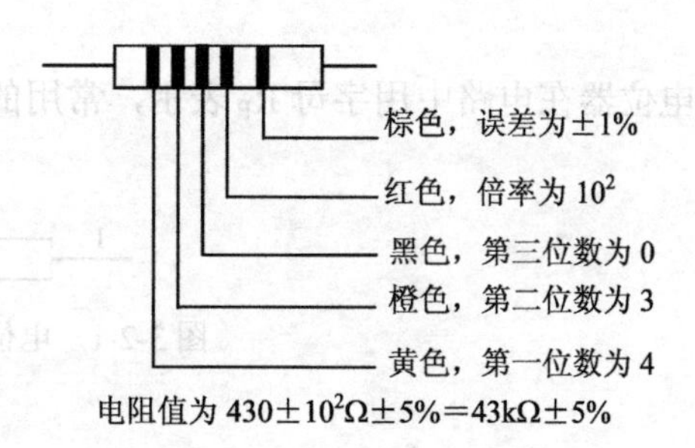

3.1.7 电阻器的测试

电阻器阻值的测试方法主要有万用表测试法；另外，还有电桥测试法、RLC智能测试仪测试法等。

用万用表测量电阻器的方法如下。

（1）将万用表的挡位旋钮置于电阻挡，再将倍率挡置于“R×1”挡，然后把两表笔的金属棒短接，观察万用表的指针是否到零。如果调节欧姆调零旋钮后，指针仍然不能指到零位，则说明万用表内的电池电压不足，应更换电池。

（2）按万用表使用方法规定，万用表的指针应尽可能指在标尺线（刻度不均匀分布）的中心部位，读数才准确。因此，应根据电阻器的阻值来选择合适的倍率挡，并重新进行欧姆调零，然后再测量。

（3）右手拿万用表表笔，左手拿电阻器的中间（切不可用手同时捏表笔和电阻器的两个引脚，因为这样测量的是原电阻器与人体电阻并联的阻值，尤其是测量大电阻器时，会使测量误差增大）。测量电路中的阻值时要切断电路的电源，并考虑电路中的其他元器件对阻值的影响。如果电路中接有电容器，还必须将电容器放电，以免万用表被烧坏。

3.2 电位器

电位器是一种阻值可以连续调节的电子元件。在电子产品中，经常用它来进行阻值和电位的调节。例如，在收音机中用它来控制音量等。电位器对外有三个引出端，其中一个是滑动端，另外两个是固定端。滑动端可以在两个固定端之间的电阻体上滑动，使其与固定端之间的阻值发生变化。

3.2.1 电位器的图形符号

电位器在电路中用字母 R_P 表示，常用的图形符号如图 3-2-1 所示。

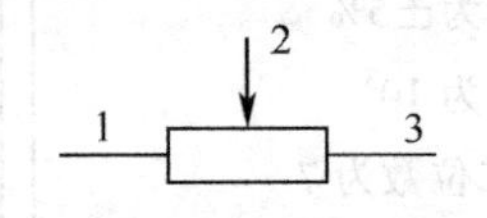

图 3-2-1 电位器的图形符号

3.2.2 电位器的分类

电位器的种类很多，用途各不相同，通常可按其制作材料、结构特点、调节方式等进行分类。常见的电位器如图 3-2-2 所示。

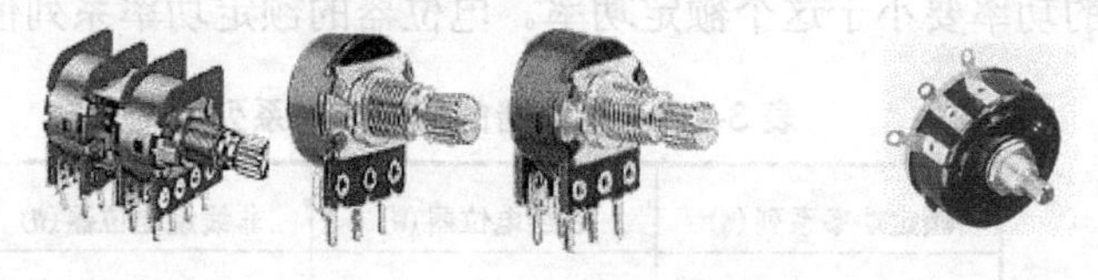

图 3-2-2 电位器的外形图

1. 按制作材料分类

根据所用材料不同，电位器可分为线绕电位器和非线绕电位器两大类。

线绕电位器的额定功率大、噪声小、温度稳定性好、寿命长，其缺点是制作成本高、阻值范围小（100Ω～100kΩ）、分布电感和分布电容大。它在电子仪器中应用较多。

非线绕电位器的种类较多，有碳膜电位器、合成碳膜电位器、金属膜电位器、玻璃釉膜电位器、有机实心电位器等。它们的共同特点是阻值范围宽、制作容易、分布电感和分布电容小，其缺点是噪声比线绕电位器大，额定功率较小，寿命较短。这类电位器广泛应用于收音机、电视机、收录机等家用电器中。

2. 按结构特点分类

根据结构不同，电位器又可分为单圈电位器、多圈电位器，单联、双联和多联电位器，还可分为带开关电位器、锁紧和非锁紧式电位器。

3. 按调节方式分类

根据调节方式不同，电位器还可分为旋转式电位器和直滑式电位器两种类型。旋转式电位器的电阻体呈圆弧形，调节时滑动片在电阻体上做旋转运动。直滑式电位器的电阻体呈长条形，调整时滑动片在电阻体上做直线运动。

3.2.3 电位器的主要参数

电位器的技术参数很多，最主要的参数有三项：标称阻值、额定功率和阻值变化规律。

1. 标称阻值

标称阻值是标注在电位器产品上的名义阻值，其系列与电阻器的标称阻值系列相同。其允许误差范围为±20%，±10%，±5%，±2%，±1%，精密电位器的允许误差可达到±0.1%。

2. 额定功率

电位器的额定功率是指两个固定端之间允许耗散的最大功率，滑动端与固定端之间所承受的功率要小于这个额定功率。电位器的额定功率系列值见表 3-2-1。

表 3-2-1　电位器的额定功率系列值

额定功率系列(W)	线绕电位器(W)	非线绕电位器(W)
0.025	—	0.025
0.05	—	0.05
0.1	—	0.1
0.25	0.25	0.25
0.5	0.5	0.5
1.0	1.0	1.0
1.6	1.6	—
2	2	2
3	3	3
5	5	—
10	10	—
16	16	—
25	25	—
40	40	—
63	63	—
100	100	—

注：当系列值不能满足时，允许按表内的系列值向两头延伸。

3. 阻值变化规律

电位器的阻值变化规律是指其阻值随滑动端触点旋转角度（或滑动行程）变化的关系。这种关系在理论上可以是任意函数形式，常用的有直线式、对数式和反转对数式（指数式），分别用 A、B、C 表示，如图 3-2-3 所示。

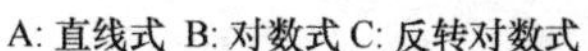

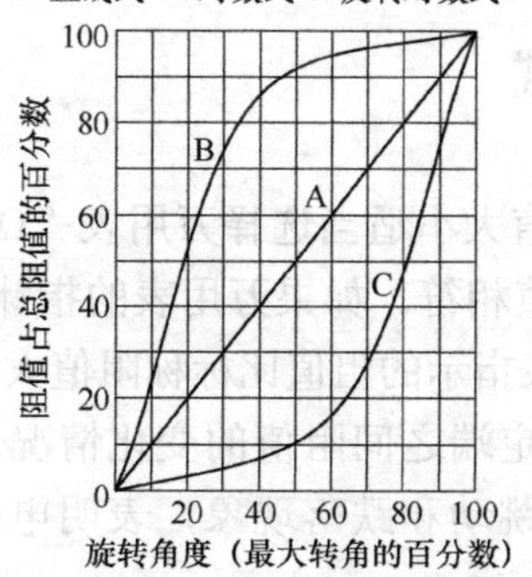

图 3-2-3　电位器的阻值变化规律

在使用中，直线式电位器适用于分压、偏流的调整；对数式电位器适用于音调控制和黑白电视机的对比度调整；指数式电位器适用于音量控制。

3.2.4　电位器的标注方法

电位器一般都采用直标法，其类型、阻值、额定功率、误差都直接标注在电位器上。电位器的常用标注符号如表 3-2-2 所示。

表 3-2-2　电位器常用标注符号及意义

字　母	意　义
WT	碳膜电位器
WH	合成碳膜电位器
WN	无机实心电位器
WX	线绕电位器
WS	有机实心电位器
WI	玻璃釉膜电位器
WJ	金属膜电位器
WY	氧化膜电位器

另外，在旋转式电位器中，有时用 ZS-1 表示轴端没有经过特殊加工的圆轴；用 ZS-3 表示轴端带凹槽；用 ZS-5 表示轴端铣成平面。

示例：

WS—2—0.5—68 kΩ ±20%—20ZS—3

- 20ZS—3：表示轴长为 20mm 及轴端型 ZS—3
- 0.5—68 kΩ ±20%：表示额定功率为 0.5W、阻值为 68 kΩ、误差为±20%
- WS—2：表示型号、品牌

3.2.5 电位器的测试

根据电位器的标称阻值大小适当选择万用表“Ω”挡的挡位，测量电位器两固定端的阻值是否与标称阻值相符。如果万用表的指针不动，则表明电阻体与其相应的引出端断了；如果万用表指示的阻值比标称阻值大许多，表明电位器已损坏。

测量滑动端与任一固定端之间阻值的变化情况。慢慢移动滑动端，如果万用表的指针移动平稳，没有跳动和跌落现象，表明电位器的电阻体良好，滑动端接触可靠。

测量滑动端与固定端之间的阻值变化时，开始时的最小阻值越小越好，即零位电阻要小。对于 WH 型合成碳膜电位器，直线式电位器的标称阻值小于 10kΩ 的，零位电阻小于 10Ω；标称阻值大于 10kΩ 的，零位电阻小于 50Ω。对数式和指数式电位器，其零位电阻小于 50Ω。当滑动端移动到极限位置时，阻值最大，该值与标称阻值一致。由此说明电位器的质量较好。

旋转转轴或移动滑动端时，应感觉平滑且没有过紧过松的感觉。电位器的引出端子和电阻体应接触牢靠，不能有松动情况。

对于有开关的电位器，用万用表的“R×1”挡检测开关的接通和断开情况，阻值应分别为零和无穷大。

3.2.6 电位器的使用

1. 如何选用电位器

电位器规格种类很多，选用电位器时，不仅要根据电路的要求选择适合的阻值和额定功率，还要考虑到安装调节方便及价格要低。应根据不同电路的不同要求选择合适的电位器。现说明如下。

（1）普通电子仪器：选用碳膜或合成实心电位器。

（2）大功率低频电路、高温：选用线绕或金属玻璃釉电位器。

（3）高精度：选用线绕、导电塑料或精密合成碳膜电位器。

（4）高分辨力：选用各类非线绕电位器或多圈式微调电位器。

（5）高频高稳定性：选用薄膜电位器。

（6）调定以后不再变动：选用轴端锁紧式电位器。

（7）多个电路同步调节：选用多联电位器。

（8）精密、微小量调节：选用有慢轴调节机构的微调电位器。

（9）电压要求均匀变化：选用直线式电位器。

（10）音调、音量控制电位器：选用对数、指数式电位器。

2. 如何安装使用电位器

电位器的安装一定要牢靠，因为需要经常调节，如果安装不牢使之松动而与电路中的其他元器件相碰，会造成电路故障。

焊接时间不能太长，防止引出端周围的电位器外壳受热变形。

轴端装旋钮或轴端开槽用起子调节的电位器，注意终端位置；旋钮不可用力调节过头，防止损坏内部止挡。

电位器的三个引出端子连线时，要注意电位器旋钮的旋转方向应符合使用要求。例如，音量电位器向右顺时针调节时，信号应该变大，由此说明连线正确。

3.3 电容器

电容器是电子电路中常用的元件，它由两个金属电极，中间夹一层绝缘材料（电介质）构成。电容器是一种储存电能的元件，在电路中具有隔断直流、通过交流的特性，通常可实现滤波、旁路、级间耦合及与电感线圈组成振荡回路等功能。

电容器储存电荷量的多少，取决于电容器的电容量。电容量在数值上等于一个导电极板上的电荷量与两块极板之间的电位差的比值，即

$$C=\frac{Q}{U}$$

式中，C 为电容量，单位为 F（法拉第，简称法）；Q 为电极板上的电荷量，单位为 C（库仑，简称库）；U 为两极板之间的电位差，单位为 V（伏特，简称伏）。

3.3.1 电容器的图形符号与单位

1. 电容器的图形符号

电容器在电路图中用字母 C 表示，常用的图形符号如图 3-3-1 所示。

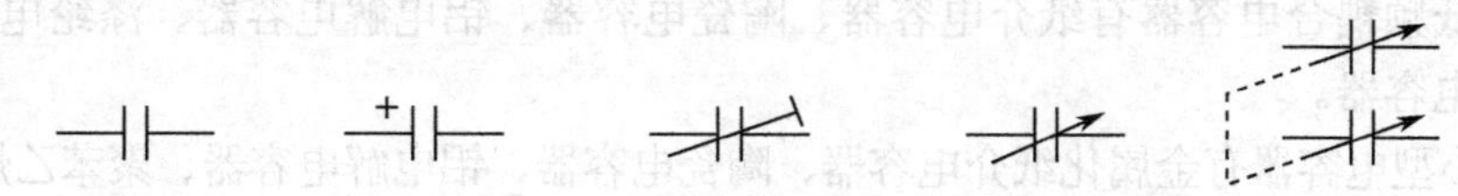

(a) 固定电容器 (b) 电解电容器 (c) 微调电容器 (d) 可调电容器 (e) 双联可调电容器

图 3-3-1 电容器的图形符号

2. 电容器的基本单位

电容器的基本单位为法拉（F）。实际上，法拉是一个很不常用的单位，因为电容器的容量往往比 1 法拉小得多。常用单位有毫法（mF）、微法（μF）、纳法（nF）、皮法（pF）。它们之间的换算关系：$1F=10^3mF=10^6\mu F=10^9nF=10^{12}pF$。

3.3.2 电容器的分类

电容器的种类很多，分类方法也各有不同。

1. 按结构分

电容器按结构不同分为三大类：固定电容器、可变电容器、半可变（又称微调）电容器。

2. 按介质材料分

电容器按介质材料不同分为有机介质电容器、无机介质电容器、电解电容器和气体介质电容器等。

有机介质电容器有纸介电容器、聚苯乙烯电容器、聚丙烯电容器、涤纶电容器等。

无机介质电容器有云母电容器、玻璃釉电容器、陶瓷电容器等。

电解电容器有铝电解电容器、钽电解电容器等。

气体介质电容器有空气介质电容器、真空电容器。

3. 按用途分

电容器按用途分为电容器高频旁路电容器、低频旁路电容器、滤波电容器、调谐电容器、高频耦合电容器、低频耦合电容器、小型电容器。

高频旁路电容器有陶瓷电容器、云母电容器、玻璃膜电容器、涤纶电容器、玻璃釉电容器。

低频旁路电容器有纸介电容器、陶瓷电容器、铝电解电容器、涤纶电容器。

滤波电容器有铝电解电容器、纸介电容器、复合纸介电容器、液体钽电容器。

调谐电容器有陶瓷电容器、云母电容器、玻璃膜电容器、聚苯乙烯电容器。

高频耦合电容器有陶瓷电容器、云母电容器、聚苯乙烯电容器。

低频耦合电容器有纸介电容器、陶瓷电容器、铝电解电容器、涤纶电容器、固体钽电容器。

小型电容器有金属化纸介电容器、陶瓷电容器、铝电解电容器、聚苯乙烯电容器、固体钽电容器、玻璃釉电容器、金属化涤纶电容器、聚丙烯电容器、云母电容器。

3.3.3 常用的电容器

常用的电容器有很多种，图 3-3-2 列举了其中几种。

独石电容器　陶瓷电容器　电解电容器

图 3-3-2 常用的电容器

1. 纸介电容器

纸介电容器由极薄的电容器纸夹着两层金属箔作为电极，卷成圆柱芯子，然后放在模子里浇灌上火漆制成；也有装有铝壳或瓷管内加以密封的。它的特点是价格低、损耗大、体积也较大。该电容器宜用于低频电路。

2. 云母电容器

云母电容器由金属箔（锡箔）或喷涂银层和云母一层层叠合后，用金属模压铸在胶木粉中制成。它的特点是耐高压、高温，性能稳定，体积小，漏电小，但电容量小。该电容器宜用于高频电路。

3. 陶瓷电容器

陶瓷电容器以陶瓷作为介质，在陶瓷基体两面喷涂银层，烧成银质薄膜做导体，从银层引线后外表涂漆制成。它的特点是耐高温、体积小、性能稳定、漏电小，但电容量小。该电容器可用在高频电路中。

4. 钽电解电容器

钽电解电容器以金属钽为正极，以稀硫酸等配液为负极，以钽表面生成的氧化膜作为介质的电解电容器。它具有体积小、容量大、性能稳定、寿命长、绝缘电阻大、温度特性好等优点。该电容器用在要求较高的电子设备中。

5. 半可变电容器（微调电容器）

该电容器由两片或两组小型金属弹片中间夹有云母介质组成，也有的是在两个瓷片上镀一层银制成的。它的特点是用螺钉调节两组金属片间的距离来改变电容量。该电容器一般用于收音机的振荡或补偿电路中。

6. 可变电容器

该电容器由一组（多片）定片和一组多片动片构成。根据动片与定片之间所用介质不同，可变电容器通常分为空气可变电容器和聚苯乙烯薄膜密封可变电容器两种。把两组（动、定）互相插入并不相碰（同轴），定片组一般与支架一起固定，动片组装旋柄可自由旋动，它们的容量随动片组转动的角度不同而改变。空气可变电容器多用于电子管收音机中，聚苯乙烯薄膜密封可变电容器由于体积小，多用于半导体收音机上。

3.3.4 电容器的主要参数

表示电容器性能的参数很多，这里介绍一些常用的参数。

1. 标称容量与允许误差

电容量是电容器最基本的参数。标在电容器外壳上的电容量数值称为标称容量，是标准化了的电容值，由标准系列规定。不同类别的电容器，其标称容量系列也不一样。当标称容量范围在 0.1～1μF 时，标称系列采用 E6 系列。对于有机薄膜、瓷介、玻璃釉、云母电容器，标称容量采用 E24、E12、E6 系列；对于电解电容器，采用 E6 系列。

标称容量与实际电容量有一定的允许误差，允许误差用百分数或误差等级表示。允许误差分为五级：±1%（00 级），±2%（0 级），±5%（Ⅰ级），±10%（Ⅱ级）和±20%（Ⅲ级）。有的电解电容器的容量误差范围较大，为-20%～+100%。

2. 额定工作电压（耐压）

电容器的额定工作电压是指电容器长期连续可靠工作时，极间电压不允许超过的规定电压值，一旦超过电容器就会被击穿损坏。额定工作电压数值一般以直流电压形式在电容器上标出。

一般无极电容器的标称耐压值比较高，有 63V，100V，60V，250V，400V，600V，1000V 等。有极电容器的耐压相对比较低，一般标称耐压值有 4V，6.3V，10V，16V，25V，35V，50V，63V，80V，100V，220V，400V 等。

3. 绝缘电阻

电容器的绝缘电阻是指电容器两极间的电阻，又叫作漏电电阻。电容器中的介质并不是绝对的绝缘体，它的电阻不是无限大的，而是一个有限的数值，一般在 1000 兆欧以上。因此，电容器多少总有些漏电。除电解电容器外，一般电容器的漏电流是很小的。显然，电容器的漏电电流越大，绝缘电阻越小。当漏电流较大时，电容器发热，发热严重时会导致电容器损坏。实际使用中，应选择绝缘电阻大的电容器。

3.3.5 电容器的标注方法

电容器的标注方法有直标法、文字符号法、数码表示法和色标法。

1. 直标法

直标法是将电容器的容量、耐压、误差等主要参数直接标注在电容器的外壳表面上，其中误差一般用字母来表示。常见的表示误差的字母有 J（±5%）、K（±10%）和 M（±20%）。

示例：47nJ100 表示容量为 47nF 或 0.047μF，误差为±5%，耐压为 100V。

当电容器所标容量没有单位时，若容量数值有小数且其整数部位为零表示 μF，其余表示 pF。例如，0.22 表示容量为 0.22μF；470 表示容量为 470pF。

2. 文字符号法

文字符号法是将需要表示出的电容器参数用文字和数字符号按一定规律标注，其规则为整数+单位符号（p、n、m、μ）+ 小数部分。

示例：p33 表示容量为 0.33pF；2p2 表示容量为 2.2pF；6n8 表示容量为 6800 pF；4μ7 表示容量为 4.7μF；4m7 表示容量为 4700μF。

3. 数码表示法

数码表示法是指用三位数字表示容量的大小，从左到右，第一、二位数字是电容量的有效数字，第三位表示前两位有效数字后面应加“0”的个数（此处若为数字 9 则是特例，表示 10^{-1}），单位均为 pF 。

示例：103 表示容量为 10 000pF；331M 表示容量为 330pF±20%；479K 表示容量为 4.7pF±10%；685J 表示容量为 6.8μF±5%。

4. 色标法

电容器的色标法与电阻器的色标法相似。

色标通常有三种颜色，沿着引线方向，前两种色标表示有效数字，第三种色标表示有效数字后面零的个数，单位为 pF。有时一、二色标为同色，就涂成一道宽的色标，如橙橙红中的两个橙色色标就涂成一道宽的色标，表示 3300pF，如图 3-3-3 所示。

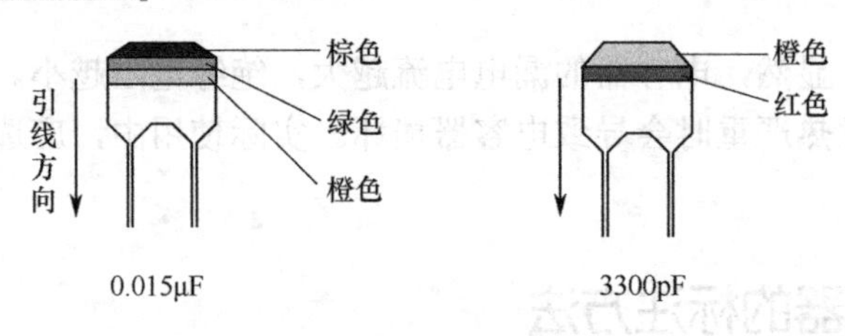

图 3-3-3　电容器的色标法

3.3.6　电容器的测试

在使用电容器之前要对其性能进行检查，检查它是否短路、断路、漏电、失效等。

1. 漏电测量

用万用表的 R×1k 或 R×10K 挡测量电容器时，除空气电容器外，指针一般回到∞位置附近，指针稳定时的读数为电容器的绝缘电阻，阻值越大，表明漏电越小。如果指针距离零欧姆近，表明漏电太大不能使用。有的电容器的漏电阻到达∞位置后，又向零姆欧方向摆动，表明漏电严重，也不能使用。

2. 短路和断路测量

根据被测电容器的容量选择万用表适当的欧姆挡来测量电容器是否断路。对于 0.01μF 以下的小电容器，指针偏转极小，不易看出，需用专门仪器测量。如果万用表的指针一点都不偏转，调换表笔以后指针仍不偏转，表明被测电容器已经断路。

如果万用表的指针偏转到零欧姆处（注意选择适当的欧姆挡，不要将充电现象误认为是短路）不再返回，表明电容器已击穿短路。对于可变电容器，可将表笔分别接到动片和定片上，然后慢慢转动动片，如果电阻为零，说明有碰片现以象，可用工具消除碰片，以恢复正常，即阻值为无穷大。

3. 电容量的估测

用万用表的 R×1k 或 R×10K 挡估测电容器的容量时，开始指针快速正偏一个角度，然后逐渐向∞位置方向退回。再互换表笔测量，指针偏转角度比上次更大，表明电容器的充放电过程正常。指针开始的偏转角越大，回∞位置的速度越慢，表明电容量越大。与已知容量的电容器进行测量比较，可以大概估计被测电容器的大小。注意：当对电容器的容量进行第 2 次检测时，要先对电容器放电。对于 1000μF 以下的电容器，可直接短路放电。电容器容量越大，放电时间也要求越长。

4. 判别电解电容器的极性

因为电解电容器正反不同接法时的绝缘电阻相差较大，所以可用万用表的欧姆挡测电解电容器的漏电电阻，并记下该阻值，然后调换表笔再测一次，两次漏电阻中大的那次，黑表笔接电解电容器的正极，红表笔接电解电容器的负极。

3.3.7 电容器的使用

电容器的种类很多，正确选择和使用电容器对产品设计很重要。

1. 选用适当的型号

根据电路要求，一般用于低频耦合、旁路去耦等电气要求不高的场合时，可使用纸介电容器、电解电容器等，级间耦合选用 1～22μF 的电解电容器，射极旁路采用 10～220μF 的电解电容器；在中频电路中，可选用 0.01～0.1μF 的纸介、金属化纸介、有机薄膜电容器等；在高频电路中，则应选用云母和瓷介电容器。

在电源滤波和退耦合电路中，可选用电解电容器，一般只要容量、耐压、体积和成本满足要求就可以了。

对于可变电容器，应根据电容统调的级数，确定采用单联或多联可变电容器。如果不需要经常调整，可选用微调电容器。

2. 合理选用标称容量及允差等级

在很多情况下，对电容器的容量要求不严格，容量偏差可以很大。例如，在旁路、退耦电路及低频耦合电路中，可根据设计值选用相近容量或容量大一些的电容器。

但在振荡回路、延时电路、音调控制电路中，电容器的电容量应尽量与设计值一致，允差等级要求相应地也要高一些。在各种滤波器和各种网络中，对电容量的允差等级有更高的要求。

3. 电容器额定工作电压的选择

如果电容器的额定工作电压低于电路中的实际电压，电容器就会发生击穿损坏。一般额定工作电压应高于实际电压 1～2 倍，使其留有足够的余量才行。对于电解电容器，实际电压应是电解电容器额定工作电压的 50%～70%。如果实际电压低于额定工作电压一半以下，反而会使电解电容器的损耗增大。

4. 选用绝缘电阻高的电容器

在高温、高压条件下，更要选择绝缘电阻高的电容器。

5. 电容器的串、并联

几个电容器并联，电容量加大：

$$C_{并} = C_1 + C_2 + C_3 + \cdots$$

并联后的各个电容器，如果耐压不同，就必须把其中耐压最低的值作为并联后的耐压值。

几个电容器串联：

$$C_{串}=\frac{1}{\frac{1}{C_1}+\frac{1}{C_2}+\frac{1}{C_3}+\dots}$$

此时电容量减小，耐压增加。如果两个电容量相同的电容器串联，其总耐压可增加一倍。但如果两个电容器的电容量不等，则电容量小的那个电容器所承受的电压要高于电容量大的那个电容器。

6. 注意电解电容器的引脚极性

使用电解电容器时应注意它的极性，千万不能将极性接错。新的电解电容器的引脚长短不一，长的引脚为正极，短的引脚为负极。另外，电解电容器外壳上标有“—”或“⊖”的引脚为负极，另外一个引脚为正极。1μF 以下的电容器为无极性电容器。

7. 其余注意事项

在装配中，应使电容器的标志易于观察到，以便核对。同时，电烙铁等高温发热装置应与电解电容器保持适当的距离，以防止过热造成电解电容器爆裂。

3.4 电感器

电感器是依据电磁感应原理，一般利用漆包线在绝缘骨架上绕制而成的一种能够存储磁场能量的电子元件。它在电路中具有通直流电、阻止交流电通过的能力。它广泛应用于调谐、振荡、滤波、耦合、补偿、变压等电路中。

3.4.1 电感器的图形符号

电感器在电路图中用字母 L 表示，其常用的图形符号如图 3-4-1 所示。

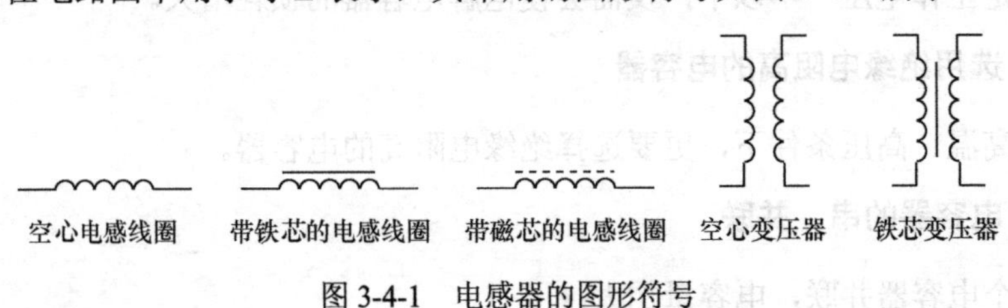

图 3-4-1 电感器的图形符号

3.4.2 电感器的分类

电感器通常分为两大类：一类是应用于自感作用的电感线圈，另一类是应用于互感作用的变压器。下面分别介绍它们的分类情况。

1. 电感线圈的分类

电感线圈是根据电磁感应原理制成的器件。它的用途极为广泛，如 LC 滤波器、调谐放大器或振荡器中的谐振回路、均衡电路、去耦电路等。

（1）按电感线圈圈芯性质分类有空心线圈和带磁芯的线圈。

（2）按绕制方式分类有单层线圈、多层线圈、蜂房线圈等。

（3）按电感量变化情况分类有固定电感和微调电感。

2. 变压器的分类

变压器利用两个绕组的互感原理来传递交流电信号和电能，同时能起变换前后级阻抗的作用。

（1）按变压器的铁芯和线圈结构分类有芯式变压器和壳式变压器。大功率变压器以芯式结构居多，小功率变压器常采用壳式结构。

（2）按变压器的使用频率分类有高频变压器、中频变压器、低频变压器。

3.4.3 常用的电感器

常用的电感器有许多种，图 3-4-2 列举了其中几种。

图 3-4-2 常用的电感器

1. 小型固定电感器

这种电感器是在棒形、工形或王字形的磁芯上绕漆包线制成的，其体积小、质量轻、安装方便，用于滤波、陷波、扼流、延迟及去耦电路中。其结构有卧式和立式两种。

2. 中频变压器

中频变压器是超外差式无线电接收设备中的主要元器件之一，广泛应用于调幅收音机、调频收音机和电视机等电子产品中。调幅收音机中的中频变压器谐振频率为 465kHz；调频收音机的中频变压器谐振频率为 10.7MHz。其主要功能是选频及阻抗匹配。

3. 电源变压器

电源变压器由铁芯、绕组和绝缘物等组成。

（1）铁芯。变压器的铁芯有“E”形、“口”形、“C”形和等腰三角形。“E”形铁芯使用得较多，用这种铁芯制成的变压器，铁芯对绕组形成保护外壳。“口”形铁芯用在大功率变压器中。“C”形铁芯采用新型材料，具有体积小、质量轻、品质好等优点，但其制作要求高。

（2）绕组。绕组是用不同规格的漆包线绕制而成的。绕组由一个一次绕组和多个二次绕组组成，并且在一次、二次绕组之间加有静电屏蔽层。

（3）特性。变压器的一次、二次绕组的匝数与电压有以下关系：

$$n = N_1 / N_2 = U_1 / U_2$$

式中，U_1 和 N_1 分别代表一次绕组的电压和线圈匝数；U_2 和 N_2 分别代表二次绕组的电压和线圈匝数；n 称为电压比或匝数比，$n<1$ 的变压器为升压变压器，$n>1$ 的变压器为降压变压器，$n=1$ 的变压器为隔离变压器。

3.4.4 电感器的主要参数

1. 电感量

电感量的单位是亨[利]，简称亨，用 H 表示。常用的有毫亨（mH）、微亨（μH）、毫微亨（nH）。它们的换算关系为

$$1\text{H} = 10^3\text{mH} = 10^6\mu\text{H} = 10^9\text{nH}$$

电感量的大小与线圈匝数、直径、内部有无磁芯、绕制方式等有直接关系。圈数越多，电感量越大；线圈内有铁芯、磁芯的，比无铁芯、磁芯的电感量大。

2. 品质因数（*Q* 值）

品质因数是表示线圈质量高低的一个参数，用字母 Q 表示。*Q* 值高，线圈损耗就小。

3. 分布电容

线圈匝与匝之间具有电容，这一电容称为“分布电容”。此外，屏蔽罩之间，多层绕组的层与层之间，绕组与底板间也都存在分布电容。分布电容的存在使线圈的 Q 值下降。为减小分布电容，可减小线圈骨架的直径，用细导线绕制线圈，可采用间绕法、蜂房式绕法。

3.4.5 电感器的标注方法

电感器的标注方法也有直标法、数码表示法和色标法。

1. 直标法

直标法是指在小型固定电感器的外壳上直接用文字标出电感器的主要参数，如电感量、允许误差值、最大直流工作电流等。其中，最大直流工作电流常用字母A、B、C、D、E 等标注，字母和电流的对应关系如表 3-4-1 所示。电感量的允许误差用Ⅰ、Ⅱ、Ⅲ 即±5%、±10%、±20%表示。

表 3-4-1 小型固定电感器的最大直流工作电流和字母的对应关系

字母	A	B	C	D	E
最大直流工作电流/mA	50	150	300	700	1600

示例：电感器的外壳上标有 3.9mH、A、Ⅱ等字样，表示其电感量为 3.9mH，误差为±10%，最大直流工作电流为 A 挡（50 mA）。

2. 数码表示法

数码表示法是指用三位数字表示电感量的大小，从左到右，第一、二位数字是电感量的有效数字，第三位表示前两位有效数字后面应加“0”的个数，小数点用 R 表示，单位为 μH。

示例：222 表示电感量为 2200μH；100 表示电感量为 10μH；R68 表示电感量为 0.68μH。

3. 色标法

色标法是指在电感器的外壳涂上各种不同颜色的环，用来标注其主要参数。第一、二条色环表示电感器电感量的第一、二位有效数字，第三条色环表示倍乘数（10^n），第四条色环表示允许误差。色环数字与颜色的对应关系和电阻的色标法相同。

示例：某电感器的色环分别为

红红银黑：表示其电感量为 0.22μH±20%；

黄紫金银：表示其电感量为 4.7μH±10%。

3.4.6 电感器的测试

如果要准确测量电感线圈的电感量 L 和品质因数 Q，就需要采用专门的仪器，而且测量步骤较为复杂。

一般用万用表的 R×1 或 R×10 挡测电感器的阻值，若为无穷大，表明电感器断路；若电阻为零，说明电感器内部绕组有短路故障；但是有许多电感器的电阻值很小，只有零点几欧姆，此时最好采用测试仪来测量。在电感量相同的多个电感器中，如果电阻值小，表明 Q 值高。

3.4.7 电感器的使用

电感线圈的用途很广，这里主要介绍应用于自感作用的电感线圈。使用电感线圈时应注意其性能是否符合电路要求，并应正确使用，防止接错线和损坏。使用电感线圈时，应注意以下几点：

（1）每一个线圈都具有一定的电感量。如果将两个或两个以上的线圈串联起来，总的电感量是增大的，串联后的总电感量为

$$L_{\text{串}} = L_1 + L_2 + L_3 + \cdots$$

线圈并联以后总电感量是减小的，并联以后的总电感量为

$$L_{\text{并}} = \frac{1}{\frac{1}{L_1} + \frac{1}{L_2} + \frac{1}{L_3} + \cdots}$$

上述计算式是针对每个线圈的磁场各自隔离而不相接触的情况，如果磁场彼此耦合，就需另外考虑了。

（2）使用线圈时应注意不要随便改变线圈的形状、大小和线圈间的距离，否则会影响线圈原来的电感量。尤其是频率越高，即圈数越少的线圈。因此，电视机中的高频线圈一般用高频蜡或其他介质材料进行密封固定。

（3）要特别注意线圈在装配时互相之间的位置和其他元件的位置，应符合规定要求，以免互相影响而导致整机不能正常工作。

（4）可调线圈应安装在机器易于调节的地方，以便调节线圈的电感量达到最理想的工作状态。

3.5 半导体分立元件

半导体是一种导电性能介于导体与绝缘体之间，或者说电阻率介于导体与绝缘体之间的物质。常用的半导体材料有硅、锗、砷化镓等。半导体中存在两种载流子：带负电荷的自由电子和带正电荷的空穴。半导体虽有这两种载流子，但在常温下其数量极少，因此导电能力很差。如果在其中掺入微量杂质元素，就能增强其导电性能。根据掺入杂质不同，半导体分为两类：N 型半导体（在四价元素硅或锗中掺入少量五价元素，如磷元素）和 P 型半导体（在四价元素硅或锗中掺入少量三价元素，如硼元素）。

半导体分立元件主要有半导体二极管、半导体三极管、场效应管、可控硅（晶闸管）等几种。

3.5.1 半导体二极管

半导体二极管也称晶体二极管，简称二极管。

1. 半导体二极管的结构

用一定的工艺方法把 P 型半导体和 N 型半导体紧密地结合在一起，就会在其交界面处形成空间电荷区，叫作 PN 结。

当 PN 结两端加上正向电压时，即外加电压的正极接 P 区，负极接 N 区，此时 PN 结呈导通状态，形成较大的电流，其呈现的电阻很小（称为正向电阻）。

当 PN 结两端加上反向电压时，即外加电压的正极接 N 区，负极接 P 区，此时 PN 结呈截止状态，几乎没有电流通过，其呈现的电阻很大（称为反向电阻），远远大于正向电阻。

当 PN 结两端加上不同极性的直流电压时，其导电性能将产生很大的差异。这就是 PN 结的单向导电性，它是 PN 结最重要的电特性。

在一个 PN 结上，由 P 区和 N 区各引出一个电极，用金属、塑料或玻璃管壳封装后，即构成一个半导体二极管。由 P 型半导体上引出的电极叫作正极；由 N 型半导体上引出的电极叫作负极，如图 3-5-1 所示。

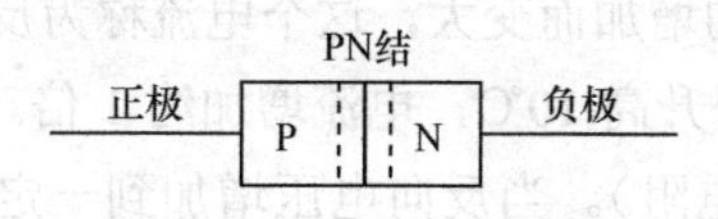

图 3-5-1 二极管的结构

2. 半导体二极管的分类

（1）按材料分类有锗二极管（简称锗管）、硅二极管（简称硅管）等。锗管与硅管性能的主要区别在于：锗管的正向压降比硅管小（锗管为 0.2～0.3V，硅管为 0.6～0.7V），锗管的反向电流比硅管大（锗管为几百毫安，硅管小于 1μA）。

（2）按制作工艺不同可分为面接触二极管和点接触二极管。

（3）按用途分类有整流二极管、检波二极管、稳压二极管、变容二极管、光电二极管、发光二极管、开关二极管等。

常见二极管的外形及各种二极管的电路符号如图 3-5-2 和图 3-5-3 所示。

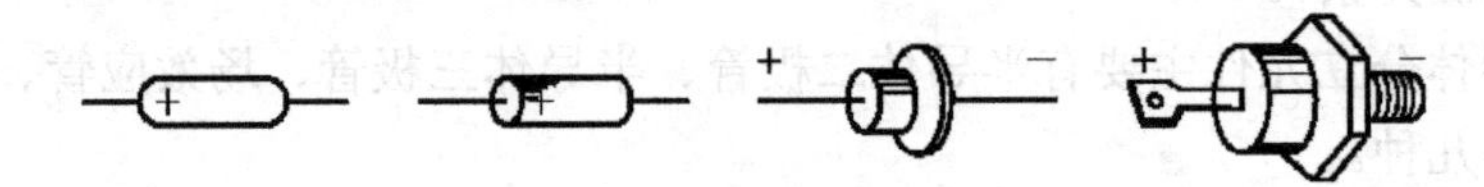

图 3-5-2　常见二极管的外形

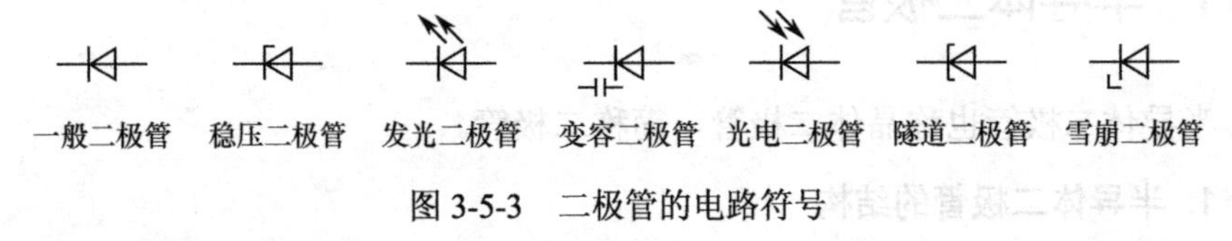

图 3-5-3　二极管的电路符号

3. 半导体二极管的特性

1）正向特性

如图 3-5-4 所示，当二极管两端加正向电压时，二极管导通。当正向电压很低时，电流很小，二极管呈现较大的电阻，这一区域称为死区。锗管的死区电压约为 0.1V，导通电压约为 0.3V；硅管的死区电压约为 0.5V，导通电压约为 0.7V。当外加电压超过死区电压后，二极管内阻变小，电流随着电压增加而迅速上升，这就是二极管的正常工作区。在正常工作区内，当电流增加时，管压降稍有增大，但压降很小。

2）反向特性

如图 3-5-4 所示，当二极管两端加反向电压时，此时通过二极管的电流很小，且该电流不随反向电压的增加而变大，这个电流称为反向饱和电流。反向饱和电流受温度影响较大，温度每升高 10℃，电流增加约 1 倍。在反向电压作用下，二极管呈现较大的电阻（反向电阻）。当反向电压增加到一定数值时，反向电流将急剧增大，这种现象称为反向击穿，这时的电压称为反向击穿电压。

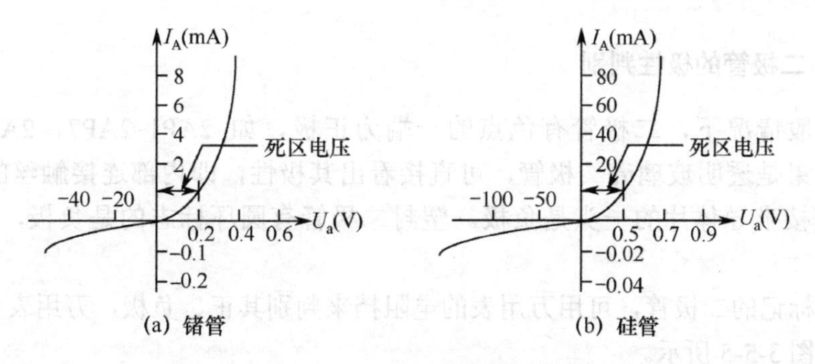

图 3-5-4 二极管的伏安特性

4. 半导体二极管的主要参数

1）最大整流电流

最大整流电流是指二极管长期工作时，允许通过的最大正向电流值。使用时电流值不能超过此值，否则二极管会发热而烧毁。

2）最高反向工作电压

最高反向工作电压是指为防止击穿，使用二极管时的反向电压极限值。

5. 常用二极管的简介

1）整流二极管

整流二极管主要用于整流电路，把交流电变换成脉动的直流电。由于通过的正向电流较大，对结电容无特殊要求，所以其 PN 结多为面接触型。

2）检波二极管

检波二极管的主要作用是把高频信号中的低频信号检出。由于要求结电容小，所以其结构为点接触型，一般采用锗材料制成。

3）发光二极管

发光二极管是一种将电能变成光能的半导体器件。它具有一个 PN 结，与普通二极管一样，具有单向导电特性。给发光二极管加上正向电压后，当有一定的电流流过时它就会发光。

发光二极管由磷砷化镓、镓铝砷等半导体材料制成。其发光的颜色有红光、黄光、绿光及三色变色发光。另外，还有人眼看不见的红外光二极管。

发光二极管可以用直流、交流、脉冲等电源点燃。其外形有圆形、圆柱形、方形、矩形等。

6. 二极管的极性判别

一般情况下，二极管有色点的一端为正极，如 2AP1~2AP7，2AP11~2AP17 等。如果是透明玻璃壳二极管，可直接看出其极性，即内部连接触丝的一头是正极，连接半导体片的一头是负极。塑封二极管有圆环标志的是负极，如 IN4000 系列。

无标记的二极管，可用万用表的电阻挡来判别其正、负极，万用表的电阻挡示意图如图 3-5-5 所示。

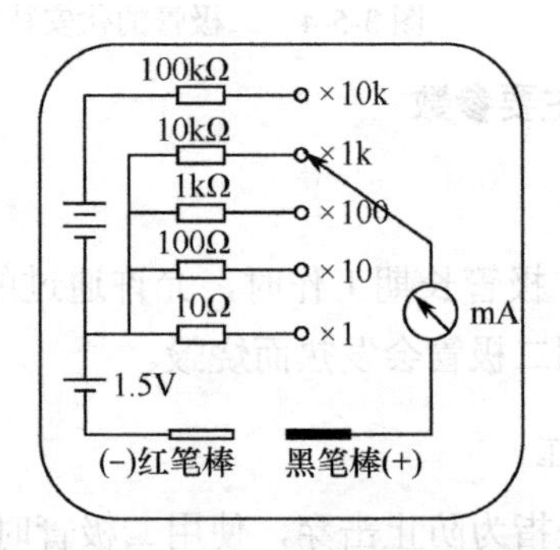

图 3-5-5　万用表的电阻挡示意图

将万用表拨在 R×100 或 R×1k 电阻挡上，两支表笔分别接触二极管的两个电极测其阻值，记下此时的阻值。两支表笔调换，再测一次阻值。两次测量中，阻值小的那一次，测出的是二极管的正向电阻，黑表笔接触的电极是二极管的正极，红表笔接触的电极是二极管的负极，如图 3-5-6 所示。

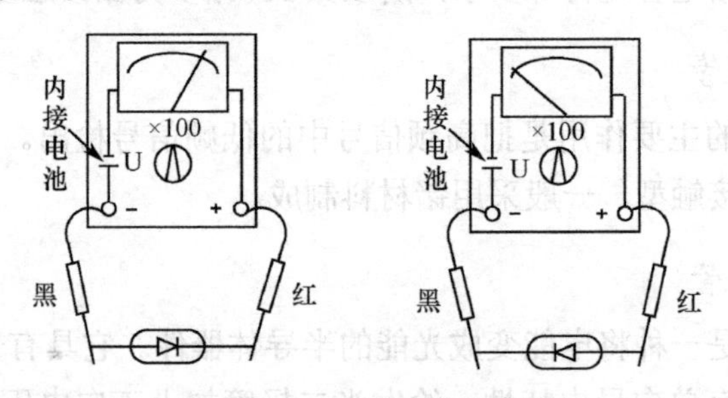

图 3-5-6　二极管的极性判别

顺便指出，测量一般小功率二极管的正、反向电阻时，不宜使用 R×1 和 R×10k 挡，采用前者时通过二极管的正向电流较大，可能烧毁管子；采用后者时加在二极管两端的反向电压太高，易将管子击穿。另外，二极管的正、反向电阻值随测量所用电表的欧姆挡（R×100 挡还是 R×1k 挡）不同而不一样，甚至相差悬殊，这属于正常现象。

7. 二极管的性能测量

二极管性能鉴别的最简单方法是用万用表测其正、反向电阻值，阻值相差越大，说明它的单向导电性能越好。因此，通过测量其正、反向电阻值，可方便地判断管子的导电性能。对于检波二极管或锗小功率二极管，使用 R×100 挡，其正向电阻值为 100～1000Ω；对于硅管，其正向电阻值为几百欧到几千欧之间。反向电阻值，不论是锗管还是硅管，一般都在几百千欧以上，而且硅管比锗管大。

由于二极管是非线性器件，所以用不同倍率的欧姆挡或不同灵敏度的万用表测量时，所得数据是不同的，但正、反向电阻相差几百倍的规律是不变的。

测量时，对于小功率二极管一般选用 R×100 或 R×1k 挡；对于中、大功率二极管一般选用 R×1 和 R×10k 挡。判别发光二极管好坏时，可用 R×10k 挡测其正、反向阻值，当正向电阻小于 50kΩ，反向电阻大于 200kΩ 时均为正常。如果正、反向电阻均为无穷大，说明此管已坏。

测量时，若二极管的正、反向电阻为无穷大，即表针不动，说明其内部断路；反之，若其正、反向电阻近似为 0Ω，说明其内部有短路故障；若二极管的正、反向电阻值相差太小，说明其性能变坏或失效。这几种情况都说明二极管已损坏，不能再使用了。

3.5.2 半导体三极管

半导体三极管也称为晶体三极管（简称三极管），是内部含有两个 PN 结、外部具有三个电极的半导体器件。两个 PN 结共用的一个电极为三极管的基极（用字母 b 表示），其他的两个电极为集电极（用字母 c 表示）和发射极（用字母 e 表示）。半导体三极管在一定条件下具有“放大”作用，被广泛应用于收音机、录音机、电视机、扩音机等各种电子设备中。

1. 半导体三极管的结构

在一块半导体晶片上制造两个符合要求的 PN 结，就构成了一个晶体三极管。按 PN 结的组合方式不同，三极管有 PNP 型和 NPN 型两种，如图 3-5-7 所示。不论是 PNP 型三极管，还是 NPN 型三极管，都有三个不同的导电区域：中间部分称为基区；两端中的一个称为发射区，另一个称为集电区。每个导电区域中有一个电极，分别称为基极、发射极、集电极。发射区与基区交界面处形成的 PN 结称为发射结；集电区与基区交界面处形成的 PN 结称为集电结。

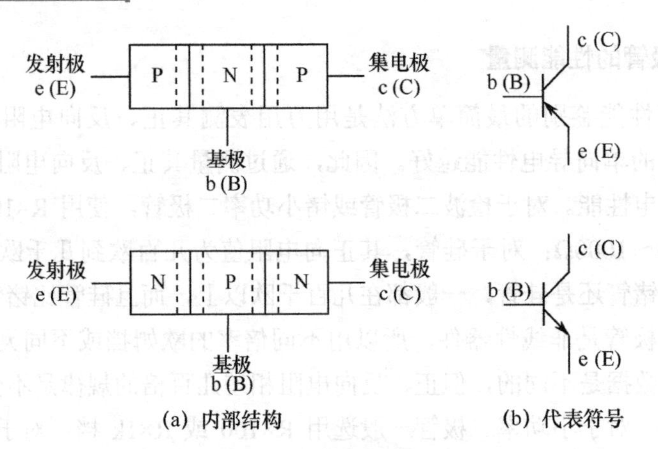

图 3-5-7 三极管的基本结构

2. 半导体三极管的分类

（1）按使用的半导体材料分为锗三极管和硅三极管两类。国产锗三极管多为PNP型，硅三极管多为NPN型。

（2）按制作工艺不同分为扩散管、合金管等。

（3）按功率分为小功率管、中功率管和大功率管。

（4）按工作频率分为低频管、高频管和超高频管。

（5）按用途分为放大管和开关管等。

（6）按结构分为点接触型管和面接触型管。

另外，每一种三极管中，又有多种型号，以区别其性能。在电子设备中，比较常用的是小功率的硅三极管和锗三极管。

常用三极管的外形如图 3-5-8 所示。

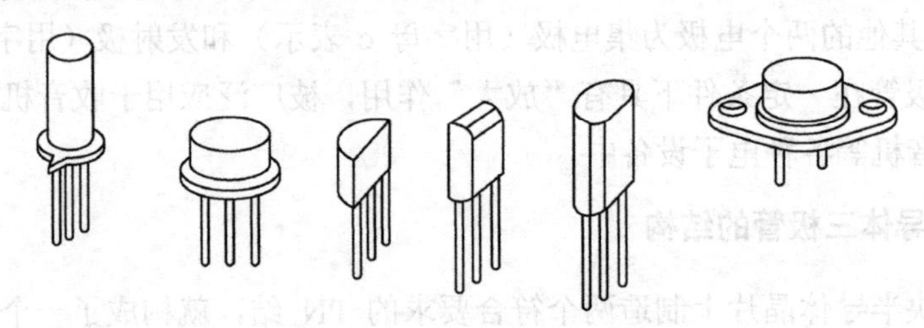

图 3-5-8 常用三极管的外形

3. 半导体三极管的放大作用

半导体三极管最基本的作用是放大作用。它可以把微弱的电信号变成一定强度的信号，当然，这种转换仍然遵循能量守恒规律，只是把电源的能量转换成信号的能量罢了。三极管有一个重要参数就是电流放大系数 β。当给三极管的基极加上一个微小的电流时，在集电极上可以得到一个是注入电流 β 倍的电流，即集电极电流。集电极电流随基极电流的变化而变化，并且基极电流很小的变化可以引起集电极电流很大的变化，这就是三极管的放大作用。

要使半导体三极管具有放大作用，必须在各电极间加上极性正确、数值合适的电压，否则管子就不能正常工作，甚至会损坏。如图 3-5-9 所示，在 NPN 型三极管的发射极和基极之间加上一个较小的正向电压 U_{be}（称为基极电压，一般为零点几伏）。在集电极与发射极之间加上较大的反向电压 U_{ce}（称为集电极电压，一般为几伏到几十伏）。$U_b>U_e$，$U_c>U_b$，因此发射结上加的是正向偏压，集电结上加的是反向偏压。调节电阻 R_b 可以改变基极电流 I_b，则集电极电流 I_c 有很大的变化，通常 $\beta=\dfrac{\Delta I_c}{\Delta I_b}$。

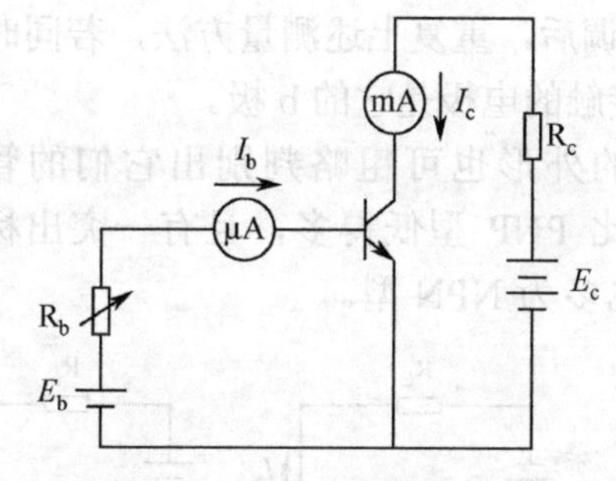

图 3-5-9 三极管电流放大电路

4. 半导体三极管的管型与电极判别

所谓管型判别，是指判别三极管是 PNP 型还是 NPN 型，是硅管还是锗管，是高频管还是低频管；而电极判别，则是指分辨出三极管的发射极（e）、基极（b）、集电极（c）。

1）目测法

一般，管型是 NPN 型还是 PNP 型应从管壳上标注的型号来辨别。依照部颁标准（行业标准，即国务院行业主管部门颁布的标准），三极管型号的第二位（字母）中的 A、C 表示 PNP 型管，B、D 表示 NPN 型管，例如：

3AX 为 PNP 型低频小功率管　　3BX 为 NPN 型低频小功率管

3CG 为 PNP 型高频小功率管　　3DG 为 NPN 型高频小功率管

3AD 为 PNP 型低频大功率管　　3DD 为 NPN 型低频大功率管

3CA 为 PNP 型高频大功率管　　3DA 为 NPN 型高频大功率管

此外，有国际流行的9011~9018系列高频小功率管，除9012和9015为PNP型管外，其余均为NPN型管。

2）万用表电阻挡判别法

（1）PNP型、NPN型和基极的判别

由图3-5-10可见，对PNP型三极管而言，c、e极分别为其内部两个PN结的正极，b极为两个PN结的共同极；对NPN型三极管而言，情况恰好相反，c、e极分别为两个PN结的负极，而b极则为它们共同的正极。显然，根据这一点可以很方便地进行管型判别。具体方法如下：将万用表拨在R×100或R×1k挡上，红表笔任意接触三极管的一个电极，黑表笔依次接触另外两个电极，分别测量它们之间的电阻值，如图3-5-11所示，当红表笔接触某一电极时，其余两电极与该电极之间均为几百欧的低电阻则该管为PNP型，而且红表笔所接触的电极为b极；若以黑表笔为基准，即将两支表笔对调后，重复上述测量方法，若同时出现低电阻的情况则该管为NPN型，黑表笔所接触的电极是它的b极。

另外，根据管子的外形也可粗略判别出它们的管型来。目前市售小功率NPN型管的管壳高度比PNP型低得多，且有一突出标志，如图3-5-12所示。塑封小功率三极管，也多为NPN型。

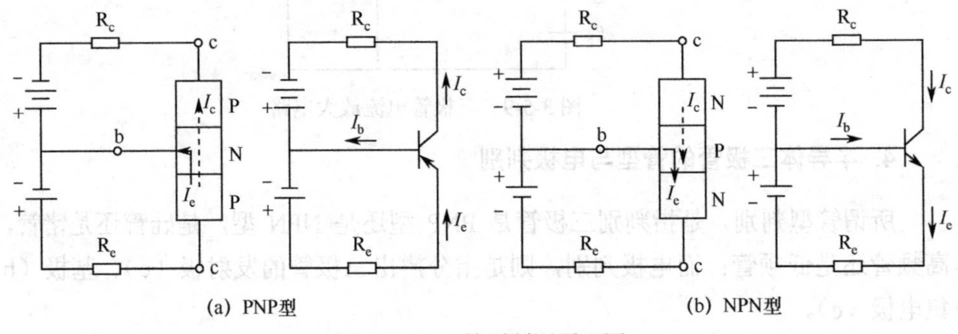

图3-5-10　管型判别原理图

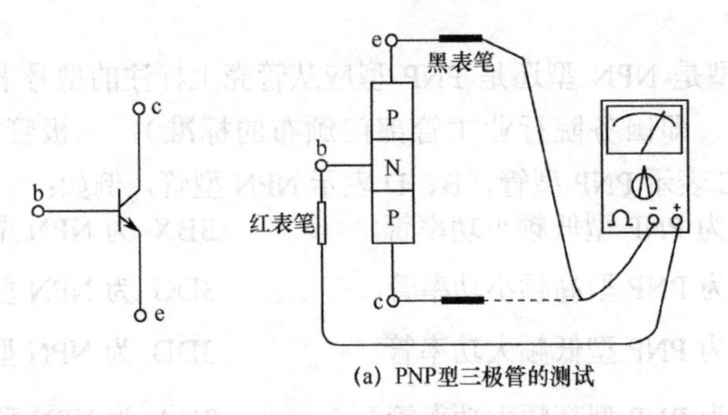

图3-5-11　PNP型和NPN型三极管的判别

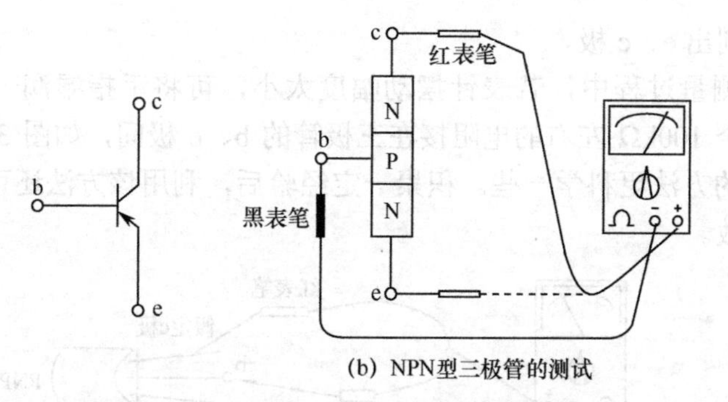

(b) NPN型三极管的测试

图 3-5-11 PNP 型和 NPN 型三极管的判别（续）

（2）发射极和集电极的判别

从三极管的结构原理图（见图 3-5-7）上看，似乎发射极 e 和集电极 c 并无区别，可以互换使用。但实际上，两者的性能相差非常悬殊。这是由于制作时，两个 P 区（或 N 区）的“掺杂”浓度不一样的缘故。当 e、c 极使用正确时，三极管的放大能力强。反之，若 e、c 互换使用，则其放大能力非常弱。根据这一点就可以把管子的 e、c 极区别开来。

在判别出管型和基极 b 的基础上，任意假定一个电极为 e 极，另一个电极为 c 极。将万用表拨在 R×1k 挡上。对于 PNP 型管，令红表笔接 c 极，黑表笔接 e 极，再用手同时捏一下管子的 b、c 极，注意不要让这两个电极直接相碰，如图 3-5-13 所示。在用手捏管子 b、c 极的同时，注意观察一下万用表指针向右摆动的幅度。然后使假设的 e、c 极对调，重复上述测试步骤。比较两次测量中表针向右摆动的幅度。若第一次测量时的摆幅大，则说明对 e、c 极的假定符合实际情况：若第二次测量时的摆幅大，则说明第二次的假定与实际情况符合。

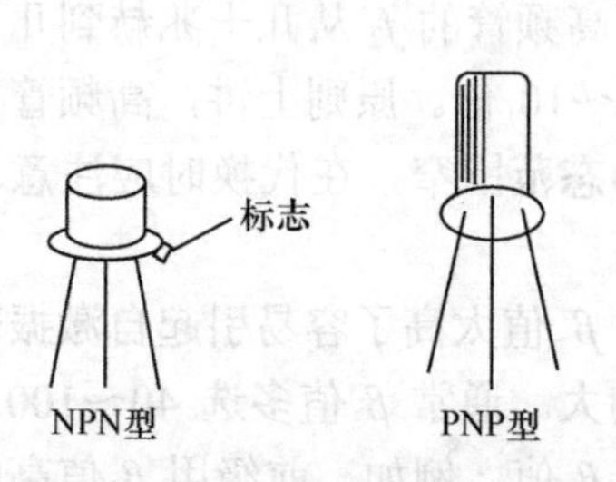

图 3-5-12 常见 NPN 型和 PNP 型三极管的外形

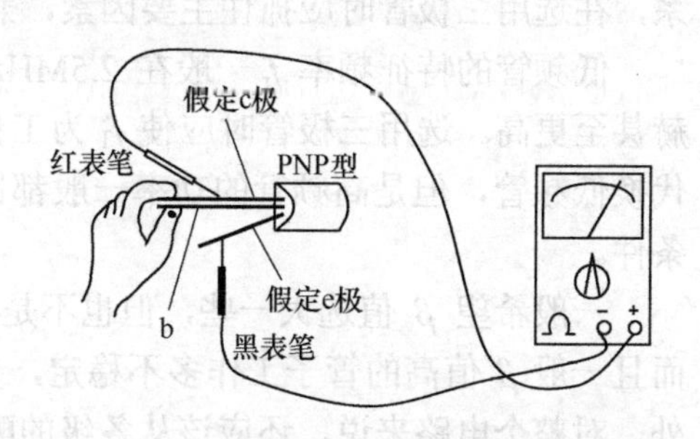

图 3-5-13 三极管的 e、c 判别

这种判别电极方法的原理是：利用万用表欧姆挡内部的电池，给三极管的 c、e 极加上电压，使它具有放大能力，用手捏其 b、c 极，就等于从三极管的基极 b 输入一个微小的电流，此时表针向右的摆动幅度就间接反映出其放大能力的大小，因而

能正确地判别出 e、c 极。

在上述测量过程中，若表针摆动幅度太小，可将手指湿润一下重测。不难推知，若将一个 100kΩ 左右的电阻接在三极管的 b、c 极间，如图 3-5-14 所示，显然将比用手捏的方法更科学一些。积累一定经验后，利用该方法还可以估计一下三极管的放大倍数。

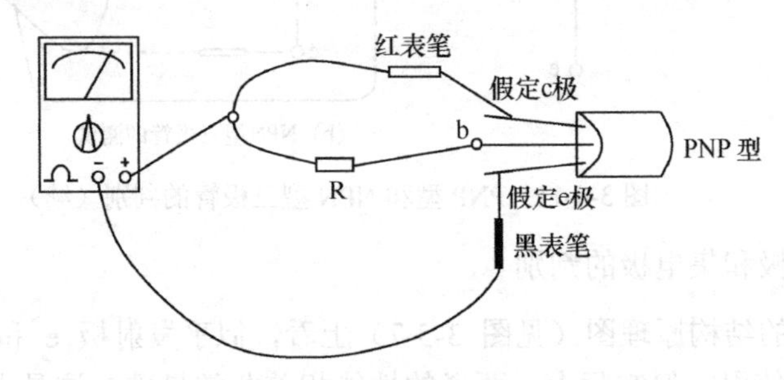

图 3-5-14　三极管的 e、c 判别

顺便指出，三极管电极 e、b、c 的排列并不是乱而无序的，而是有比较强的规律性。使用三极管时应查阅有关资料手册等。另外，还有一些甚高频三极管有 4 个电极，其中一个电极与它的金属外壳相连接。根据这一点，利用万用表的电阻挡，依次测量 4 个电极与其管壳是否相通，便可方便地鉴别出来。不过有的三极管的集电极是与管壳相通的。

5. 半导体三极管的选用

选用半导体三极管时，一要符合设备及电路的要求，二要符合节约的原则。根据用途的不同，一般应考虑以下几个因素：工作频率、集电极电流、耗散功率、电流放大系数、反向击穿电压、稳定性及饱和压降等。这些因素具有相互制约的关系，在选用三极管时应抓住主要因素，兼顾次要因素。

低频管的特征频率 f_T 一般在 2.5MHz 以下，而高频管的 f_T 从几十兆赫到几百兆赫甚至更高。选用三极管时应使 f_T 为工作频率的 3～10 倍。原则上讲，高频管可以代换低频管，但是高频管的功率一般都比较小，动态范围窄，在代换时应注意功率条件。

一般希望 β 值选大一些，但也不是越大越好。β 值太高了容易引起自激振荡，而且一般 β 值高的管子工作多不稳定，受温度影响大。通常 β 值多选 40～100。另外，对整个电路来说，还应该从各级的配合来选择 β 值。例如，前级用 β 值高的，后级就可以用 β 值较低的三极管；反之，前级用 β 值较低的，后级就可以用 β 值较高的三极管。

集电极-发射极反向击穿电压 U_{CEO} 应选得大于电源电压。穿透电流越小，对温度的稳定性越好。普通硅管的稳定性比锗管好得多，但普通硅管的饱和压降比锗管大，在某些电路中会影响电路的性能，应根据电路的具体情况选用。选用晶体管的耗散功率时，应根据不同电路的要求留有一定的余量。

对于高频放大、中频放大、振荡器等电路用的三极管，应选用特征频率 f_T 高、极间电容较小的三极管，以保证在高频情况下仍有较高的功率增益和稳定性。

3.5.3 场效应管

场效应三极管简称场效应管，也是由半导体材料制成的。与普通双极型三极管相比，场效应管具有很多特点。普通双极型三极管是电流控制器件，通过控制基极电流达到控制集电极电流或发射极电流的目的。而场效应管是电压控制器件，它的输出电流取决于输入信号电压的大小，即场效应管的输出漏极电流受控于栅源之间的电压。场效应管栅极的输入电阻很高，可达 10^9～$10^{15}\Omega$，对栅极施加电压时，栅极几乎没有电流，这是普通双极型三极管无法与之相比的。场效应管还具有噪声低、热稳定性好、抗辐射能力强、动态范围大等特点，其应用范围十分广泛。

场效应管的三个电极分别称为漏极（D）、源极（S）、栅极（G），也可类比为双极型三极管的e、c、b三极。场效应管的漏极（D）、源极（S）能够互换使用。

场效应管可分为结型场效应管和绝缘栅型场效应管两大类型，如图3-5-15所示。

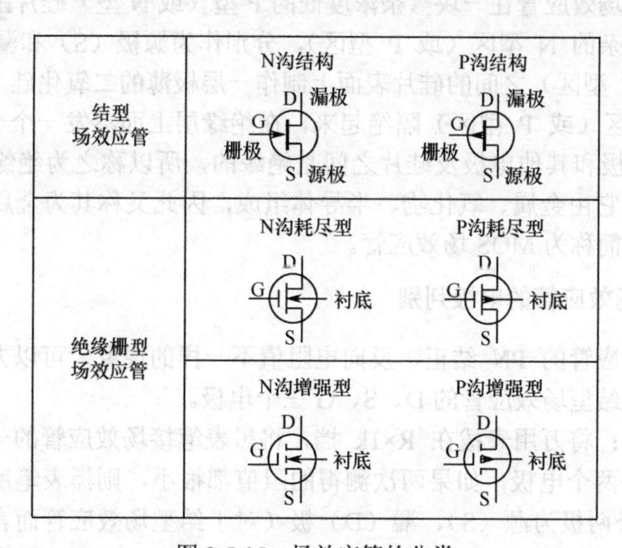

图3-5-15 场效应管的分类

1. 结型场效应管

根据导电沟道的材料不同，结型场效应管分为N沟道结型场效应管和P沟道结型场效应管。结型场效应管的结构示意图和图形符号如图 3-5-16 所示。它在一块 N 型（或 P 型）硅半导体材料的两侧各制作一个 PN 结。N 型（或 P 型）半导体的两个极分别叫作漏极（D）和源极（S），把两个 P 区（或 N 区）连在一起引出的电极叫作栅极（G）。两个 PN 结中间的 N 型（或 P 型）区域称为导电沟道（沟道就是电流通道）。

2. 绝缘栅型场效应管

绝缘栅型场效应管的结构示意图和图形符号如图 3-5-17 所示。

绝缘栅型场效应管按其工作状态可以分为增强型和耗尽型两类，每类又分为 P 型沟道和 N 型沟道。

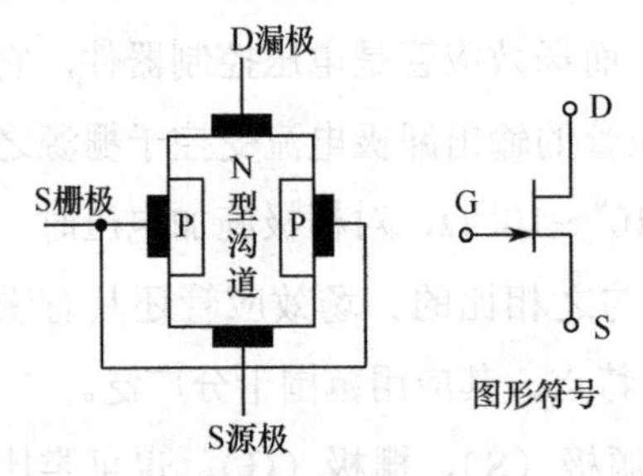

图 3-5-16 结型场效应管的结构示意图和图形符号

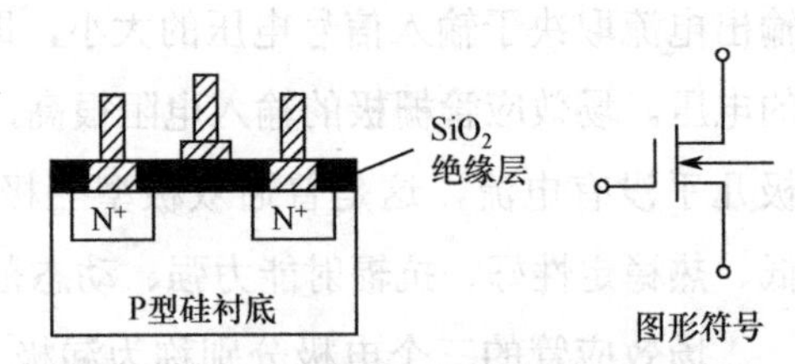

图 3-5-17 绝缘栅型场效应管的结构（N 沟道）示意图和图形符号

绝缘栅型场效应管在一块掺杂浓度低的 P 型（或 N 型）硅片上，用扩散的方法形成两个高掺杂的 N 型区（或 P 型区），分别作为源极（S）和漏极（D）。在两个 N 型区（或 P 型区）之间的硅片表面上制作一层极薄的二氧化硅（SiO_2）绝缘层，使两个 N 型区（或 P 型区）隔绝起来，在绝缘层上面蒸发一个金属电极——栅极（G）。由于栅极和其他电极及硅片之间是绝缘的，所以称之为绝缘栅型场效应管。从整体上说，它由金属、氧化物、半导体组成，因此又称其为金属—氧化物—半导体场效应管，简称为 MOS 场效应管。

3. 结型场效应管的电极判别

根据场效应管的 PN 结正、反向电阻值不一样的现象，可以方便地用万用表的欧姆挡判别出结型场效应管的 D、S、G 三个电极。

具体方法：将万用表拨在 R×1k 挡，将黑表笔接场效应管的一个电极，用红表笔分别接另外两个电极，如果两次测得的阻值都很小，则黑表笔所接的电极就是栅极（G），另外两极为源（S）、漏（D）极（对于结型场效应管而言，漏极与源极可以互换），而且是 N 型沟道场效应管。在测量过程中，如果出现阻值相差太大，可改换电极再重测，直到出现两阻值都很小时为止。如果是 P 沟道场效应管，则将黑表笔改为红表笔，重复上述方法测量，即可判别出 G、D、S 极。

4. 结型场效应管的性能测量

将万用表拨在 R×1k 或 R×100 挡上，测 P 型沟道时，将红表笔接源极（S）或漏极（D），黑表笔接栅极（G），测出的电阻值应很大，交换表笔测量，阻值应该很小，由此表明管子是好的。如果测出的结果与该结果不符，说明管子不好。当栅极与源极间、栅极与漏极间均无反向电阻时，表明管子已坏了。

将两个表笔分别接漏极和源极，然后用手靠近或碰触栅极，此时表针偏转较大，说明管子是好的。偏转角度越大，说明其放大倍数越大。如果表针不动，则表明管子坏了或性能不好。

5. 场效应管的使用注意事项

结型场效应管和普通半导体三极管的使用注意事项相近。但其栅源间电压不能接反，否则会烧坏管子。

对于绝缘栅型场效应管，其输入阻抗很高，为防止因感应过压而击穿，保存时应将三个电极短路。特别应注意不使栅极悬空，即栅、源两极之间必须经常保持直流通路。焊接时也要保持三电极为短路状态，并应先焊漏、源极，后焊栅极。焊接、测试的电烙铁和仪器等都要有良好的接地线。或者将电烙铁烧热、上锡，从电源上拔下后再对管子进行焊接。不能用万用表测 MOS 场效应管的各极。场效应管的漏、源极可以互换使用，不影响效果。但衬底已和源极接好线后，则不能再互换。

3.6 集成电路

集成电路是采用半导体工艺、厚膜工艺、薄膜工艺，将无源元件（电阻、电容、电感）和有源元件（如二极管、三极管、场效应管等）按照设计电路要求连接起来，制作在同一片硅片（或绝缘基片）上，然后封装成具有特定功能的器件，其英文缩写为 IC，也俗称芯片。集成电路打破了传统的概念，实现了材料、元件、电路的三位一体。与分立元件相比，集成电路具有体积小、质量轻、功耗低、性能好、可靠性高、电路性能稳定、成本低、适合于大批量生产等优点。几十年来，集成电路的生产技术取得了迅速的发展，同时也得到了极其广泛的应用。

3.6.1 集成电路的型号与命名

由于集成电路的发展十分迅速，特别是中、大规模集成电路的发展，使得各种功能的通用、专用集成电路大量涌现。国外各大公司生产的集成电路在推出时已经自成系列；但除了表示公司标志的电路型号字头有所不同外，其他部分基本一致。大部分数字序号相同的器件，功能差别不大，可以相互替换。因此，在使用国外的集成电路时，应该查阅手册或有关产品型号对应表，以便正确选用器件。

根据国家标准规定，国产集成电路的型号命名由五部分组成，如表 3-6-1 所示。

表 3-6-1　国产集成电路的型号命名

第 0 部分		第 1 部分		第 2 部分		第 3 部分		第 4 部分	
用字母表示器件符合国家标准		用字母表器件的类型		用阿拉伯表示器件的系列代号		用字母表示器件的工作温度		用字母表示器件的封装形式	
符号	意义	符号	意义	符号	意义	符号	温度范围/℃	符号	意义
C	中国制造	T	TTL		与国际同品种保持一致	C	0～70	W	陶瓷扁平
		H	HTL			E	−40～85	B	塑料扁平
		E	ECL			R	−55～85	F	全密封扁平
		C	CMOS			M	−55～125	D	陶瓷直插
		F	线性放大器					P	塑料直插
		D	音响电视电路					J	黑陶瓷扁平
		W	稳压器					K	金属菱形
		J	接口电路					Y	金属圆壳
		B	非线性电路						
		M	存储器						
		μ	微型电路						

命名示例：

（1）肖特基 TTL 双四输入与非门：CT3020ED

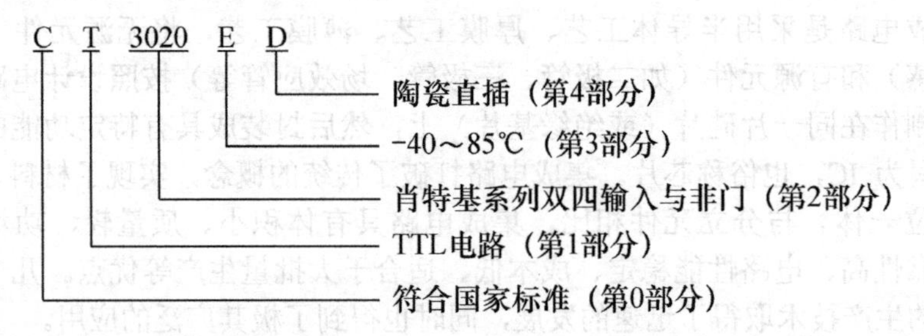

（2）COMS 8 选 1 数据选择器：CC14512MF

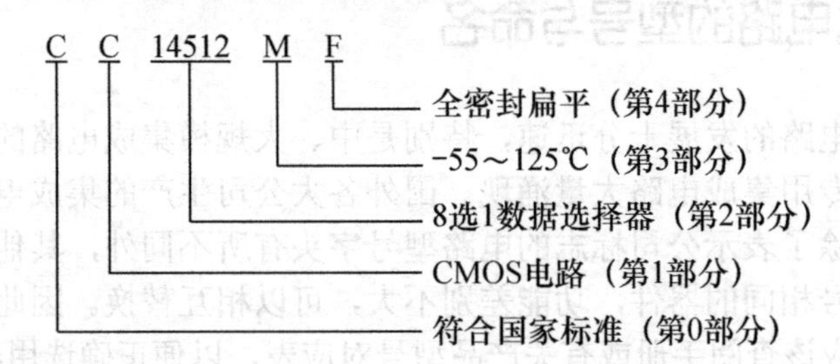

3.6.2 集成电路的分类

1. 按制作工艺分类

根据不同的制作工艺，集成电路有半导体集成电路、厚膜集成电路、薄膜集成电路和混合集成电路。

1）半导体集成电路

用平面工艺在半导体晶片上制成的电路称为半导体集成电路。根据采用的晶体管不同，半导体集成电路分为双极型集成电路和 CMOS 集成电路。双极型集成电路又称 TTL 电路，其中的晶体管和常用的二极管、三极管性能一样。CMOS 集成电路采用了 CMOS 场效应管等，分为 N 沟道 CMOS 电路（简称 NMOS 集成电路），P 沟道 MOS 电路（简称 PMOS 集成电路）。由 N 沟道、P 沟道 MOS 晶体管互补构成的互补 MOS 电路简称 CMOS 集成电路。半导体集成电路工艺简单，集成度高，是目前应用最广泛、品种最多、发展迅速的一种集成电路。

2）厚膜集成电路

在陶瓷等绝缘基片上，用厚膜工艺制作厚膜无源网络，然后将二极管、三极管或半导体集成，构成具有特定功能的电路称为厚膜集成电路。它要用于收音机、电视机电路。

3）薄膜集成电路

在绝缘基片上，采用薄膜工艺形成有源元件、无源元件和互连线构成的电路称为薄膜集成电路，目前应用不普遍。

4）混合集成电路

采用半导体工艺和薄膜、厚膜工艺混合制作而成的集成电路称为混合集成电路。

2. 按集成规模分类

根据集成规模大小，集成电路有小规模集成电路、中规模集成电路、大规模集成电路和超大规模集成电路。

1）小规模集成电路

芯片上的集成度（即集成规模）：10 个门电路或 10～100 个元器件。

2）中规模集成电路

芯片上的集成度：10～100 个门电路或 100～1000 个元器件。

3）大规模集成电路

芯片上的集成度：100 个以上门电路或 1000 个以上元器件。

4）超大规模集成电路

芯片上的集成度：10000 个以上门电路或十万个以上元器件。

3. 按功能分类

集成电路按功能分类，有数字集成电路、模拟集成电路和微波集成电路。

微波集成电路是工作频率在 100MHz 以上的微波频段的集成电路，多用于卫星通信、导航、雷达等方面。其实，它也是模拟集成电路，只是由于频率高，许多工艺、元器件等都有特殊要求，所以将其单独归为一类。

3.6.3 数字集成电路的特点与分类

1. 数字集成电路的特点

数字集成电路广泛地应用于计算机、自动控制、数字通信、数字雷达、卫星电视、仪器仪表、宇航等许多技术领域。

数字集成电路的特点如下。

（1）使用的信号只有“0”、“1”两种状态，即电路的“导通”或“截止”状态，也称为“低电平”或“高电平”状态；适应“0”和“1”二进制数，并能进行数的运算、存储、传输与转换功能。

（2）内部结构电路简单，最基本的是“与”、“或”、“非”逻辑门。其他各种数字电路一般由“与”、“或”、“非”门电路组成。

（3）常用电路有 TTL 集成电路（TTL IC）和 COMS 集成电路（COMS IC），前者对电源要求严格，只允许使用 5V±10%，高于 5.5V 会损坏器件，低于 4.5V 器件功能会失常。而 COMS 集成电路对电源要求不严格，可在 5～15V 间正常工作，但是 U_{DD}、U_{SS} 不能接反，否则会损坏器件。

2. 数字集成电路的分类

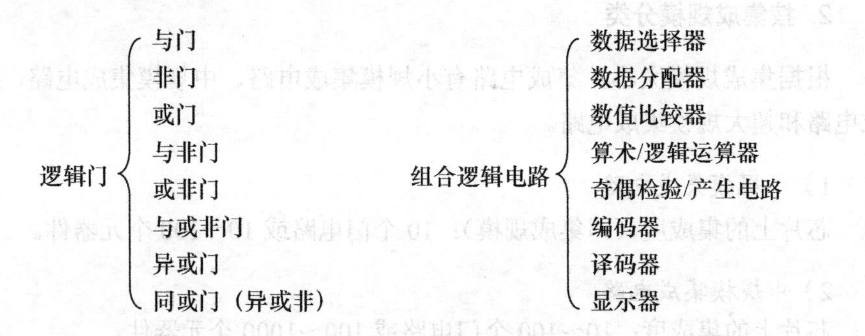

触发器：RS触发器、钟控触发器、主从触发器、边沿触发器

时序逻辑电路：寄存器、计数器、随机存取存储器、只读存储器、可编程逻辑器件

常用 TTL（74 系列）、CMOS（C000 系列）、CMOS（CC4000 系列）数字集成电路如表 3-6-2～表 3-6-4 所示。

表 3-6-2 常用 TTL（74 系列）数字集成电路

型 号	电路名称
74LS00 (T400) 、7400、74HC00	4－2 输入端与非门
74LS02 (T4002) 、7402、74HC02	4－2 输入端或非门
74LS04 (T4004) 、74LS05 (T4005) 、7404、7405	6 反相器
74LS08 (T4008) 、74LS09 (T4009) 、7408、7409	4－2 输入端与门
74LS10 (T4010) 、74LS12 (T4012) 、7410、7412	3－3 输入端与非门
74LS13 (T4013) 、74LS18 (T4018) 、7413、7418	2－4 输入端与非施密特触发器
74LS32 (T032)、7432	4－2 输入端或门
74LS168 (T4168)、74LS169 (T4169)	二进制（十进制）4 位可逆同步计数器，168 十进制、169 二进制
74LS47 (T4047) 、74LS48 (T4048)	7 段译码、驱动器，47 为输出高电平，48 为输出低电平
74LS138 (T4138)	3 线—8 线译码器
74LS154 (T4154)	4 线—16 线译码器
74LS74 (T074)、7474	双 D 触发器（带清除和置位端）
74LS73 (T073)、7473	双 JK 触发器（带清除）
74LS160、74LS162	可预置 BCD 计数器
74LS161、74LS163	可预置 4 位二进制计数器
74LS190、74LS191、74LS192	同步可逆计数器（BCD，二进制）

表 3-6-3 常用 CMOS（C000 系列）数字集成电路

型 号	电路名称
C001、C031、C061	2－4 输入端与门
C002、C032、C062	2－4 输入端或门
C003、C033、C063	6 反相器
C004、C034、C064	2－4 输入端与非门
C005、C035、C065	3－3 输入端与非门

（续表）

型　号	电路名称
C006、C036、C066	4－2 输入端与非门
C007、C037、C067	2－4 输入端或非门
C008、C038、C068	3－3 输入端或非门
C009、C039、C069	4－2 输入端或非门
C013、C043、C073	双 D 触发器

表 3-6-4　常用 CMOS（CC4000 系列）数字集成电路

型　号	电路名称
CC4011、CD4011、TC4011	4－2 输入端与非门
CC4001、CD4001、TC4001	4－2 输入端或非门
CC4013、CD4013、TC4013	双 D 触发器
CC4069、CD4069、TC4069	6 反相器
CC4081、CD4081、TC4081	4－2 输入端与门
CC40175、CD40175、TC40175	4 D 触发器
CC4511、CD4511、TC4511	译码驱动器
CC4553、CD4553、TC4553	十进制计数器

3.6.4　模拟集成电路的特点与分类

1. 模拟集成电路的特点

模拟集成电路具有如下特点。

（1）模拟集成电路处理的信号是连续变化的模拟量电信号，除输出级外，电路中的信号电平值较小，因此内部器件多工作在小信号状态，而数字集成电路一般工作在大信号的开关状态。

（2）信号的频率范围往往从直流一直可延伸到很高的上限频率。

（3）模拟集成电路中的元器件种类较多，如 NPN 型管、PNP 型管、CMOS 管、膜电阻器、膜电容器等，因此其制造工艺比数字集成电路复杂。

（4）模拟集成电路往往具有内繁外简的电路形式，尽管其制造工艺复杂，但电路功能完善、使用方便。

2. 模拟集成电路的分类

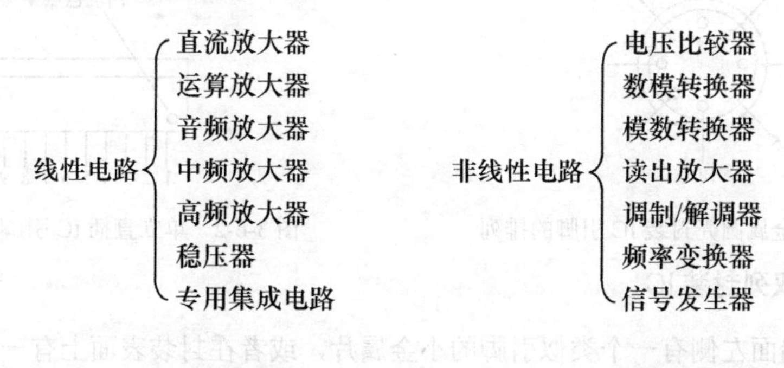

功率电路：
- 音频功率放大电路
- 低频功率放大电路
- 射频功率输出电路
- 功率开关电路
- 功率变换电路
- 伺服放大电路
- 大功率稳压电路
- 稳流电路

微波电路：
- 频率变换器
- 振荡器
- 参量放大器
- 移相电路
- 倍频电路
- 滤波器
- 低噪声、前置放大器

3.6.5 集成电路的引脚排列识别

半导体集成电路种类繁多，引脚的排列也有多种形式，这里主要介绍国际、部标或进口产品中常见的IC引脚识别方法。

1. 金属圆壳封装IC

多引脚的金属圆壳封装 IC 面向引脚正视，由定位标记（常为锁口或小圆孔）所对应的引脚按顺时针方向数。如果 IC 符合国标、部标或是进口产品，对于小金属圆壳封装器件而言，1 号引脚应是定位标记所对应的那个引脚，即定位标记所对应的引脚为最末一个引脚，如图 3-6-1 所示。

2. 扁平单立封装IC

这种集成电路一般在端面左侧有一个定位标记。IC 引脚向下，识别者面对定位标记口，从标记对应一侧的第一个引脚起数，依次为 1、2、3、4 …

这些标记有的是缺角，有的是凹坑色点，有的是缺口或短垂线条，如图 3-6-2 所示。

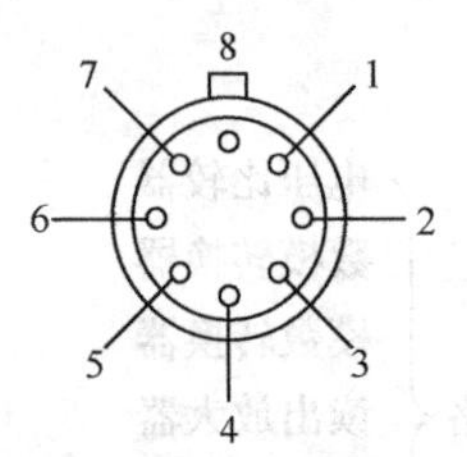

图 3-6-1　金属圆壳封装 IC 引脚的排列

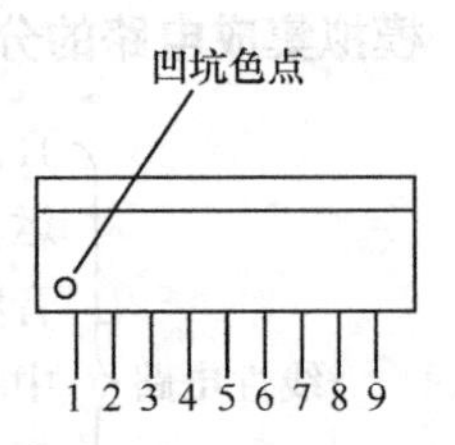

图 3-6-2　单立直插 IC 引脚的排列

3. 扁平双列封装 IC

一般在端面左侧有一个类似引脚的小金属片，或者在封装表面上有一个小圆点（或小圆圈、色点）作为标记，然后逆时针数，引脚分别为 1、2、3 …，如图 3-6-3 所示。

4. 四列型扁平封装 IC

四列型扁平集成电路，其引脚排列识别方法是正视 IC 的型号面，从正上方特形引脚（长脚或短脚）或凹口的左侧起数为第 1 脚，然后逆时针方向依次为 2、3 …，如图 3-6-4 所示。

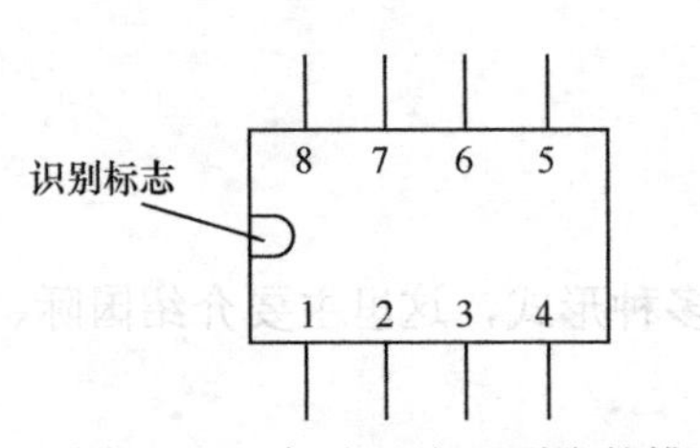

图 3-6-3　扁平双列 IC 引脚的排列

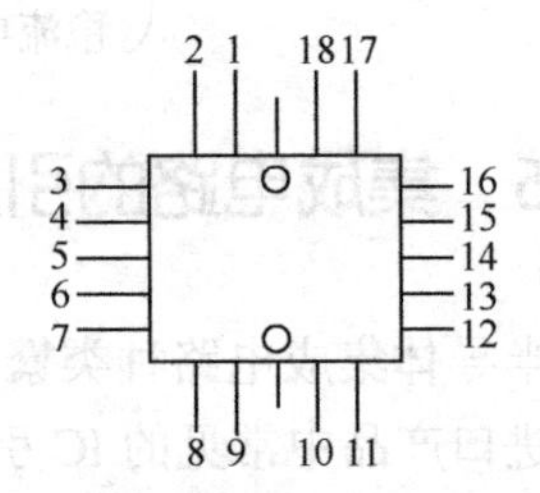

图 3-6-4　四列型扁平 IC 引脚的排列

3.6.6　集成电路应用须知

1. TTL 集成电路应用须知

（1）TTL 集成电路的电源电压不能高于+5.5V，不能将电源与地颠倒错接，否则将会因为过大电流而造成器件损坏。

（2）电路的各输入端不能直接与高于+5.5V 和低于−0.5V 的低内阻电源连接，因为低内阻电源能提供较大的电流，会导致器件因过热而烧坏。

（3）除三态和集电极开路的电路外，输出端不允许并联使用。如果将双列直插集电极开路的门电路输出端并联使用而使电路具有线与功能时，应在其输出端加一个预先计算好的上拉负载电阻到 U_{CC} 端。

（4）输出端不允许与电源或地短路，否则可能造成器件损坏。但输出端可以通过电阻与地相连，以提高输出电平。

（5）当电源接通后，不要移动或插入集成电路，因为电流的冲击可能会造成其永久性损坏。

（6）多余的输入端最好不要悬空。虽然悬空相当于高电平，并不影响与非门的逻辑功能，但悬空容易受干扰，有时会造成电路的误动作，在时序电路中表现得更为明显。因此，多余输入端一般不采用悬空办法，而是根据需要处理。例如，与门、与非门的多余输入端可直接连到 U_{CC} 上；也可将不用的输入端通过一个公用电阻（几千欧）连到 U_{CC} 上。不用的或门和或非门等器件的所有输入端接地，也可将它们的输出端连到不使用的与门输入端上。

对触发器来说，不使用的输入端不能悬空，应根据逻辑功能接入电平。输入端连线应尽量短，这样可以缩短时序电路中时钟信号沿传输线的延迟时间。一般不允许让触发器的输出直接驱动指示灯、电感负载，其进行长线传输时需要加缓冲门。

2. CMOS 集成电路应用须知

CMOS 集成电路由于输入电阻很高，极易接受静电电荷。为了防止产生静电击穿，生产 CMOS 集成电路时，在输入端都要加上标准保护电路，但这并不能保证绝对安全，因此使用 CMOS 集成电路时，必须采取以下预防措施。

（1）存放 CMOS 集成电路时要对其进行屏蔽保护，一般将其放在金属容器中，也可以用金属箔将其引脚短接。

（2）CMOS 集成电路可以在很宽的电源电压范围内提供正常的逻辑功能，但电源的上限电压（即使是瞬态电压）不得超过电路允许的极限值；电源的下限电压（即使是瞬态电压）不得低于系统工作所必需的电源电压最低值，更不得低于 U_{SS}。

（3）焊接 CMOS 集成电路时，一般使用 20W 内热式电烙铁，而且电烙铁要有良好的接地线。也可以利用电烙铁断电后的余热快速焊接。禁止在电路通电的情况下进行焊接。

（4）为了防止输入端保护二极管因正向偏置而损坏，输入电压必须处在 U_{DD} 和 U_{SS} 之间。

（5）调试 CMOS 集成电路时，如果信号源和电路板采用两组电源，则刚开机时应先接通电路板电源，后接通信号源电源。关机时则应先关信号源电源，后断电路板电源。也就是说，在 CMOS 集成电路本身还没有接通电源的情况下，不允许有输入信号输入。

（6）多余输入端绝对不能悬空，否则不但容易受外界噪声干扰，而且输入电位不定，既破坏了正常的逻辑关系，也消耗了不少功率。因此，应根据电路的逻辑功能分情况进行处理。例如，与门和与非门的多余输入端应连到 U_{DD} 或高电平上；或门和或非门的多余输入端应连到 U_{SS} 或低电平上；如果电路的工作速度不高，不需要特别考虑功耗，也可以将多余的输入端和使用端并联。

以上所说的多余输入端，包括没有被使用但已接通电源的 CMOS 集成电路的所有输入端。例如，一片集成电路上有 4 个与门，电路中只使用了其中一个，则其他他三个与门的所有输入端必须按多余输入端处理。

3.6.7 集成电路的检测

1. 测电阻法

将万用表拨到 R×1k 挡，黑表笔接被测集成电路的地线引脚，红表笔依次测量其他各引脚对地端的直流电阻值，然后与标准值比较便可发现是否有问题。例如，对于 TTL 系列集成电路，电源正端引脚对地电阻值约为 3kΩ，其余各引脚对地电阻值约为 5kΩ。若测得某引脚的对地电阻值小于 1kΩ 或大于 12kΩ，则该集成电路就不能再使用了；或将万用表表笔对调再按上述方法测试，电源正端引脚对地电阻值为 3kΩ 或略大一点，其余各引脚对地电阻值大于 40kΩ 为正常，若测得阻值甚小，有可能电路内部短路，若测得阻值为无穷大，则电路内部已断路。

2. 测电压法

测量集成电路引脚对地的动、静态电压，与电路图或其他资料所提供的参考电压进行比较，若发现某引脚电压有较大差别，其外围元器件又没有损坏，则集成电路有可能已损坏。

3. 测波形法

在动态工作情况下，用示波器检查集成电路有关引脚的波形，看是否与电路图中对应点的标准波形一致，可从中发现有无问题。

4. 替换法

用相同型号的集成电路进行替换试验，若电路恢复正常，则原集成电路已损坏。

3.7 电声器件

电声器件是将电信号转换为声音信号或将声音信号转换成电信号的换能元件。声音传输过程如图 3-7-1 所示。电声器件在家用电器和电子设备中得到了广泛应用。下面介绍几种常用的电声元器件。

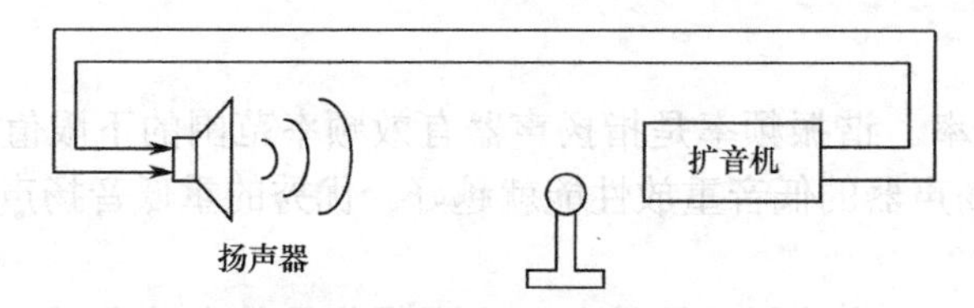

图 3-7-1 声音传输过程

3.7.1 扬声器

扬声器又称喇叭，它将模拟的语音电信号转化为声波。几种扬声器外观如图 3-7-2 所示。扬声器是音响、收录机的重要元件，它的质量优劣直接影响音质和音响效果。扬声器在电路中用字母“BL”、“B”表示。

图 3-7-2 几种扬声器外观

1. 扬声器的分类

扬声器的品种较多，有电动式、舌簧式、晶体式和励磁式几种。

2. 扬声器的工作原理

电动式扬声器由纸盒、音圈、音圈支架、磁铁、盆架等组成。

纸盒用特质纸浆经模具压制而成，多数为圆锥形，纸盒的中心部分与一可动线圈（音圈）作机械连接。音圈处在扬声器永久磁铁磁路的磁缝隙之间，音圈导线与磁路磁力线成垂直交叉状态。

当在扬声器音圈中通入一个音频电流信号时，音圈就会受到一个大小与音频电流成正比，方向随音频电流变化而变化的力，从而产生音频振动，带动纸盒振动，迫使周围空气发出声波。

3. 扬声器的主要技术参数

（1）标称阻抗。标称阻抗是制造厂所规定的扬声器（交流）阻抗值。在这个阻抗上，扬声器可获得最大的输出功率。选用扬声器时，其标称阻抗一般应与音频功放器的输出阻抗相符。

（2）标称功率。标称功率又称额定功率，是指扬声器能长时间正常工作的允许输入功率。常用扬声器的功率有 0.1W，0.25W，1W，3W，5W，10W，60W，

120W 等。

（3）谐振频率。谐振频率是指扬声器有效频率范围的下限值。通常扬声器的谐振频率越低，扬声器的低音重放性能就越好。优秀的重低音扬声器的谐振频率多为 20～30Hz。

（4）频率范围。当给扬声器输入一定音频信号的电功率时，扬声器会输出一定的声音，产生相应的声压。不同的频率在同一距离上产生的声压是不同的。一般扬声器口径越大，下限频率越低。一般低音扬声器的频率范围为 20Hz～3kHz，中音扬声器的频率范围为 500Hz～5kHz，高音扬声器的频率范围为 2kHz～20kHz。

4. 扬声器的检测

1）估计阻抗和判断好坏

将万用表置于 R×1 挡，调零后测出扬声器音圈的直流铜阻 R，然后用估计公式 $Z=1.17R$ 计算出扬声器的阻抗。如果测得一无标记的扬声器的直流铜阻为 6.8Ω，则阻抗 $Z=1.17\times6.8=7.9\Omega$。一般一个 8Ω 扬声器的实测铜阻为 6.5～7.2Ω。

2）判断相位

在制作、安装组合音响时，高低音扬声器的相位是不能接反的。判断方法是将万用表置于最低的直流电流挡，如 50μA，用左手持红、黑表笔分别跨接在扬声器的两引出端，用右手食指尖快速地弹一下纸盒，同时仔细观察指针的摆动方向，若指针向右摆动说明红表笔所接的一端为正极。

3.7.2 传声器

传声器俗称话筒，其作用与扬声器相反，它是使将声音信号转换为电信号的电声元件。传声器的文字符号为“B”、“BM”。在家用电器中常使用驻极体话筒和动圈式传声器。传声器外观如图 3-7-3 所示。下面以驻极体话筒为例进行详细介绍。

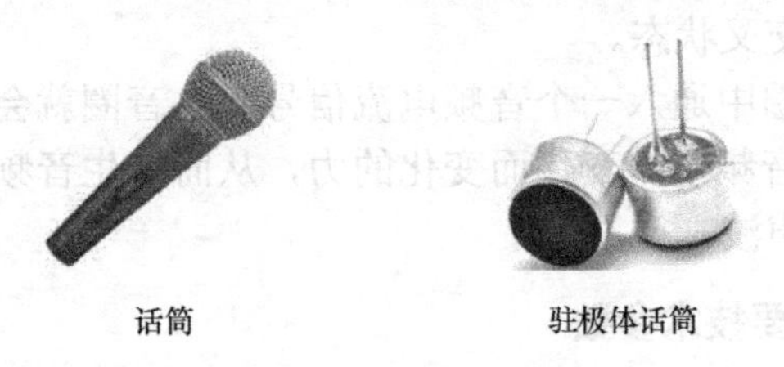

图 3-7-3　传声器外观

1. 驻极体话筒的特性

驻极体话筒体积小、结构简单、电声性能好、价格低，广泛应用于盒式录音机、无线话筒及声控等电路中。驻极体话筒由声电转换和阻抗变换两部分组成。声电转换的关键元件是驻极体振动膜。当驻极体振动膜遇到声波振动时，产生了随声波变化而变化的交变电压。它的输出阻抗值很高，约为几十兆欧以上。这样高的阻抗是不能直接与音频放大器相匹配的，因此在话筒内接入一个结型场效应管来进行阻抗变换。场效应管的特点是输入阻抗极高、噪声系数低。普通场效应管有源极（S）、栅极（G）和漏极（D）三个极。这里使用的是在内部源极和栅极间再复合一个二极管的专用场效应管，如图 3-7-4 所示。接二极管的目的是在场效应管受强信号冲击时起保护作用。场效应管的栅极接金属极板。这样，驻极体话筒的输出线便有三根，即源极 S，一般采用蓝色塑线；漏极 D，一般采用红色塑线；连接金属外壳的编制屏蔽线。

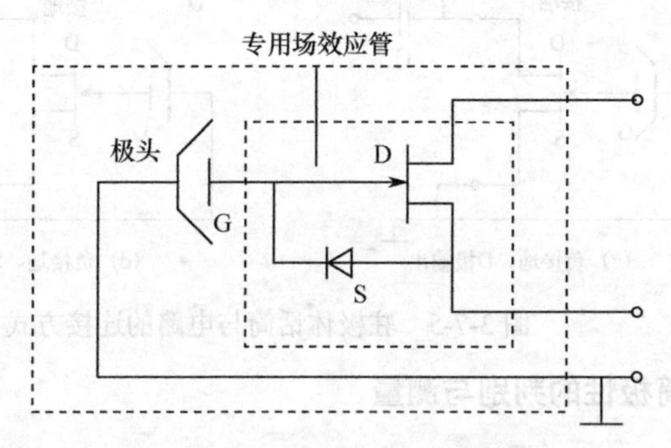

图 3-7-4 驻极体话筒的内部电路

2. 与电路的连接

机内型驻极体话筒有四种连接方式，如图 3-7-5 所示。对应的话筒引出端分为两端式和三端式两种，图中的 R 是场效应管的负载电阻，它的取值直接关系到话筒的直流偏置，对话筒的灵敏度等工作参数有较大的影响。

两端输出方式是将场效应管接成漏极输出电路，类似于晶体三极管的共发射极放大电路，只需要两根引线。漏极 D 与电源正极之间接一个漏极电阻 R，信号由漏极输出，有一定的电压增益，因而话筒的灵敏度比较高，但动态范围比较小。目前市售的驻极体话筒大多是采用这种方式连接的（SONY 用在 MD 上的话筒也是这类）。

三端输出方式是将场效应管接成源极输出方式，类似于晶体三极管的射极输出电路，需要使用三根引线。漏极 D 接电源正极，源极 S 与地之间接一个电阻 R 来提供源极电压，信号由源极经电容 C 输出。源极输出的输出阻抗小于 2kΩ，电路比较稳定，动态范围大，但输出信号比漏极输出小。三端输出式话筒在目前市场上比较少见。

无论何种接法，驻极体话筒必须满足一定的偏置条件才能正常工作（实际上就是保证内置场效应管始终处于放大状态）。

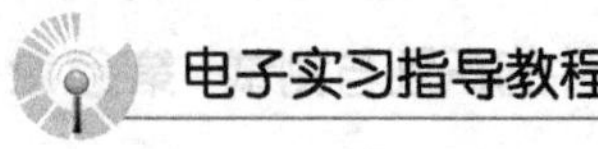

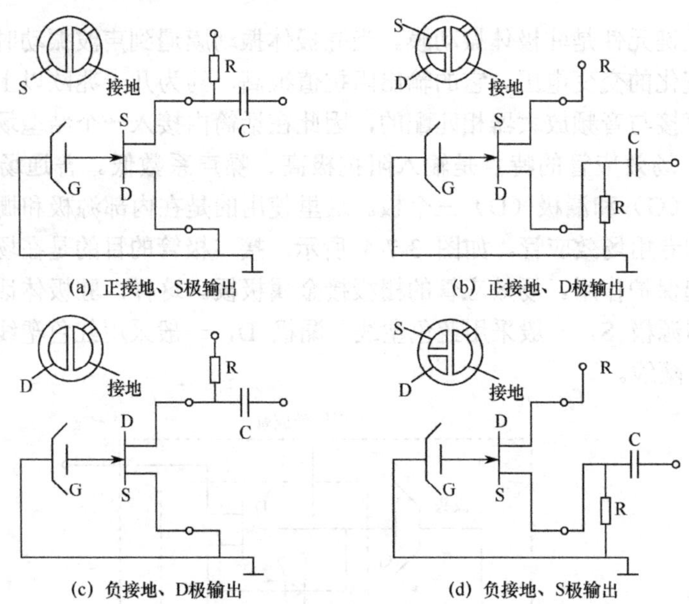

图 3-7-5 驻极体话筒与电路的连接方式

3. 驻极体话筒极性的判别与测量

驻极体话筒体积小、结构简单、声电性能好、价格低廉，应用非常广泛。驻极体话筒的内部结构如图 3-7-6 所示。它由声电转换系统和场效应管两部分组成。它的电路接法有两种（如图 3-7-7 所示）：源极输出和漏极输出。源极输出有三根引线，漏极 D 接电源正极，源极 S 经电阻接地，再经一电容作为信号输出（接法 1）；漏极输出有两根引线，漏极 D 经一电阻接至电源正极，再经一电容作为信号输出，源极 S 直接接地（接法 2）。因此，在使用驻极体话筒之前首先要对其进行极性的判别。

将万用表拨至 R×1k 挡，黑表笔接任一极，红表笔接另一极。再对调两表笔，比较两次测量结果，当阻值较小时，黑表笔接的是源极，红表笔接的是漏极。

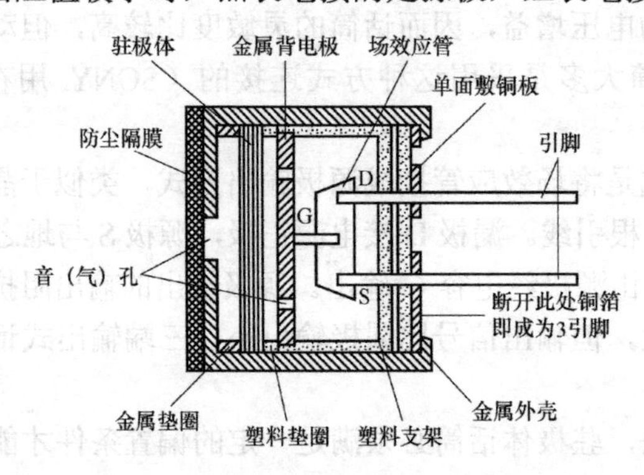

图 3-7-6 驻极体话筒的内部结构图

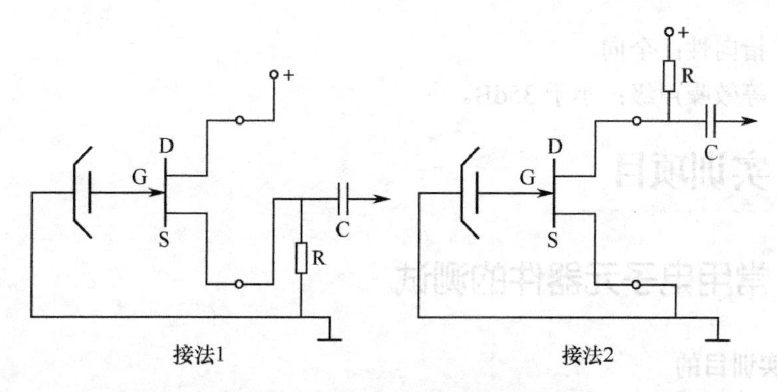

图 3-7-7 驻极体话筒的电路接法

驻极体话筒的检测方法如下。

（1）电阻法。通过测量驻极体话筒引线间的电阻，可以判断其内部是否开路或短路。测量时将万用表置于 R×100 或 R×1k 挡，红表笔接驻极体话筒的芯线或信号输出点，黑表笔接引线的金属外皮或话筒的金属外壳。一般所测阻值应在 500Ω～3kΩ 范围内。若所测阻值为无穷大，则说明话筒开路；若测得阻值接近零，表明话筒有短路故障。如果测得的阻值比正常值小得多或大得多，都说明被测话筒性能变差或已损坏。

（2）吹气法。将万用表置于 R×100 挡，将红表笔接话筒引出线的芯线，黑表笔接话筒引出线的屏蔽层，此时，万用表指针应指示一个阻值，然后正对着话筒吹一口气，仔细观察指针，应有较大幅度的摆动。万用表指针摆动的幅度越大，说明话筒的灵敏度越高；若指针摆动的幅度很小，说明话筒的灵敏度很低，使用效果不佳。若发现指针不动，可交换表笔位置再次吹气试验，若指针仍然不摆动，则说明话筒已损坏。如果在未吹气前指针指示的阻值便出现漂移不定的现象，说明话筒的热稳定性很差，这样的话筒不宜使用。对于有 3 个引出端的驻极体话筒，只要正确区分 3 个引线的极性，将黑表笔接正电源端，红表笔接输出端，接地端悬空，采用上述方法也可检测出有 3 个引出端驻极体话筒的质量。

4. 驻极体话筒的特性参数

（1）工作电压 U_{ds}：1.5～12V，常用的有 1.5V、3V、4.5V 三种。

（2）工作电流 I_{ds}：0.1～1mA。

（3）输出阻抗：一般小于 2kΩ。

（4）灵敏度：单位为 V/Pa，国产的分为 4 挡，红点（灵敏度最高）、黄点、蓝点、白点（灵敏度最低）。

（5）频率响应：一般较为平坦。

（6）指向性：全向。

（7）等效噪声级：小于 35dB。

3.8 实训项目

3.8.1 常用电子元器件的测试

1. 实训目的

（1）学会识别常用的电子元器件。

（2）学习用万用表测量电阻、电容的方法。

（3）学习用万用表判断二极管及三极管的类型和引脚。

2. 实训内容

1）电阻的测量

用机械式万用表直接测定电阻阻值并和标色电阻的标称值相比较。测量时被测电阻不能带电，万用表的倍率挡位选择要使万用表指针偏转到读数刻度线的中段，而且每次测量前要进行欧姆调零（若用数字式万用表的电阻挡直接测量电阻，其准确度较高，可达 0.1%）。

2）检查电容器的极性和质量

（1）用机械式万用表判定电解电容器的极性：将万用表拨到欧姆挡（R×1k），用交换表笔的方法分别测电容器的正、反向漏电阻，由此判断电容器引脚的正负极性。

注意：在交换表笔第二次测量时，应先将电容器短路一下，防止万用表表针打表。对刚使用不久的电解电容器进行测量时，也应先把电容器两极短路一下然后再测，防止电容器内积存的电荷经万用表放电，损坏表头。

（2）用机械式万用表检查电容器漏电阻的大小：电容器充好电时，$U_C=E$，充电电流 $I=0$，此时 R×1k 挡的读数即代表电容器的漏电阻，记下漏电阻的阻值，并说明该被测电容器质量是否完好。

3）判断二极管的极性和质量

将机械式万用表拨到 R×100 或 R×1k 挡，将两个表笔接到二极管的两个引脚上测二极管的电阻，对调两个表笔再测二极管的电阻，记下二极管的正反向电阻值，判别二极管的极性，说明二极管的质量是否完好。

4）判断三极管的类型和引脚

（1）确定三极管的基极。

（2）判断三极管是 NPN 型还是 PNP 型。

（3）判断三极管的集电极 c 和发射极 e。

3.8.2 可调直流稳压电源的设计

1. 实训目的

（1）掌握可调直流稳压电源的构成，熟悉常用整流电路和滤波电路的特点。

（2）掌握可调直流稳压集成电路 CW317 的特点及其构成可调稳压电源的方法。

（3）掌握直流稳压电源电路的参数选择与计算方法。

（4）设计可调直流稳压电源：U_0=1.25～37V 可调，I_{omax}=350mA，纹波电$\Delta U \leqslant$ 5mV，稳压系数 $S_v \leqslant 3\times10^3$。

2. 可调集成稳压器构成稳压电路知识

CW317、CW337 三端可调集成稳压器是通用化、标准化稳压器，广泛应用于各种电子设备的电源中。CW317 是正稳压器，CW337 是负稳压器，它们没有接地公共端，只有输入、输出和调整三个端子。稳压器内部设置了过流保护、短路保护、调整管安全工作区保护和稳压器芯片过热保护等电路，因此十分安全可靠。稳压器的最大输入、输出电压差为 40V，最小电压差为 3V。输出电压为 1.25～37V（-1.25～-37V）连续可调，最小负载电流为 5mA，基准电压为 1.25V。CW317、CW337 的电压调整率为 0.02%/V，电流调整率为 0.3%，纹波抑制比为 65dB，输出噪声为 0.003%，最大输出电流 I_{oM} 为 1.5A。

可调直流稳压电源由电源变压器、整流器、滤波电路和稳压器等部分组成。其组成原理框图如图 3-8-1 所示。电源变压器的作用是将电网 220V 的交流电压 U_1 变换成整流滤波电路所需的交流电压 U_2。整流器将交流电压 U_2 变成脉动直流电压 U_3。滤波器用于滤除整流输出电压的纹波，变成纹波较小的直流电压 U_4。而后由稳压器将 U_4 变成稳定的直流稳压电源 U_o。

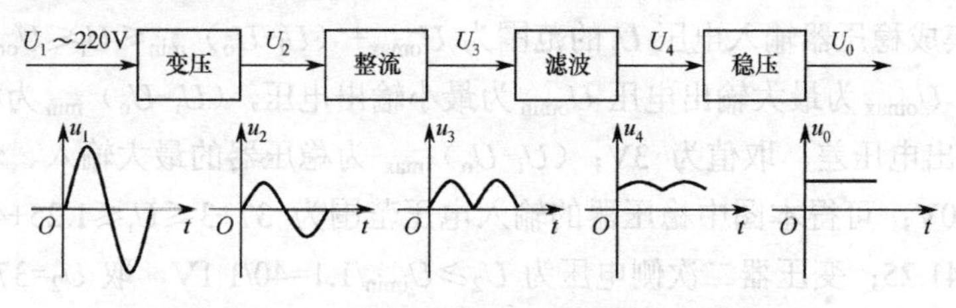

图 3-8-1 可调直流稳压电源的组成原理框图

3. 可调稳压电路构成及参数选择计算

由 CW317 构成的可调稳压电路如图 3-8-2 所示。

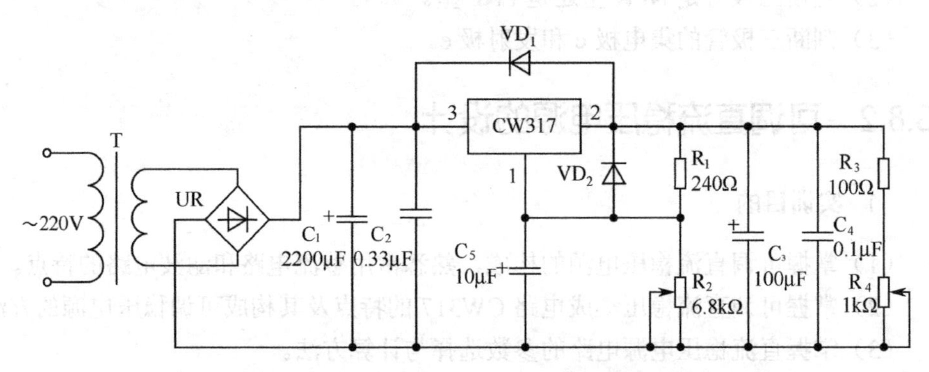

图 3-8-2　由 CW317 构成的可调稳压电路图

（1）为防止负载电位器短路，R_3 与 R_4 相串联，构成电源的假负载；两个电阻的额定功率应大于 2W。

（2）三端集成稳压器的输出端与调整端的 U_{REF} 不变，CW317 为 1.2V。调整端的电流稳定而且很小，约为 50μA，可忽略不计，因此 U_o=1.25（1+R_2/R_1)V。

为保证三端稳压器可靠稳压，要求输出电流不能小于最小负载电流 I_{omin}。CW117、CW217、CW317 的 I_{omin}=3.5mA。

图中的 R_1 接在 CW317 的输出端和调整端之间，为保证负载开路时 $I_o>I_{omin}$，图中取 I_{omin}=5mA，则 R_1 的最大值为 $R_{1max}=U_{REF}/I_{omin}$，得 R_1=1.25V/5mA=250Ω，实际取值略小于 250Ω，取 R_1=240Ω。R_1 的功率 $P_{R1}\geqslant(1.25)^2/R_1$W，计算得 $P_{R1}\geqslant$ 0.006W，则选用 1/4W、240Ω 的金属膜电阻。要求最大输出电压为 37V，由 U_o 的公式求得 R_2=6864Ω，取标称值 6.8kΩ。R_2 的功率 $P_{R2}\geqslant(U_{omax}-1.25)^2/R_2$，本例中 $P_{R2}=(37-1.25)^2/6800=0.188$W，在要求较高的场合选用 WX1017 型 6.8kΩ 精密线绕电位器，额定功率取 1W。

（3）图中的 VD_1、VD_2 为保护二极管，为防止反向电压击穿稳压器，可选开关二极管 1N4148。

（4）集成稳压器输入电压 U_i 的范围为 $U_{omax}+(U_i-U_o)_{min}\leqslant U_i\leqslant U_{omin}+(U_i-U_o)_{max}$，其中 U_{omax} 为最大输出电压 U_{omin} 为最小输出电压，$(U_i-U_o)_{min}$ 为稳压器的最小输入、输出电压差，取值为 3V；$(U_i-U_o)_{max}$ 为稳压器的最大输入、输出电压差，取值为 40V；可得本图中稳压器的输入电压范围为 37+3$\leqslant U_i\leqslant$1.25+40，计算后为 40$\leqslant U_i\leqslant$41.25；变压器二次侧电压为 $U_2\geqslant U_{imin}$/1.1=40/1.1V，取 U_2=37V，二次侧电

流 $I_2 \geqslant 0.35A$，取 $I_2=0.5A$，变压器输出功率 $P_2 \geqslant U_2I_2=18.5W$。变压器的效率 $\eta=0.7$，则变压器一次侧的输入功率 $P_1=P_2/\eta=26.4W$，取值 30W。

（5）滤波电容选择。低频滤波电容 C_1 在要求输出纹波小时，其值可选大一些，其值可由纹波电压 ΔU 和稳压系数 S_V 来确定。先求出稳压器的输入电压变化量 $\Delta U_i=\Delta UU_i/U_oS_V$，取 $U_o=37V$，计算后得 $\Delta U_i=1.8V$；滤波电容 $C_1=I_{omax}t/\Delta U_i$，$t=0.01s$，则 $C_1=1944\mu F$，取 2200μF；高频滤波电容 C_2 的取值为 0.33μF，稳压输出侧低频滤波电容 C_3 的取值 100μF，高频滤波电容 C_4 的取值为 0.1μF，滤波电容 C_5 是为减小 R_2 两端纹波电压而设置的，一般取值为 10μF。其中 C_1、C_3、C_5 为电解电容，C_2、C_4 为独石、陶瓷、云母或聚苯乙烯电容。

4. 实训步骤

（1）测量各元器件。

（2）依据原理图搭建电路。

（3）测试各级电压及波形。调整 R_2，观察输出电压的变化；固定 R_2，调整 R_4，观察输出电压的情况。

5. 实训设备及元器件

（1）设备：万用表、直流稳压电源、示波器。

（2）元器件列表（见表 3-8-1）。

表 3-8-1 元器件列表

名 称	型 号	代 号	数 量
变压器	220/36V	T	1
整流桥	3A、100V	UR	1
电解电容	2200μF/100V	C_1	1
独石电容	0.33μF/100V	C_2	1
电解电容	100μF/50V	C_3	1
独石电容	0.1μF/50V	C_4	1
电解电容	10μF/50V	C_5	1
二极管	1N4148	VD_1、VD_2	2
三端可调稳压器	CW317	U_1	1
金属膜电阻	240Ω	R_1	
精密线绕电位器	WX1017 6.8kΩ	R_2	1
功率电位器	1kΩ 2W	R_4	1
功率电阻	100Ω 2W	R_3	1

3.8.3 智力抢答电路的设计

1. 实训目的

（1）掌握抢答器的工作原理及其设计方法。

（2）掌握数字电路的基本设计方法，学会调试数字电路。

2. 设计要求

（1）设计一个智力抢答器，可同时供 8 组代表队参加比赛，它们的编号分别为 0,1,2,3,4,5,6,7，各用一个抢答按钮，按钮编号与选手的编号相对应，分别为 S0、S1、S2,S3,S4,S5,S6,S7。

（2）设置一个主持人控制开关，用来控制系统系统清零和抢答开始。

（3）抢答器具有数据锁存和显示功能。抢答开始后，如果有选手按动抢答按钮，编号立即锁存，并在 LED 数码管上显示选手的编号。同时锁存输入电路，禁止其他选手抢答。优先抢答选手的编号，一直保持到主持人将系统清零为止。

3. 电路设计

抢答器的原理框图如图 3-8-3 所示。

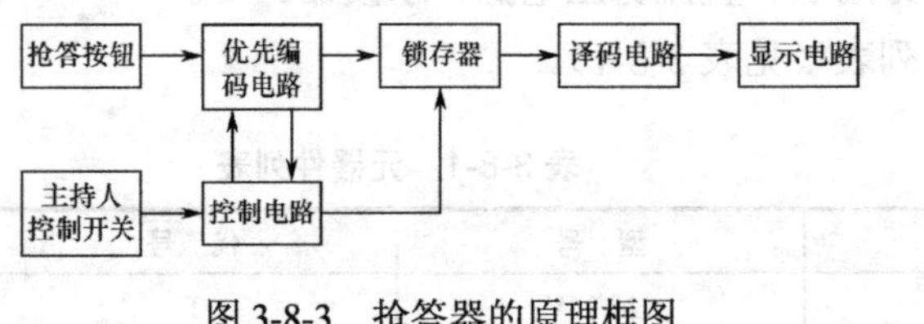

图 3-8-3 抢答器的原理框图

抢答器电路的功能有两个：一是能分辨出选手按键的先后，并锁存优先抢答者的编号，供译码显示电路用；二是要使其他选手的按键操作无效。

选用优先编码器 74LS148 和 RS 锁存器 74LS279 可以完成上述功能，电路如图 3-8-4 所示。当主持人控制开关 SB 处于“清零”位置时，RS 触发器的复位端为低电平，其输出端 1Q～4Q 全部为低电平，74LS48 的 $\overline{\text{BI}}$=0，显示器灭灯；74LS148 的选通输入端 $\overline{\text{ST}}$=0，74LS148 处于工作状态，此时锁存电路不工作。当主持人控制开关 SB 拨至“开始”位置时，优先编码电路和锁存电路同时处于工作状态，即抢答器处于等待工作状态，等待输入端 $\overline{\text{I7}}$,…,$\overline{\text{I0}}$ 输入信号，当有选手将键按下时，如 S5 按下，74LS148 的输出 $\overline{\text{Y2Y1Y0}}$=010，$\overline{\text{YEX}}$=0，经过 RS 锁存器后，CTR=1，$\overline{\text{BI}}$=1，74LS279 处于工作状态，4Q3Q2Q=101，经 74LS48

译码后，显示器显示出“5”。此外，CTR=1，使 74LS148 的 $\overline{ST}$ 端为高电平，74LS148 处于禁止工作状态，封锁了其他按键输入。当按下的键松开后，74LS148 的 $\overline{YEX}$ =1，但由于 CTR 维持高电平不变，所以 74LS148 仍处于禁止工作状态，其他按键的输入信号不会被接收，保证了抢答者的优先性及抢答电路的准确性。当优先抢答者回答完问题后，主持人操作控制开关 SB，使抢答器复位，以便进行下一轮抢答。

4. 实训步骤

（1）按照集成电路章节所讲的测试方法，测试各集成器件。

（2）依据原理图搭建电路，注意引脚不要接错，要求布线整齐、美观，便于测试。

（3）测试电路的逻辑功能。

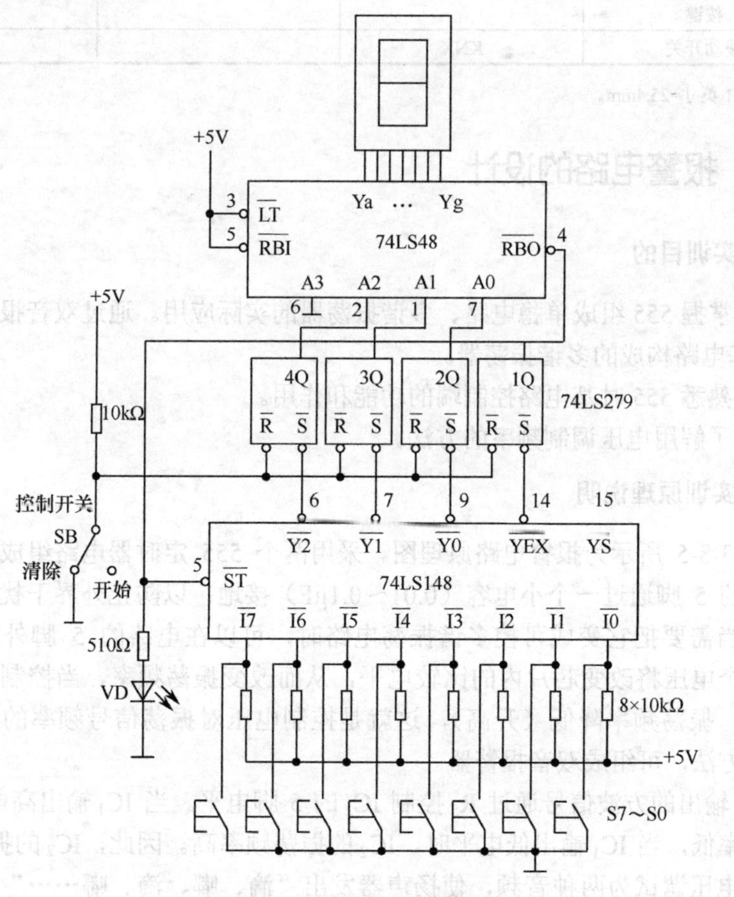

图 3-8-4 抢答器电路图

5. 实训设备及元器件

（1）设备：万用表、直流稳压电源、示波器。

（2）元器件列表（见表 3-8-2）。

表 3-8-2　元器件列表

名　称	型　号	代　号	数　量
优先编码器	74LS148		
RS 锁存器	74LS249		1
七段译码管	74LS48		1
数码管	0.5 英寸①		1
金属膜电阻	10kΩ		9
金属膜电阻	510Ω		1
发光管	ϕ3	VD	1
按键			8
拨动开关	KNX		1

注：①1 英寸=25.4mm。

3.8.4　报警电路的设计

1. 实训目的

（1）掌握 555 组成单稳电路、多谐振荡器的实际应用。通过双音报警器熟悉用 555 时基电路构成的多谐振荡器。

（2）熟悉 555 时基电路控制端的功能和作用。

（3）了解用电压调制频率的方法。

2. 实训原理说明

图 3-8-5 所示为报警电路原理图。采用两个 555 定时器电路组成报警电路，其中 IC_1 的 5 脚通过一个小电容（0.01～0.1μF）接地，以防止外界干扰对阈值电压的影响；当需要把它变成可控多谐振荡电路时，可以在电路的 5 脚外加一个控制电压，这个电压将改变芯片内的比较电平，从而改变振荡频率，当控制电压升高（降低）时，振荡频率降低（升高），这就是控制电压对振荡信号频率的调制。利用这种调制方法，可组成双音报警器。

IC_1 输出的方波信号通过 R_5 控制 IC_2 的 5 脚电平。当 IC_1 输出高电平时，IC_2 的振荡频率低，当 IC_1 输出低电平时，IC_2 的振荡频率高。因此，IC_2 的振荡频率被 IC_1 的输出电压调试为两种音频，使扬声器发出“滴、嘟、滴、嘟……”的双音声响，与救护车的鸣笛声相似。

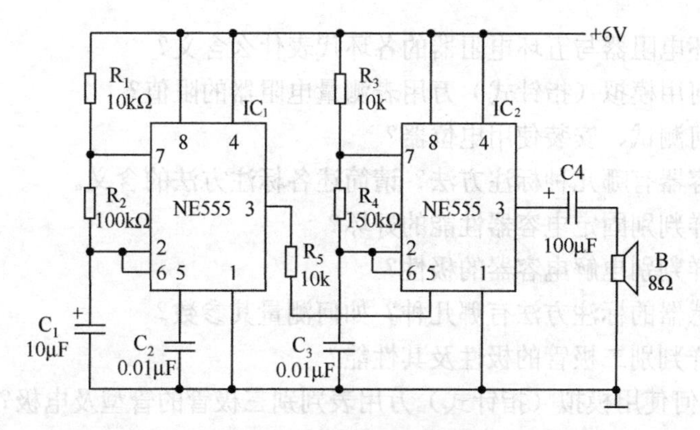

图 3-8-5 报警电路原理图

3. 实训步骤

（1）测量各元器件参数。

（2）按原理图搭建电路。

（3）调试电路并用示波器观察输出波形频率的变化。

（4）如果报警电路发出的声音与实际不同，可调整 R_1、C_1、R_3、R_4 和 C_3 来解决。

4. 实训设备和元器件列表

（1）设备：万用表、直流稳压电源、示波器。

（2）元器件列表（见表 3-8-3）。

表 3-8-3 元器件列表

名 称	型 号	代 号	数 量
555 定时器	NE555	IC_1、IC_2	2
金属膜电阻	10kΩ	R_1、R_3、R_5	3
金属膜电阻	100kΩ	R_2	1
金属膜电阻	150kΩ	R_4	1
电解电容	10μF/25V	C_1	1
涤纶电容	0.01μF/25V	C_2、C_3	2
电解电容	100μF/25V	C_4	1
喇叭	8Ω	B	1

思 考 题

1. 电阻器有哪些主要参数？请简述电阻器的几种标注方法。

2．四环电阻器与五环电阻器的各环代表什么含义？

3．如何用模拟（指针式）万用表测量电阻器的阻值？

4．如何测试、安装使用电位器？

5．电容器有哪几种标注方法？请简述各标注方法的含义。

6．怎样判别固定电容器性能的好坏？

7．怎样判别电解电容器的极性？

8．电感器的标注方法有哪几种？如何测量其参数？

9．怎样判别二极管的极性及其性能？

10．如何使用模拟（指针式）万用表判别三极管的管型及电极？

11．场效应管与晶体三极管相比有何特点？

12．请简述集成电路的使用注意事项。

第4章

印制电路板的设计与制作

印制电路板（Printed Circuit Board，PCB）也称为印制线路板、印刷电路板，简称印制板。印制电路的概念是 1936 年由英国艾斯勒（Eisler）博士首先提出的，他首创了在绝缘基板上全面覆盖金属箔，涂上耐蚀刻油墨后再将不需要的金属箔腐蚀掉的印制板制造基本技术。

印制电路板在各种电子设备中有如下功能：

（1）提供各种电子元器件固定、装配的机械支撑；

（2）实现各种电子元器件之间的布线和电气连接（信号传输）或电绝缘，提供所要求的电气特性，如特性阻抗等；

（3）为自动装配提供阻焊、助焊图形，为元器件插装、检查、维修提供识别字符和图形。

印制电路板的应用减少了传统方式下的接线工作量，简化了电子产品的装配、焊接、调试工作；缩小了整机的体积，降低了产品的成本，提高了电子设备的质量和可靠性。另外，印制电路板具有良好的产品一致性，可以采用标准化设计，有利于在生产过程中实现机械化和自动化，也便于整机产品的互换和维修。随着电子工业的飞速发展，印制电路板的使用已日趋广泛，可以说它是电子设备的关键互联件，任何电子设备均需要配备。因此，印制电路板的设计与制作已成为我们学习电子技术和制作电子装置的基本功之一。

4.1 印制电路板的设计

在电子产品设计中，电路原理图只不过是设计思想的初步体现，而要最终实现整机功能无疑要通过印制电路板这个实体。印制电路板的设计，就是根据电路原理图设计出印制电路板图，但这决不意味着设计工作仅仅是简单的连通，它既是整机工艺设计的重要一环，也是一门综合性的学科，需要考虑到选材、布局、抗干扰等诸多问题。对于同一种电子产品，尽管采用的电路原理图相似，但各自不同的印制电路板设计水平会带来很大的差异。

印制电路板的设计现在有两种方式：人工设计和计算机辅助设计。尽管设计方式不同，设计方法也不同，但其设计原则和基本思路都是一致的，都必须符合原理图的电气连接及产品电气性能、机械性能的要求，同时要考虑印制电路板加工工艺和电子装配工艺的基本要求。

4.1.1 印制电路板的基本概念

1. 印制板的组成

印制板主要由绝缘底板（基板）和印制电路（也称导电图形）组成，具有导电线路和绝缘底板的双重作用。

1）基板（Base Material）

基板由绝缘隔热并不易弯曲的材料制作而成。一般常用的基板是敷铜板，又称覆铜板，全称为敷铜箔层压板。敷铜板的整个板面上通过热压等工艺贴敷着一层铜箔。

2）印制电路（Printed Circuit）

覆铜板被加工成印制电路板时，许多覆铜部份被蚀刻处理掉，留下来的那些各种形状的铜膜材料就是印制电路，它主要由印制导线和焊盘等组成（见图 4-1-1）。

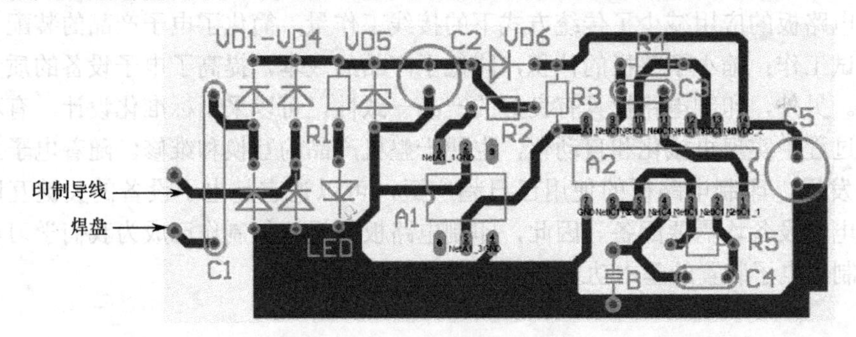

图 4-1-1　印制电路板图

（1）印制导线（Conductor）：用来形成印制电路的导电通路。

（2）焊盘（Pad）：用于印制板上电子元器件的电气连接、元件固定或两者兼备。

（3）过孔（Via）和引线孔（Component Hole）：分别用于不同层面的印制电路之间的连接及印制板上电子元器件的定位。

3）助焊膜和阻焊膜

在印制电路板的焊盘表面可以看到许多比焊点略大的各浅色斑痕，这就是为提高可焊性能而涂覆的助焊膜。

印制电路板上非焊盘处的铜箔是不能粘锡的，因此焊盘以外的各部位都要涂覆绿色或棕色的一层涂料——阻焊膜。这一绝缘防护层不但可以防止铜箔氧化，也可以防止桥焊的产生。

4）丝印层（Overlay）

为了方便元器件的安装和维修等，印制板的板上有一层丝网印刷面（图标面）——丝印层，上面会印上标志图案和各元器件的电气符号、文字符号（大多是白色）等，主要用于标示出各元器件在板子上的位置，因此印制板上有丝印层的一面常称为元件面。

2. 印制板的种类

印制板根据其基板材质刚、柔强度不同，分为刚性板、柔性板及刚柔结合板，又根据板面上印制电路的层数分为单面板、双面板及多层板。

1）单面板（Single-sided）

单面板是指仅一面上有印制电路的印制板。这是早期电路（THT 元件）才使用的板子，元器件集中在其中一面——元件面（Component Side），印制电路则集中在另一面上——印制面或焊接面（Solder Side），两者通过焊盘中的引线孔形成连接。单面板在设计线路上有许多严格的限制，如布线间不能交叉而必须绕独自的路径。

2）双面板（Double-Sided Boards）

双面板是指两面均有印制电路的印制板。这类印制板，两面导线的电气连接是靠穿透整个印制板并金属化的通孔(through via)来实现的。相对来说，双面板的可利用面积比单面板大了一倍，并且有效解决了单面板布线间不能交叉的问题。

3）多层板（Multi-Layer Boards）

多层板是指由多于两层的印制电路与绝缘材料交替粘结在一起，且层间导电图形互连的印制板。如用一块双面作内层、二块单面作外层，每层板间放进一层绝缘层后粘牢（压合），便有了 4 层的多层印制板。板子的层数代表了有几层独立的布线层，通常层数都是偶数，并且包含最外侧的两层。例如，大部分计算机的主机板都是 4 到 8 层的结构。目前，技术上已经可以做到近 100 层的印制板。

在多层板中，各面导线的电气连接采用埋孔（buried via）和盲孔（blind via）技术来解决。

3．印制板的安装技术

印制板的安装技术可以说是现代发展最快的制造技术，目前常见的主要有传统的通孔插入式和代表着当今安装技术主流的表面黏贴式。

1）通孔插入式安装技术（Through Hole Technology，THT）

通孔插入式安装也称为通孔安装，适用于长引脚的插入式封装的元件。安装时将元件安置在印制电路板的一面，而将元件的管脚焊在另一面上。这种方式要为每个引脚钻一个洞，其实占掉了两面的空间，并且焊点也比较大。显然，这一方式难以满足电子产品高密度、微型化的要求。

2）表面粘贴式安装技术（Surface Mounted Technology，SMT）

表面粘贴式安装也称为表面安装，适用于短引脚的表面粘贴式封装的元件。安装时引脚与元件焊在印制电路板的同一面。这种方式无疑将大大节省印制板的面积，同时表面粘贴式封装的元件体积比插入式封装的元件体积要小许多，因此 SMT 技术的组装密度和可靠性都很高。当然，这种安装技术因为焊点和元件的引脚都非常小，采用人工焊接确实有一定的难度。

4.1.2 印制电路板的设计准备

1．设计目标

这是设计工作开始时首先应该明确的，同时也是在整个设计中需要时刻关注的，主要包括以下方面。

1）功能和性能

从表面上看，根据电路原理图进行正确的逻辑连接后，其功能就可以实现，性能也可以保证稳定，但随着电子技术的飞速发展，信号的速率越来越快，电路的集成度越来越高，仅仅做到这一步已远远不够了。目标能否很好完成，无疑是印制板设计过程中的重点，也是难点。

2）工艺性和经济性

工艺性和经济性都是衡量印制板设计水平的重要指标。设计优良的印制板应该方便加工、维护、测试，同时在生产制造成本上有优势。这是需要多方面相互协调的，并不是一件容易的事。

2．设计前的准备工作

进入印制板设计阶段前，许多具体要求及参数应该基本确定了，如电路方案、整机结构、板材外形等。不过在印制板设计过程中，这些内容都可能需要进行必要的调整。

1）确定电路方案

设计出的电路方案一般首先应进行实验验证，即用电子元器件把电路搭出来或用计算机仿真，这不仅是原理性和功能性的，同时也应是工艺性的。

（1）通过对电气信号的测量，调整电路元器件的参数，改进电路的设计方案。

（2）根据元器件的特点、数量、大小及整机的使用性能要求，考虑整机的结构尺寸。

（3）从实际电路的功能、结构与成本，分析成品的适用性，即在进行电路方案实验时，必须审核考察产品在工业化生产过程中的加工可行性和生产费用，以及产品的工作环境适应性和运行、维护、保养、消耗。

（4）通过对电路实验的结果进行分析，以下几点将得到确认：

① 整个电路的工作原理和组成，各功能电路的相互关系和信号流程；

② 印制电路板的工作环境及工作机制；

③ 主要电路参数；

④ 主要元器件和部件的型号、外形尺寸及封装；

2）确定整机结构

当电路和元器件的电气参数和机械参数得以确定后，整机的工艺结构还仅仅是初步成型，在后面的印制板设计过程中，需要综合考虑元件布局和印制电路布设这两方面因素才能最终确定。

3）确定印制板的板材、形状、尺寸和厚度

（1）板材

对于印制板的基板材料的选择，不同板材的机械性能与电气性能有很大的差别。目前国内常见覆铜板的种类见表 4-1-1。

表 4-1-1　常用覆铜板及特点

名　称	铜箔厚 / μm	特　点	应　用
覆铜酚醛纸质层压板	50～70	多呈黑黄色或淡黄色。价格低，阻燃强度低，易吸水，不耐高温	中低档民用品，如收音机、录音机等
覆铜环氧纸质层压板	35～70	价格高于覆铜酚醛纸质层压板，机械强度、耐高温和防潮湿等性能较好	工作环境好的仪器、仪表及中档以上民用品
覆铜环氧玻璃布层压板	35～50	多呈青绿色并有透明感，价格较高，性能优于覆铜环氧纸质层压板	工业、军用设备，计算机等高档电器

（续表）

名　称	铜箔厚 / μm	特　点	应　用
覆铜聚四氟乙烯玻璃布层压板	35～50	价格高，介电常数低，介质损耗低，耐高温，耐腐蚀	微波、高频、航空航天

确定板材主要是从整机的电气性能、可靠性、加工工艺要求、经济指标等方面进行考虑。

通常情况下，希望印制板的制造成本在整机成本中只占很小的比例。对于相同的制板面积来说，双面板的制造成本一般是单面板的 3～4 倍以上，而多层板至少要贵到 20 倍以上。分立元器件的引线少，排列位置便于灵活变换，其电路常采用单面板。双面板多用于集成电路较多的电路。

（2）印制板的形状

印制板的形状由整机结构和内部空间的大小决定。外形应该尽量简单，最佳形状为矩形（正方形或长方形，长∶宽=3∶2 或 4∶3），避免采用异形板。当电路板面尺寸大于 200mm×150mm 时，应考虑印制板的机械强度。

（3）印制板的尺寸

印制板尺寸的大小根据整机的内部结构和板上元器件的数量、尺寸及安装、排列方式来决定，同时要充分考虑到元器件的散热和邻近走线易受干扰等因素。

① 面积应尽量小，面积太大则印制线条长，进而会使阻抗增加，抗噪声能力下降，成本也高。

② 元器件之间保证有一定的间距，特别是在高压电路中，更应该留有足够的间距。

③ 要注意发热元件上安装散热片占用面积的尺寸。

④ 板的净面积确定后，还要向外扩出 5～10mm，便于印制板在整机中的安装固定。

（4）印制板的厚度

覆铜板的厚度通常为 1.0mm、1.5mm、2.0mm 等。在确定板的厚度时，主要考虑对元器件的承重和振动冲击等因素。如果板的尺寸过大或板上的元器件过重，都应该适当增加板的厚度或对电路板采取加固措施，否则电路板容易产生翘曲。当印制板对外通过插座连线时，如图 4-1-2 所示，插座槽的间隙一般为 1.5mm，板材过厚则插不进去，过薄则容易造成接触不良。

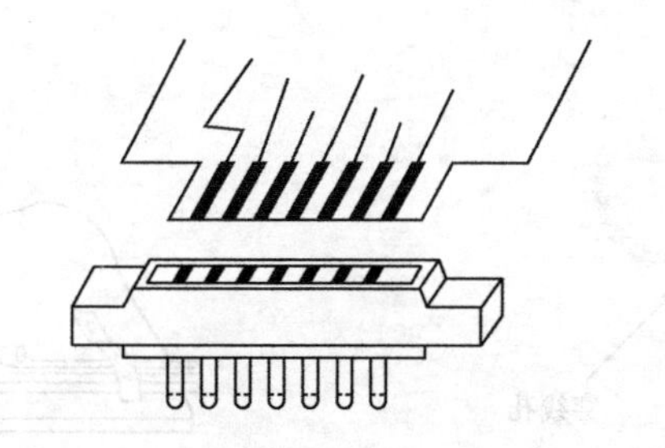

图 4-1-2　印制板经插座对外引线

选定了印制板的板材、形状、尺寸和厚度后，还要注意查看铜箔面有无气泡、划痕、凹陷、胶斑，以及整块板是否有过分翘曲等质量问题。

4）确定印制板对外连接的方式

印制板是整机的一个组成部分，必然存在对外连接的问题。例如，印制板之间、印制板与板外元器件、印制板与设备面板之间，都需要电气连接。这些连接引线的总数要尽量少，并应根据整机结构选择连接方式，总的原则应该是连接可靠，安装、调试、维修方便，成本低廉。

（1）导线焊接方式

这是一种最简单、廉价而可靠的连接方式，不需要任何接插件，只要用导线将印制板上的对外连接点与板外的元器件或其他部件直接焊接起来即可，如图 4-1-3 所示。它的优点是成本低，可靠性高，可以避免因接触不良而造成的故障，缺点是维修不够方便，一般适用于对外引线比较少的场合。

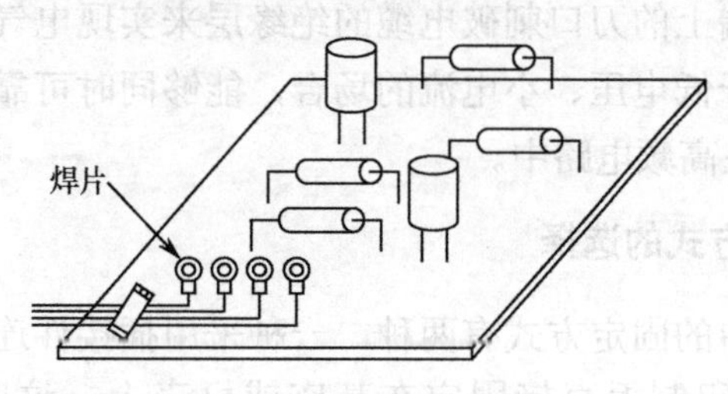

图 4-1-3　焊接式对外引线

采用导线焊接方式应该注意以下几点。

① 线路板的对外焊点应尽可能引到整板的边缘，按统一尺寸排列，以利于焊接与维修。

② 当使用印制板对外引线焊接方式时，为了加强导线在印制板上的连接可靠性，要避免焊盘直接受力，且印制板上应该设有穿线孔。连接导线先由焊接面穿过穿线孔至元件面，再由元件面穿入焊盘的引线孔焊好，如图 4-1- 4 所示。

③ 将导线排列或捆扎整齐，通过线卡或其他紧固件将线与板固定，避免导线因移动而折断，如图 4-1-5 所示。

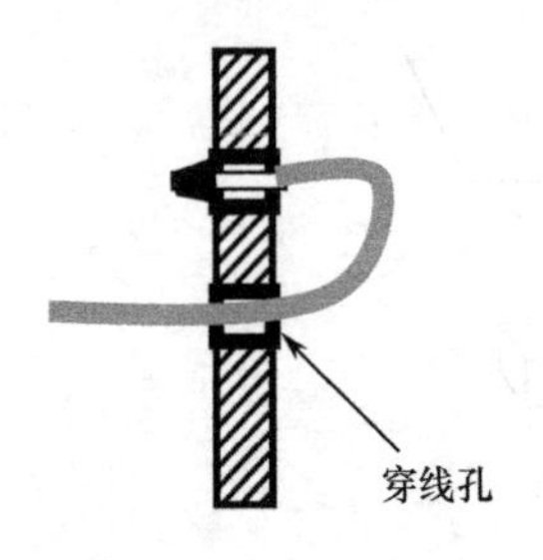

图 4-1-4　印制板对外引线焊接方式

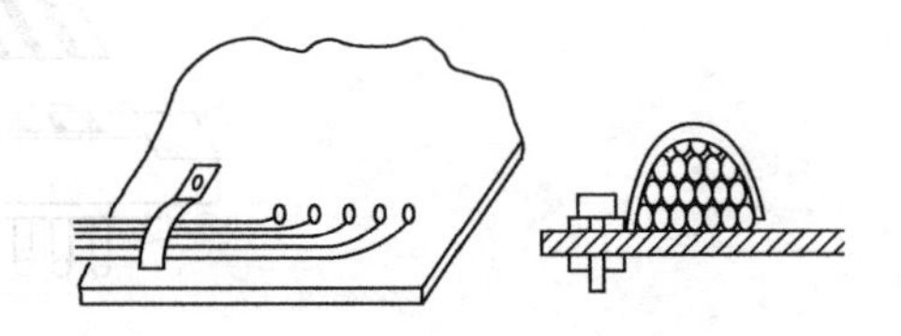

图 4-1-5　用紧固件将引线固定在板上

（2）接插件连接

在比较复杂的仪器设备中，经常采用接插件连接方式。这种“积木式”的结构不仅保证了产品批量生产的质量，降低了成本，也为调试、维修提供了极为便利的条件。

① 印制板插座：板的一端做成插头，插头部分按照插座的尺寸、接点数、接点距离、定位孔的位置等进行设计。此方式装配简单、维修方便，但可靠性较差，常因插头部分被氧化或插座簧片老化而接触不良。

② 插针式接插件：插座可以装焊在印制板上，在小型仪器中用于印制板的对外连接。

③ 带状电缆接插件：扁平电缆由几十根电缆并排粘合在一起，电缆插头将电缆两端连接起来，插座的部分直接装焊在印制板上。电缆插头与电缆不是靠焊接，而是靠压力使连接端上的刀口刺破电缆的绝缘层来实现电气连接的，其工艺简单可靠。这种方式适用于低电压、小电流的场合，能够同时可靠地连接几路或几十路微弱信号，不适合用在高频电路中。

3. 印制板固定方式的选择

印制板在整机中的固定方式有两种：一种采用插接件连接方式固定；另一种采用螺钉紧固，即将印制板直接固定在基座或机壳上，这时要注意当基板厚度为1.5mm 时，支撑间距不超过 90mm，而当厚度为 2mm 时，支撑间距不超过120mm。若支撑间距过大，抗振动或冲击能力降低，会影响整机的可靠性。

4.1.3　印制电路板的排版布局

所谓排版布局就是把电路图上所有的元器件都合理地安排到面积有限的印制板上。这是印制板设计的第一步，关系着整机是否能够稳定、可靠地工作，还关系到今后的生产工艺和造价等多方面。

1. **整机电路的布局原则**

1）就近原则

当板上对外连接确定后，相关电路部分就应该就近安排，避免绕原路，尤其忌讳交叉。

2）信号流原则

将整个电路按照功能划分成若干个电路单元，按照电信号的流向，逐个依次安排各个功能电路单元在板上的位置，使布局便于信号流通，并使信号流尽可能保持一致的方向：从上到下或从左到右。

（1）与输入、输出端直接相连的元器件应安排在输入、输出接插件或连接件的地方。

（2）对称式的电路，如桥式电路、差动放大器等，应注意元件的对称性，尽可能使其分布参数一致。

（3）每个单元电路，应以核心元件为中心，围绕它进行布局，尽量减少和缩短各元器件之间的引线和连接。例如，在以三极管或集成电路等元件为核心元件时，可根据其各电极的位置布排其他元件。

3）优先考虑确定特殊元器件的位置

当设计的板面决定整机电路布局时，应该分析电路原理：首先决定特殊元件的位置，然后再安排其他元件，尽量避免可能产生干扰的因素。

（1）发热量较大的元件，应加装散热器，并应尽可能放置在有利于散热的位置及靠近机壳处。热敏元件要远离发热元件。

（2）对于质量超过 15g 的元器件（如大型电解电容），应另加支架或紧固件，不能直接焊在印制板上。

（3）尽可能缩短高频元器件之间的连线，设法减少它们的分布参数和相互间的电磁干扰。易受干扰的元器件应加屏蔽。

（4）同一板上的有铁芯的电感线圈，应尽量相互垂直放置且远离，以减少相互间的耦合。

（5）某些元器件或导线之间可能有较高的电位差，因此应加大它们之间的距离，以免放电引出意外短路。高压电路部分的元器件与低压部分的分隔距离不少于 2mm。

（6）高频电路与低频电路不宜靠太近。

（7）放置电感器、变压器等器件时要注意其磁场方向，尽量避免磁力线对印制导线的切割。

（8）做显示用的发光二极管等，因在应用过程中要用来观察，应该考虑放于印制板的边缘处。

4）注意操作性能对元器件位置的要求

（1）对于电位器、可调电容、可调电感等可调元器件的布局，应考虑整机的结构要求。若是机内调节，应将其放在印制板上便于调节的地方；若是机外调节，其位置要与调节旋钮在机箱面板上的位置相适应。

（2）为了保证调试、维修时的安全，特别要注意对于带高电压的元器件，要尽量布置在操作时人手不易触击的地方。

2. 元器件的安装与布局

1）元器件的布局

在印制板的排版设计中，元器件的布局是至关重要的，不仅决定了板面的整齐美观程度及印制导线的长度和数量，对整机的性能也有一定的影响。

元器件的布局应遵循以下几点原则。

（1）元器件在整个板面上的排列要均匀、整齐、紧凑。单元电路之间的引线应尽可能短，引线的数目应尽可能少。

（2）元器件不要占满整个板面，注意板的四周要留有一定的空间。位于印制板边缘的元件，距离板的边缘距离应该大于2mm。

（3）每个元器件的引脚要单独占一个焊盘，不允许引脚相碰。

（4）对于通孔安装，无论是单面板还是双面板，元器件一般只能布设在板的元件面上，不能布设在焊接面。

（5）相邻的两个元器件之间要保持一定的间距，以免元器件之间的碰接。个别密集的地方必须加装套管。若相邻的元器件的电位差较高，要保持不小于0.5mm的安全距离。

（6）元器件不得立体交叉和重叠上下交叉，避免元器件外壳相碰，如图4-1-6所示。

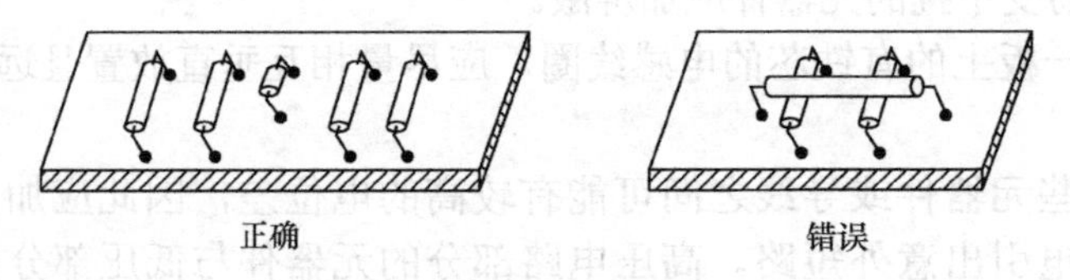

图4-1-6　元器件的布局

（7）元器件的安装高度要尽量低，一般元件体和引线离开板面不要超过5mm，过高则承受振动和冲击的稳定性较差，容易倒伏并与相邻元器件碰接。如果不考虑散热问题，元器件应紧贴板面安装。

（8）应根据印制板在整机中的安装位置及状态，确定元器件的轴线方向。对于规则排列的元器件，应使体积较大的元器件的轴线方向在整机中处于竖立状态，这样可以提高元器件在板上的稳定性，如图 4-1-7 所示。

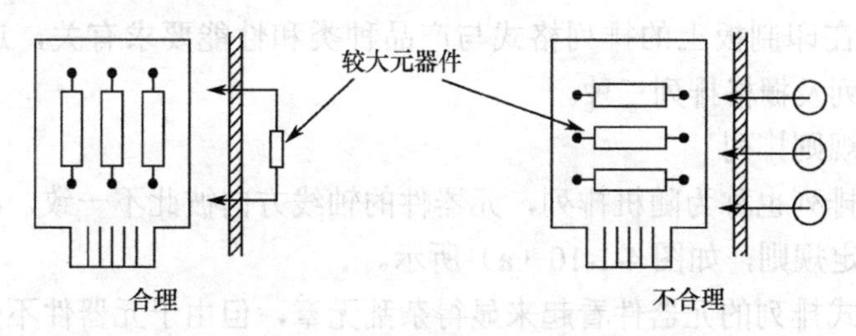

图 4-1-7　元器件的布局方向

2）元器件的安装方式

在将元器件按原理图中的电气连接关系安装在电路板上之前，应通过查资料或实测元器件来确定元器件的安装数据，这样再结合板面尺寸的面积大小，便可选择元器件的安装方式了。

在印制板上，元器件的安装方式可分为立式与卧式两种，如图 4-1-8 所示。卧式是指元件的轴向与板面平行，立式则是垂直的。

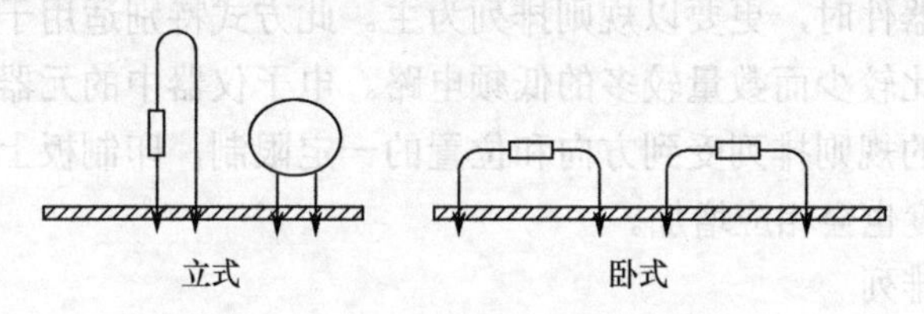

图 4-1-8　元器件的安装方式

（1）立式安装

立式固定的元器件占用面积小，单位面积上容纳元器件的数量多。这种安装方式适合于元器件排列密集紧凑的产品。立式安装的元器件要求体积小、质量轻，过大、过重的元器件不宜使用。

（2）卧式安装

与立式安装相比，卧式安装的元器件具有机械稳定性好、板面排列整齐等优点。卧式安装使得元器件的跨距加大，两焊点之间容易走线，导线布设十分有利。

无论选择哪种安装方式进行装配，元器件的引线都不要齐根弯折，应该留有一定的距离（≥2mm），以免损坏元器件（见图 4-1-9）。

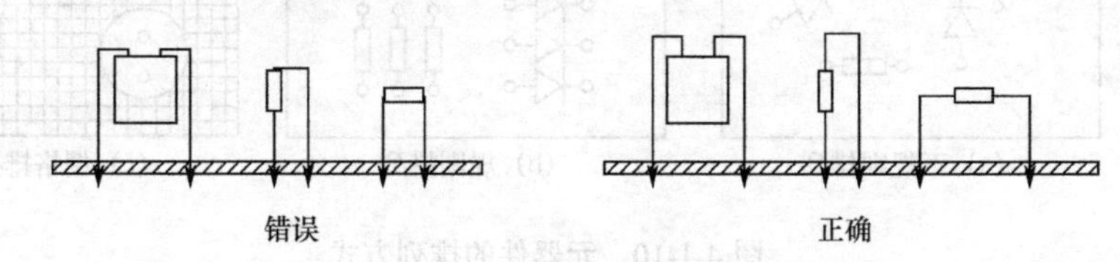

图 4-1-9　元器件的装配

3）元器件的排列格式

元器件在印制板上的排列格式与产品种类和性能要求有关，通常有不规则排列、规则排列及栅格排列三种。

（1）不规则排列

不规则排列也称为随机排列，元器件的轴线方向彼此不一致，在板上的排列顺序也没有一定规则，如图 4-1-10（a）所示。

这种方式排列的元器件看起来显得杂乱无章，但由于元器件不受位置与方向的限制，使得印制导线布设方便，可以缩短、减少元器件的连线，减少了板面印制导线的总长度。这对于减少线路板的分布参数、抑制干扰很有好处，特别是对于高频电路极为有利。此方式一般在立式安装固定元器件时被采纳。

（2）规则排列

规则排列也称为坐标排列，元器件的轴线方向排列一致，并与板的四边垂直、平行，如图 4-1-10（b）所示。这种排列格式美观、易装焊并便于批量生产。

除了高频电路之外，一般电子产品中的元器件都应尽可能平行或垂直排列，卧式安装固定元器件时，更要以规则排列为主。此方式特别适用于版面相对宽松、元器件种类相对比较少而数量较多的低频电路。电子仪器中的元器件常采用这种排列方式。元器件的规则排列受到方向和位置的一定限制，印制板上导线的布设复杂一些，导线的长度也会相应增加。

（3）栅格排列

栅格排列也称为网格排列。它与规则排列相似，但要求焊盘的位置一般要在正交网格的交点上，如图 4-1-10（c）所示。这种排列格式整齐美观、便于测试维修，尤其利于自动化设计和生产。栅格为等距正交网格，在国际标准中栅格格距为 2.54 mm（0.1 英寸）=1 个间距。对于计算机自动化设计和元器件自动化焊装，这一格距标准有着十分重要的实际意义。绝大多数小功率阻容抗元件和晶体管器件的引脚是柔软可弯折的，而像大功率的电位器和晶体管及集成电路芯片的引脚是不允许弯折的，其引脚间距均为间距的倍数。

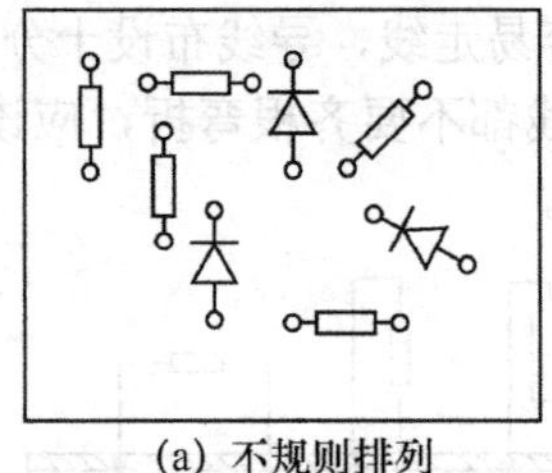

(a) 不规则排列

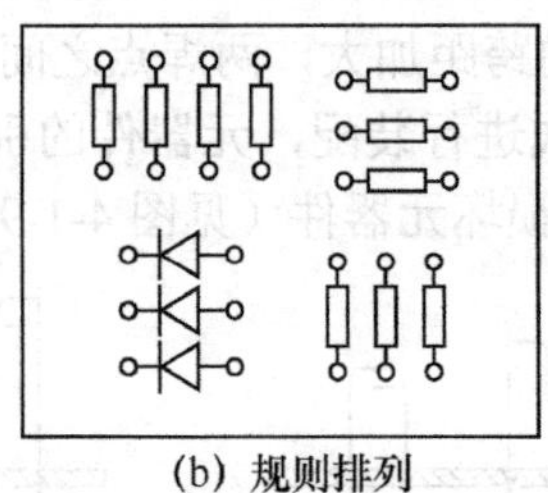

(b) 规则排列

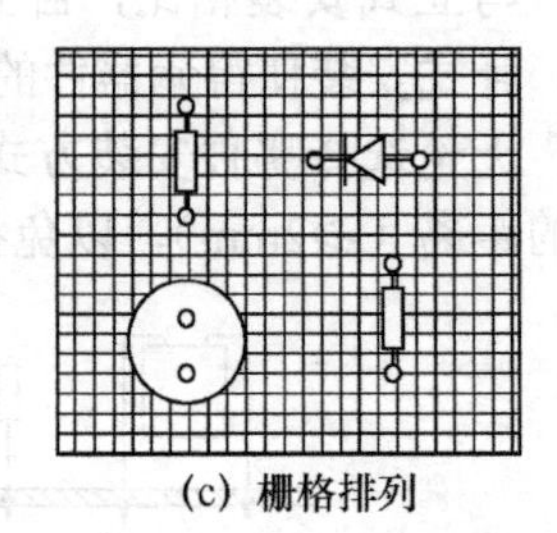

(c) 栅格排列

图 4-1-10　元器件的排列方式

4.1.4 印制电路板的设计内容

元器件在印制板上的固定，是靠引线焊接在焊盘上实现的，元器件彼此之间的电气连接则要靠印制导线实现。

1. 焊盘的设计

焊盘是印制在引线孔周围的铜箔部分，供焊装元器件的引线和跨接导线用。设计元器件的焊盘时，要综合考虑该元器件的形状、大小、布置形式、振动及受热情况、受力方向等因素。

1）焊盘的形状

焊盘的形状很多，常见的有圆形、岛形、方形及椭圆形等几种，如图 4-1-11 所示。

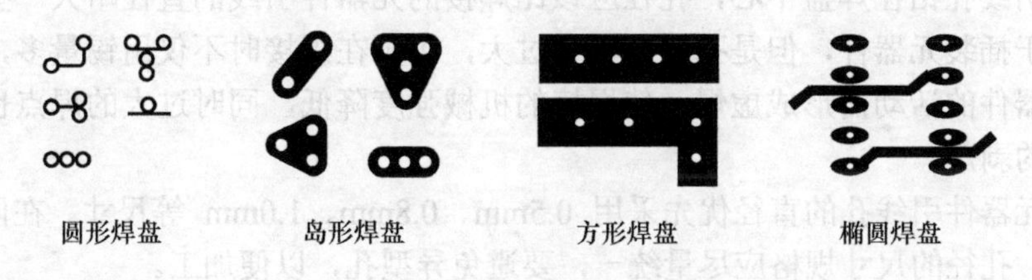

图 4-1-11 焊盘的几种形状

（1）圆形焊盘

这是最常用的焊盘形状，焊盘与引线孔是同心圆，焊盘的外径一般为孔的 2～3 倍。在同一块板上，除个别大元器件需要大孔以外，一般焊盘的外径应取为一致，这样不仅美观，而且容易绘制。圆形焊盘多在元器件规则排列方式中使用，双面印制板也多采用圆形焊盘。

（2）岛形焊盘

焊盘与焊盘之间的连线合为一体，犹如水上小岛，故称为岛形焊盘。岛形焊盘常用于元件的不规则排列，特别是当元器件采用立式不规则固定时更为普遍。

岛形焊盘适合于元器件密集固定，可大量减少印制导线的长度与数量，能在一定程度上抑制分布参数对电路造成的影响，可以说它是顺应高频电路的要求而形成的。另外，焊盘与印制导线合为一体后，铜箔的面积加大，焊盘和印制导线的抗剥强度增加，能降低覆铜板的档次，降低产品成本。

（3）方形焊盘

当印制板上的元器件体积大、数量少且线路简单时，多采用方形焊盘。这种形式的焊盘设计制作简单，精度要求低，容易实现。在一些手工制作的印制板中，只需用刀刻断或刻掉一部分铜箔即可。在一些大电流的印制板上也多采用这种形式，它可以获得大的载流量。

（4）椭圆形焊盘

这种焊盘既有足够的面积增强抗剥强度，又在一个方向上尺寸较小，有利于中间走线。它常用于双列直插式集成电路器件或插座类元器件。

焊盘的形状另外还有泪滴式、开口式、矩形、多边形及异形孔等多种，在印制电路设计中，不必拘泥于一种形式的焊盘，要根据实际情况灵活变换。

2）焊盘的大小

圆形焊盘的大小尺寸主要取决于引线孔的直径和焊盘的外径（其他焊盘种类可参考其确定）。

（1）引线孔的直径

引线孔钻在焊盘中心，孔径应该比焊接的元器件引线的直径略大一些，这样才能便于插装元器件，但是孔径也不宜过大，否则在焊接时不仅用锡量多，也容易因为元器件的活动而形成虚焊，使焊接的机械强度降低，同时过大的焊点也可能造成焊盘的剥落。

元器件引线孔的直径优先采用 0.5mm、0.8mm、1.0mm 等尺寸。在同一块电路板上，孔径的尺寸规格应尽量统一，要避免异型孔，以便加工。

（2）焊盘的外径

焊盘的外径一般要比引线孔的直径大 1.3mm 以上，即若焊盘的外径为 D，引线孔的直径为 d，应有 $D>(d+1.3)$mm。

在高密度的电路板上，焊盘的最小直径可以为 $D=(d+1.0)$mm。

设计时，在不影响印制板的布线密度的情况下，焊盘的外径宜大不宜小，否则会因过小的焊盘外径，在焊接时造成焊断或剥落。

3）焊盘的定位

元器件的每根引线都要在印制板上占据一个焊盘，焊盘的位置随元器件的尺寸及其固定方式而改变。总的定位原则是：焊盘位置应该尽量使元器件排列整齐一致，尺寸相近的元器件，其焊盘间距应力求统一。这样，不仅整齐、美观，而且便于元器件装配及引线弯脚。

（1）对于立式固定和不规则排列的板面，焊盘的位置可以不受元器件尺寸与间距的限制。

（2）对于卧式固定和规则排列的板面，要求每个焊盘的位置及彼此间距离必须遵守一定的标准。

（3）对于栅格排列的版面，要求每个焊盘的位置一定在正交网格的交点上。

无论采用哪种固定方式或排列规则，焊盘的中心距离印制板的边缘一般应在 2.5mm 以上，至少应该大于板的厚度。

2. 印制导线的设计

焊盘之间的连接铜箔即为印制导线。设计印制导线时，更多要考虑的是其允许载流量和对整个电路电气性能的影响。

1）印制导线的宽度

印制导线的宽度主要由铜箔与绝缘基板之间的黏附强度和流过导线的电流强度来决定，其宽窄要适度，与整个板面及焊盘的大小相协调。一般情况下印制板上的铜箔厚度多为 0.05mm，导线的宽度选在 1～1.5mm 就完全可以满足电路的需要。印制导线宽度与最大允许工作电流的关系见表 4-1-2。

表 4-1-2 印制导线的最大允许工作电流

导线宽度 / mm	1	1.5	2	2.5	3	3.5	4
导线电流 / A	1	1.5	2	2.5	3	3.5	4

（1）对于集成电路的信号线，导线的宽度可以选 1mm 以下，甚至 0.25mm。

（2）对于电源线、地线及大电流的信号线，应适当加大宽度。若条件允许，电源线和地线的宽度可以放宽到 4～5mm，甚至更宽。

只要印制板面积及线条密度允许，就应尽可能采用较宽的印制导线。

2）印制导线的间距

导线之间的间距，应考虑导线之间的绝缘电阻和击穿电压在最坏的工作条件下的要求。印制导线越短，间距越大，则绝缘电阻按比例增加。

当导线之间的间距为 1.5mm 时，绝缘电阻超过 10MΩ，允许的工作电压可达 300V 以上；当间距为 1mm 时，允许电压为 200V。一般设计中，间距与电压的安全参考值见表 4-1-3。

表 4-1-3 印制导线间距与最大允许工作电压

导线间距 / mm	0.5	1	1.5	2	3
工作电压 / V	100	200	300	500	700

为了保证产品的可靠性，应该尽量使印制导线的间距不小于 1mm。

3）避免导线的交叉

设计印制板时，应尽量避免导线的交叉。这一要求对于双面板比较容易实现，对于单面板则相对要困难一些。设计单面板时，可能遇到导线绕不过去而不得不交叉的情况，这时可以在板的另一面（元件面）用导线跨接交叉点，即“跳线”、“飞线”，当然，这种跨接线应尽量少。使用“飞线”时，两跨接点的距离一般不超过30mm，“飞线”可使用1mm的镀铝铜线，要套上塑料管。

4）印制导线的形状与走向

由于印制板上铜箔的粘贴强度有限，浸焊时间较长会使铜箔翘起和脱落，同时考虑到印制导线的间距，因此对印制导线的形状与走向是有一定要求的。

（1）以短为佳，能走捷径就不要绕远。尤其是对于高频部分的布线而言，应尽可能短且直，以防自激。

（2）除了电源线、地线等特殊导线外，导线的粗细要均匀，不要突然由粗变细或由细变粗。

（3）走线以平滑自然为佳，避免急拐弯和尖角，拐角不得小于 90°，否则会引起印制导线的剥离或翘起；同时，尖角对高频和高电压的影响也较大。最佳的拐角形式应是平缓的过渡，即拐角的内角和外角都是圆弧，如图 4-1-12 所示。

（4）印制导线应避免呈一定角度与焊盘相连，要从焊盘的长边中心处与之相连，并且过渡要圆滑，如图 4-1-12 所示。

（5）有时为了增加焊接点（焊盘）的牢固，可在单个焊盘或连接较短的两焊盘上加一小条印制导线，即辅助加固导线，也称工艺线，如图 4-1-12 所示，这条线不起导电的作用。

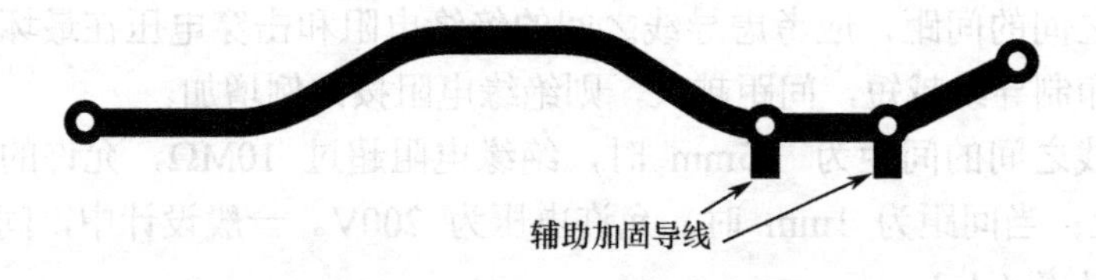

图 4-1-12　印制导线的拐角、导线与焊盘连接及辅助加固导线

（6）导线通过两焊盘之间而不与它们连通时，应与它们保持最大且相等的间距，如图 4-1-13 所示；同样，导线之间的距离也应均匀地相等并保持最大。

（7）如果印制导线的宽度超过 5mm，为了避免铜箔因气温变化或焊接时过热而鼓起或脱落，要在线条中间留出圆形或缝状的空白处——镂空处理，如图 4-1-14 所示。

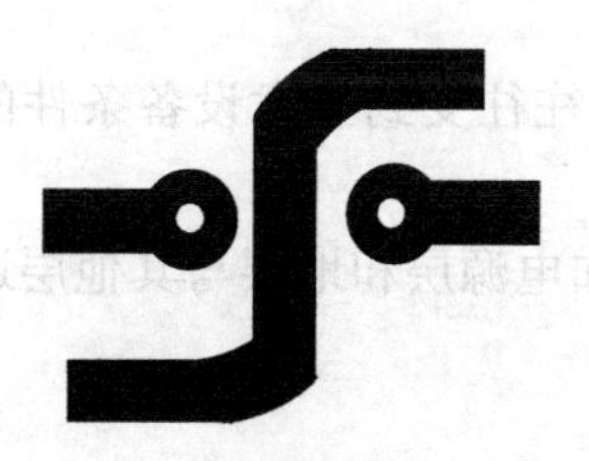

图 4-1-13 导线通过焊盘

图 4-1-14 导线中间开槽

（8）尽量避免印制导线分支，如图 4-1-15 所示。

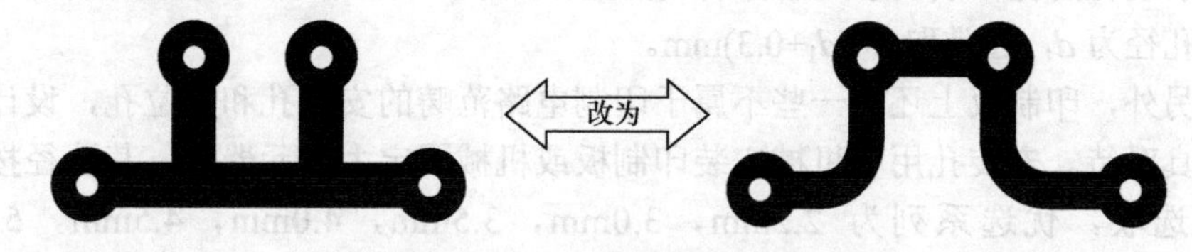

图 4-1-15 避免印制导线分支

（9）在板面允许的条件下，电源线及地线的宽度应尽量宽一些，即使面积紧张一般也不要小于 1mm。特别是地线，即使局部不允许加宽，也应在允许的地方加宽以降低整个地线系统的电阻。

（10）布线时应先考虑信号线，后考虑电源线和地线。这是因为信号线一般比较集中，布置的密度比较高，而电源线和地线要比信号线宽得多，对长度的限制要小得多。

3. 过孔和引线孔的设计

过孔和引线孔也是印制电路的重要组成部分之一，前者用于各层间的电气连接，后者用于元器件的固定或定位。

1）过孔

过孔是连接电路的"桥梁"，也称为通孔、金属化孔。过孔的孔壁圆柱面上用化学沉积的方法镀上一层金属。

过孔一般分为三类：盲孔、埋孔和通孔。盲孔位于印制板的顶层和底层表面，是将几层内部印制电路连接并延伸到印制板一个表面的导通孔；埋孔位于印制板内层，是连接内部的印制电路而不延伸到印制板表面的导通孔；通孔则穿过整个印制板。其中通孔在工艺上易于实现，成本较低，因此使用也最多，但要注意通孔一般只用于电气连接，不用于焊接元器件。

一般而言，设计过孔时有以下原则。

（1）尽量少用过孔。对于两点之间的连线而言，经过的过孔太多会导致可靠性下降。

（2）过孔越小布线密度越高，但过孔的最小极限往往受到技术设备条件的制约。一般过孔的孔径可取 0.6～0.8mm。

（3）需要的载流量越大，所需的过孔尺寸越大，如电源层和地层与其他层连接所用的过孔就要大一些。

2）引线孔

引线孔也称为元件孔，兼有机械固定和电气连接的双重作用。

引线孔的孔径取决于元器件引线的直径大小。若元器件引线的直径为 d_1，引线孔的孔径为 d，通常取 $d=(d_1+0.3)$mm。

另外，印制板上还有一些不属于印制电路范畴的安装孔和定位孔，设计时同样要认真对待。安装孔用于机械安装印制板或机械固定大型元器件，其孔径按照安装需要选取，优选系列为 2.2mm，3.0mm，3.5mm，4.0mm，4.5mm，5.0mm，6.0mm；定位孔（可以用安装孔代替）用于印制板加工和检测定位，一般采用三孔定位方式，孔径根据装配工艺选取。

4.1.5 印制电路板的抗干扰设计

在印制电路板的设计中，为了使所设计的产品能够更好、更有效地工作，必须考虑它的抗干扰能力。印制电路板的抗干扰设计与具体电路有着密切的关系，这里仅就几项常用措施做一些说明。

1. 地线设计

电路中接地点的概念表示零电位，其他电位均是相对于这一点而言的。在实际的印制电路板上，地线并不能保证是绝对零电位，往往存在一个很小的非零电位值。由于电路中的放大作用，这个小小的电位便可能产生影响电路性能的干扰——地线共阻抗干扰。

消除地线共阻抗干扰的方法主要有以下几种。

1）尽量加粗接地线

若接地线很细，接地电位则会随电流的变化而变化，致使电子设备的定时信号电平不稳，抗噪声性能变坏。因此，应将接地线尽量加粗，使它能通过 3 倍于印制电路板的允许电流。如果有可能，接地线的宽度应大于 3mm。

2）单点接地

单点接地（也称一点接地）是消除地线干扰的基本原则，即将电路中本单元

（级）的各接地元器件尽可能就近接到公共地线的一段或一个区域里，如图 4-1-16（a）所示；也可以接到一个分支地线上，如图 4-1-16（b）所示。

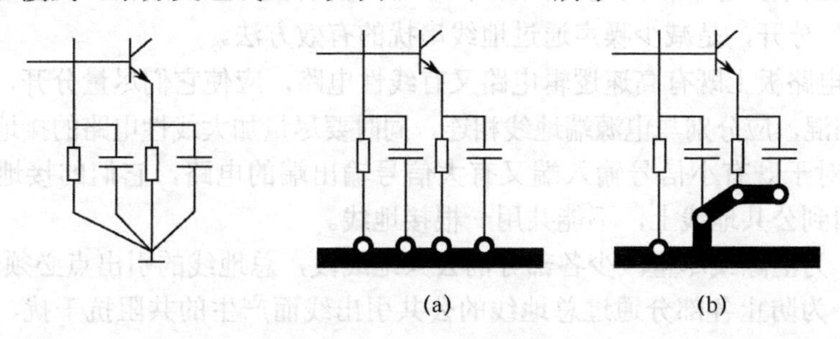

图 4-1-16 单点接地

（1）这里所说的“点”是可以忽略电阻的几何导电图形，如大面积接地、汇流排、粗导线等。

（2）单点接地除了本单元的板内元器件外，还包括与本单元直接连接或通过电容连接的板外元器件。

（3）为防止因接地元器件过于集中而造成排列拥挤，在一级电路中可采用多个分支（分地线），但这些分支不可与其他单元的地线连接。

（4）高频电路采用大面积接地方法，不能采用分地线，但单点接地同样十分必要——将本单元（级）的各接地元器件尽可能安排在一个较小的区域里。

另外，当一块印制电路板由多个单元电路组成，一个电子产品由多块印制电路板组成时，都应该采用单点接地方式以消除地线干扰，如图 4-1-17 所示。

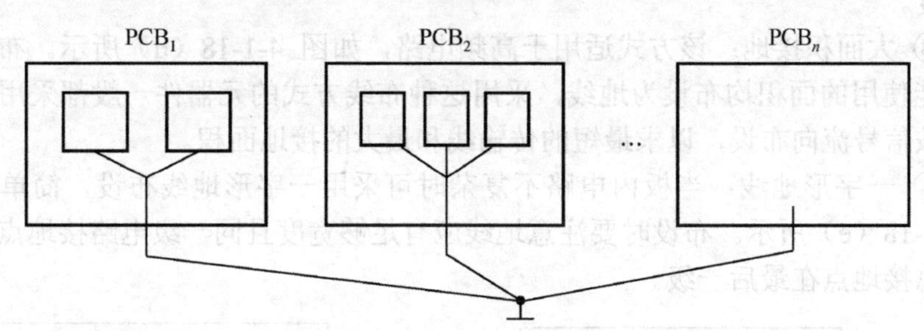

图 4-1-17 多板多单元单点接地

3）合理设计板内地线布局

通常一块印制电路板都有若干个单元电路，板上的地线是用来连接电路各单元或用于各部分之间接地的。板内地线布局主要应防止各单元或各部分之间的全电流共阻抗干扰。

（1）各部分（必要时各单元）的地线必须分开，即尽量避免不同回路的电流同时流经某一段共用地线。

① 在高频电路和大电流回路中，尤其要讲究地线的接法。把“交流电”和“直流电”分开，是减少噪声通过地线串扰的有效方法。

② 电路板上既有高速逻辑电路又有线性电路，应使它们尽量分开，而两者的地线不要相混，应分别与电源端地线相连。同时要尽量加大线性电路的接地面积。

③ 对于既有小信号输入端又有大信号输出端的电路，它们的接地端务必分别用导线引到公共地线上，不能共用一根接地线。

（2）为消除或尽量减少各部分的公共地线段，总地线的引出点必须合理。

（3）为防止各部分通过总地线的公共引出线而产生的共阻抗干扰，在必要时可将某些部分的地线单独引出。特别是数字电路，必要时可以按单元、工作状态或集成块分别设置地线，各部分并联汇集到一点接地，如图 4-1-18（b）所示。

（4）设计只由数字电路组成的印制电路板的地线系统时，将接地线做成闭环路可以明显提高抗噪声能力。印制电路板上有很多集成电路元件，尤其是遇到有耗电多的元件时，因受接地线粗细的限制，会在地线上产生较大的电位差，引起抗噪声能力下降，若将接地结构成环路，则会缩小电位差值，提高电子设备的抗噪声能力。

（5）板内地线布局的方式有以下几种。

① 并联分路式：一块板内有几个子电路（或几级电路）时，各子电路（各级电路）地线分别设置，并联汇集到一点接地，如图 4-1-18（a）所示。

② 汇流排式：该方式适用于高速数字电路，如图 4-1-18（c）所示。布设时板上所有 IC 芯片的地线与汇流排接通。汇流排由 0.3～0.5mm 铜箔板镀银而成，直流电阻很小，又具有条形对称传输线的低阻抗特性，可以有效减少干扰，提高信号传输速度。

③ 大面积接地：该方式适用于高频电路，如图 4-1-18（d）所示。布设时板上所有能使用的面积均布设为地线，采用这种布线方式的元器件一般都采用不规则排列并按信号流向布设，以求最短的传输线和最大的接地面积。

④ 一字形地线：当板内电路不复杂时可采用一字形地线布设，简单明了，如图 4-1-18（e）所示。布设时要注意地线应有足够宽度且同一级电路接地点尽可能靠近，总接地点在最后一级。

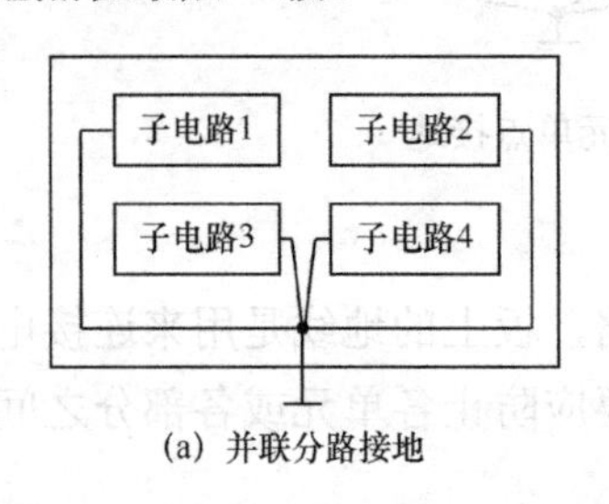

(a) 并联分路接地

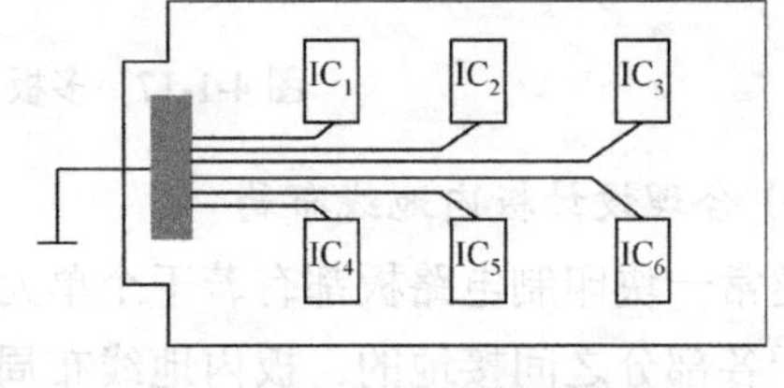

(b) 多单元数字电路接地

图 4-1-18　板内地线布局方式

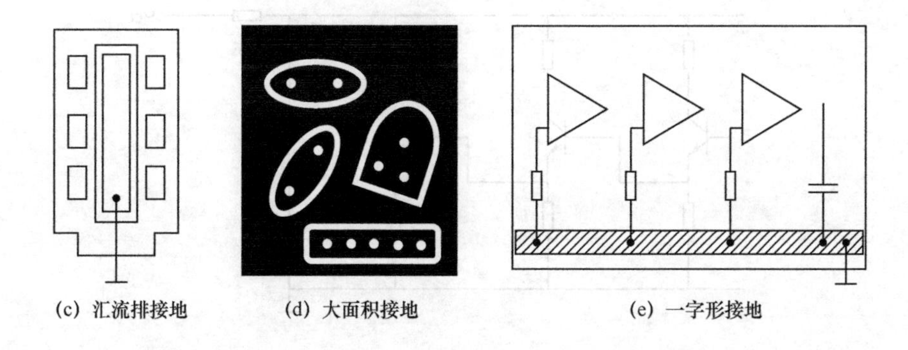

图 4-1-18 板内地线布局方式（续）

2. 电源线设计

任何电子仪器都需要由电源供电，绝对多数直流电源是由交流电通过降压、整流、稳压后供出的。供电电源的质量会直接影响整机的技术指标。因此，在排版设计中，电源及电源线的合理布局对消除电源干扰有着重要的意义。

1）稳压电源的布局

稳压电源在布局时尽可能安排在单独的印制板上，这样可以使电源印制板的面积减小，便于放置在滤波电容和调整管附近，有利于在调试和检修设备时将负载与电源断开。而当电源与电路合用印制板时，在布局中应避免稳压电源与电路元件混合布设或使电源和电路合用地线，这样的布局不仅容易产生干扰，同时也给维修带来了麻烦。

2）电源线的布局

合理的电源线布设对抑制干扰仍起着决定性作用。

（1）根据印制板电流的大小，尽量加宽电源线宽度，减少环路电阻。同时，使电源线、地线的走向和数据传递的方向一致，这样有助于增强抗噪声能力。

（2）设计印制电路时应尽量将电源线和地线紧紧布设在一起，以减少电源线耦合所引起的干扰。

（3）退耦电路应布设在各相关电路附近，而不要集中放置在电源部分，这样既影响旁路效果，又会在电源线和地线上因流过脉动电流而造成窜扰。

（4）由于末级电路的交流信号往往较大，因此在安排各部分电路内部的电源走向时，应采用从末级向前级供电的方式，如图 4-1-19 所示。这样的安排对末级电路的旁路效果最好。

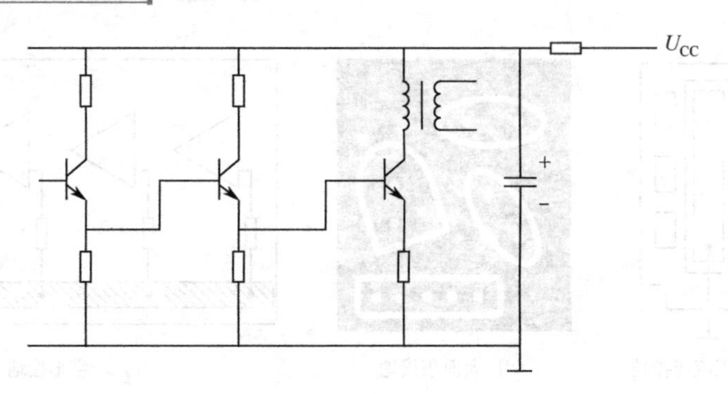

图 4-1-19　电路内部的电源走向

3. 电磁兼容性设计

电磁兼容性是指电子设备在各种电磁环境中仍能够协调、有效进行工作的能力。印制板使元器件紧凑，连接密集，如果设计不当则会产生电磁干扰，给整机工作带来麻烦。电磁干扰无法完全避免，只能在设计中设法抑制。

1）采用正确的布线策略

（1）选择合理的导线宽度

由于瞬变电流在印制线条上所产生的冲击干扰主要是由印制导线的电感成分造成的，因此应尽量减小印制导线的电感量。印制导线的电感量与其长度成正比，与其宽度成反比，因而短而精的导线对抑制干扰是有利的。时钟引线、行驱动器或总线驱动器的信号线常常载有大的瞬变电流，印制导线要尽可能地短。对于分立元件电路，印制导线宽度在 1.5mm 左右时，即可完全满足要求；对于集成电路，印制导线宽度可在 0.2～1.0mm 之间选择。

（2）避免印制导线之间的寄生耦合

两条相距很近的平行导线，它们之间的分布参数可以等效为相互耦合的电感和电容，当信号从一条线中通过时，另外一条线内也会产生感应信号——平行线效应。

平行线效应与导线长度成正比，因此为了抑制印制板导线之间的串扰，布线时导线越短越好并尽可能拉开线与线之间的距离。在一些对干扰十分敏感的信号线之间设置一根接地的印制线，可以有效地抑制串扰。

（3）避免成环

由无线电理论可知，一定形状的导体对一定波长的电磁波可实现发射或接收——天线效应。在高频电路的印制板设计中，天线效应尤其不可忽视。

印制板上的环形导线相当于单匝线圈或环形天线，使电磁感应和天线效应增强。布线时最好遵循信号去向顺序，忌迂回穿插，以避免成环或减少环形面积。

（4）远离干扰源或交叉通过

布线时信号线要尽量远离电源线、高电平导线这些干扰源。如果实在无法躲避，最好采用井字形网状布线结构，交叉通过。对于单面板，用“飞线”过渡；对于双面板，印制板的一面横向布线，另一面纵向布线，交叉孔处用金属化孔相连。

（5）一些特殊用途的导线布设要点

① 连接输入和输出之间的反馈元件和导线，布置不当容易引入干扰。布线时输出导线要远离前级元件，避免干扰。

② 时钟信号引线最容易产生电磁辐射干扰，走线时应与地线回路相靠近，驱动器应紧挨着连接器。

③ 总线驱动器应紧挨其欲驱动的总线。对于那些离开印制电路板的引线，驱动器应紧紧挨着连接器。

④ 对于数据总线的布线，应在每两根信号线之间夹一根信号地线。最好是紧紧挨着最不重要的地址引线放置地回路，因为后者常载有高频电流。

（6）印制导线屏蔽

有时某种信号线密集地平行排列，而且无法摆脱较强信号的干扰，此时可采取大面积屏蔽地、专置电线环、使用专用屏蔽线等措施来解决干扰的问题。

（7）抑制反射干扰

为了抑制出现在印制线条终端的反射干扰，除了特殊需要之外，应尽可能缩短印制线的长度和采用慢速电路。必要时可加终端匹配，即在传输线的末端对地和电源端各加接一个相同阻值的匹配电阻。根据经验，对一般速度较快的 TTL 电路，其印制线条长于 10cm 以上时就应采用终端匹配措施。匹配电阻的阻值应根据集成电路的输出驱动电流及吸收电流的最大值来决定。

2）设法远离干扰磁场

（1）电源变压器、高频变压器、继电器等元件由于通过交变电流所形成的交变磁场，会因闭合线圈（导线）的垂直切割而产生感生环路电流，对电路造成干扰，因此布线时除尽量不形成环形通路外，还要在元件布局时选择好变压器与印制板的相对位置，使印制板的平面与磁力线平行。

（2）扬声器、电磁铁、永磁式仪表等元件由于自身特性所形成的恒定磁场，会对磁棒、中周线圈等磁性元件和显像管、示波管等电子束元件造成影响，因此布局时应尽可能使易受干扰的元件远离干扰源，并合理选择干扰与被干扰元件的相对位置和安装方向。

3）配置抗扰器件——去耦电容

在印制板的抗干扰设计中，经常要根据干扰源的不同特点，选用相应的抗扰器件：用二极管和压敏电阻等吸收浪涌电压；用隔离变压器等隔离电源噪声；用线路滤波器等滤除一定频段的干扰信号；用电阻器、电容器、电感器等元件的组合对干扰电压或电流进行旁路、吸收、隔离、滤除、去耦等处理。其中为防止电磁干扰通过电源及配线传播，在印制板的各个关键部位配置适当的滤波去耦（退耦）电容已成为印制板设计的常规做法之一。

去耦电容通常在电原理图中并不反映出来。要根据集成电路芯片的速度和电路的工作频率选择其电容量（可按 c=1/f 选取，即 10MHz 取 0.1μF），速度越快、频率越高，则其电容量越小且需使用高频电容。

去耦电容的一般配置原则如下。

（1）电源输入端跨接一个 10～100μF 的电解电容器（如果印制板的位置允许，采用 100μF 以上的电解电容效果会更好），或者跨接一个大于 10μF 的电解电容和一个 0.1μF 的陶瓷电容并联。当电源线在板内走线长度大于 100mm 时应再加一组。该处的去耦电容一般可选用钽电解电容。

（2）原则上每个集成电路芯片都应布置一个 680pF～0.1μF 之间的瓷片电容，这种方法对于多片数字电路芯片而言更不可少。如果遇到印制板空隙不够，可每 4～8 个芯片布置一个 1～10pF 的钽电解电容。要注意的是，去耦电容必须加在靠近芯片的电源端（Vcc）和地线（GND）之间，如图 4-1-20 所示，这一要求同样适用于那些抗噪声能力弱、关断时电流变化大的器件和 ROM、RAM 等存储型器件。

（3）去耦电容的引线不能太长，尤其是高频旁路电容不能有引线。

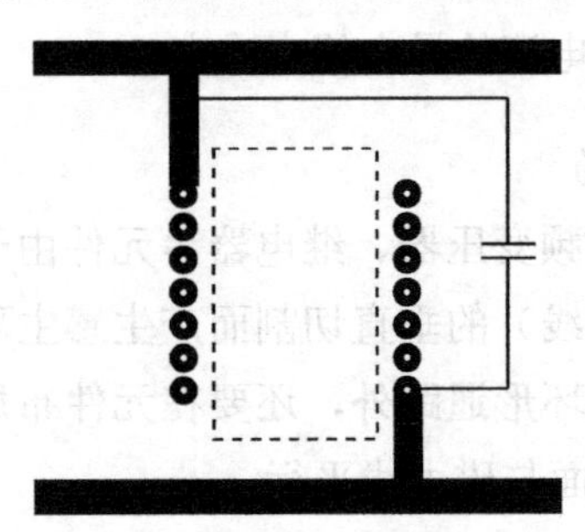

图 4-1-20　去耦电容的连接

4. 器件布置设计

印制板上的器件布局不当也是引发干扰的重要因素，因此应全面考虑电路结构，合理布置印制板上的器件。

（1）印制板上的器件布局应以尽量获得较好的抗噪声效果为首要目的。将输入、输出部分分别布置在板的两端；电路中相互关联的器件应尽量靠近，以缩短器件间连接导线的距离；工作频率接近或工作电平相差大的器件应相距远些，以免相互干扰；易产生噪声的器件、小电流电路、大电流电路等应尽量远离逻辑电路，如果有可能，应另做印制板。例如，常用的以单片机为核心的小型开发系统电路，在设计印制板时，宜将时钟发生器、晶振和CPU的时钟输入端等易产生噪声的器件相互靠近布置，让有关逻辑电路部分尽量远离这类噪声器件。同时，考虑到电路板在机柜内的安装方式，最好将 ROM、RAM、功率输出器件及电源等易发热器件布置在板的边缘或偏上方部位，以利于散热，如图 4-1-21 所示。

（2）在印制板上布置逻辑电路时，原则上应在输出端子附近放置高速电路，如光电隔离器等，在稍远处放置低速电路和存储器等，以便处理公共阻抗的耦合、辐射和串扰等问题；在输入、输出端放置缓冲器，用于板间信号传送，可有效防止噪声干扰，如图 4-1-22 所示。

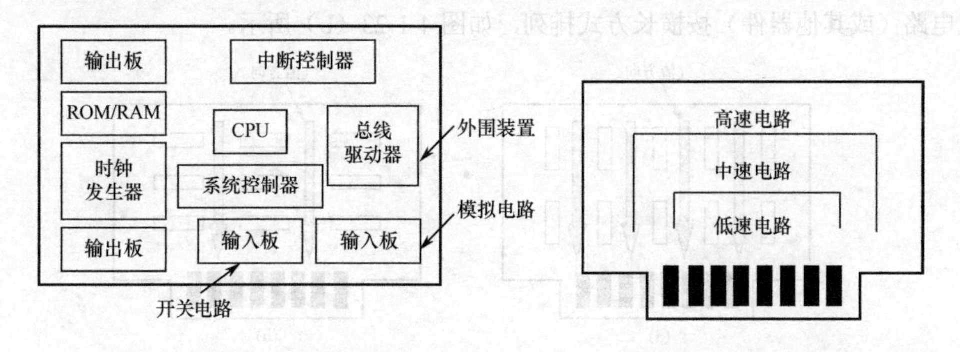

图 4-1-21　单片机开发系统的器件布置　　图 4-1-22　逻辑电路的布置

（3）如果印制板中有接触器、继电器、按钮等元件，操作时均会产生较大火花放电，必须采用相应的 RC 电路来吸收放电电流。一般 R 取 1~2 kΩ，C 取 2.2~47μF。

（4）CMOS 的输入阻抗很高，且易受感应，因此在使用时对不用端要接地或接正电源。

5. 散热设计

多数印制电路板都存在元器件密集布设的现实问题，电源变压器、功率器件、大功率电阻等发热元器件所形成的“热源”，将可能对电路乃至整机产品的性能造成不良影响。一方面，许多元件如电解电容、瓷片电容等是典型的怕热元件，而几乎所有的半导体器件都有程度不同的温度敏感性；另一方面，印制电路板基材的耐温能力和导热系数都比较低，铜箔的抗剥离强度随工作温度的升高而下降（印制电路板的工作温度一般不能超过 85℃）。因此，如何做好散热处理是印制电路板设计中必须考虑的问题。

印制电路板散热设计的基本原则是：有利于散热，远离热源。具体措施如下。

1）特别“关照”热源的位置

（1）热源外置。将发热元器件放置在机壳外部，如许多电源设备将大功率调整管固定于金属机壳上，以利散热。

（2）热源单置。将发热元器件单独设计为一个功能单元，置于机内靠近板边缘容易散热的位置，必要时强制通风，如台式计算机的电源部分。

（3）热源高置。在印制电路板上安装发热元器件时，切忌贴板。

2）合理配置器件

从有利于散热的角度出发，印制板最好是直立安装，板与板之间的距离一般不应小于 2cm，而且器件在印制板上采用合理的的排列方式，可以有效地降低印制电路的温升，从而使器件及设备的故障率明显下降。

（1）对于采用自由对流空气冷却的设备，最好是将集成电路（或其他器件）按纵长方式排列，如图 4-1-23（a）所示；对于采用强制空气冷却的设备，最好是将集成电路（或其他器件）按横长方式排列，如图 4-1-23（b）所示。

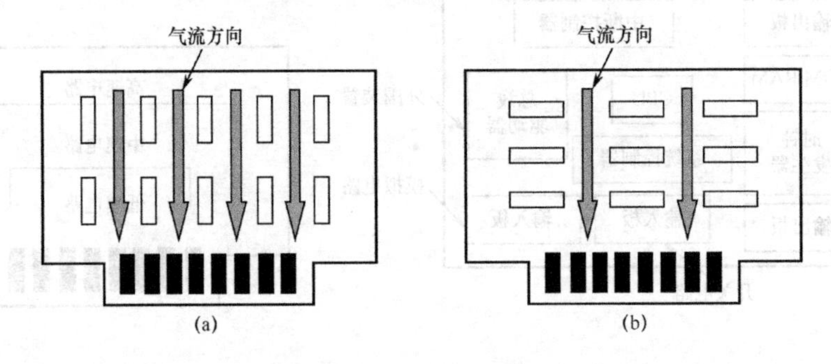

图 4-1-23　元器件板面排列的散热设计

（2）同一块印制板上的器件应尽可能按其发热量大小及散热程度分区排列，发热量小或耐热性差的器件（如小信号晶体管、小规模集成电路、电解电容等）放在冷却气流的最上流（入口处），发热量大或耐热性好的器件（如功率晶体管、大规模集成电路等）放在冷却气流的最下游。

（3）在水平方向上，大功率器件尽量靠近印制板边沿布置，以便缩短传热路径；在垂直方向上，大功率器件尽量靠近印制板上方布置，以便减少这些器件工作时对其他器件温度的影响。

（4）对温度比较敏感的器件最好安置在温度最低的区域（如设备的底部），千万不要将它放在发热器件的正上方，多个器件最好在水平面上交错布局。

（5）设备内印制板的散热主要依靠空气流动，空气流动时总是趋向于阻力小的地方，因此在印制板上配置器件时，要避免在某个区域留有较大的空域。整机中多块印制板的配置也应注意同样的问题。

如果因工艺需要板面必须有一定的空域，可人为添加一些与电路无关的零部件，以改变气流使散热效果提高，如图 4-1-24 所示。

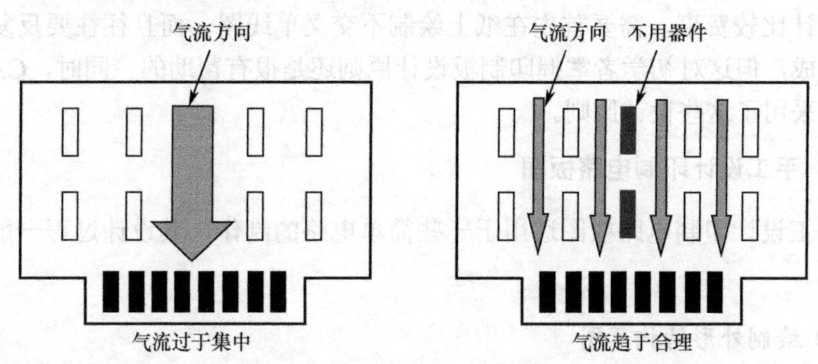

图 4-1-24 板面加引导散热

6. 板间配线设计

板间配线会直接影响印制板的噪声敏感度，因此，在印制板联装后，应认真检查、调整，对板间配线进行合理安排，彻底清除超过额定值的部位，解决设计中遗留的不妥之处。

（1）板间信号线越短越好，且不宜靠近电力线，或可采取两者相互垂直配线的方式，以减少静电感应、漏电流的影响，必要时应采取适宜的屏蔽措施；板间接地线需采用"一点接地"方式，切忌使用串联型接地，以避免出现电位差。地线电位差会降低设备抗扰度，是时常出现误动作的原因之一。

（2）远距离传送的输入、输出信号应有良好的屏蔽保护，屏蔽线与地应遵循一端接地原则，且仅将易受干扰端的屏蔽层接地。应保证柜体电位与传输电缆的电位一致。

（3）当用扁平电缆传输多种电平信号时，应用闲置导线将各种电平信号线分开，并将该闲置导线接地。扁平电缆力求贴近接地底板，若串扰严重，可采用双绞线结构的信号电缆。

（4）交流中线(交流地)与直流地严格分开，以免相互干扰，影响系统正常工作。

4.1.6 印制电路板图的绘制

印制电路板图也称印制板线路图，是能够准确反映元器件在印制板上的位置与连接的设计图纸。图中焊盘的位置及间距、焊盘间的相互连接、印制导线的走向及形状、整板的外形尺寸等，均应按照印制板的实际尺寸（或按一定的比例）绘制出来。绘制印制电路板图是把印制板设计图形化的关键和主要的工作量，设计过程中考虑的各种因素都要在图上体现出来。

目前，印制电路板图的绘制有计算机辅助设计（CAD）与手工设计两种方法。手工设计比较费事，需要首先在纸上绘制不交叉单线图，而且往往要反复几次才能最后完成，但这对初学者掌握印制板设计原则还是很有帮助的。同时，CAD 软件的应用也采用了这些设计原则。

1. 手工设计印制电路板图

手工设计印制电路板图适用于一些简单电路的制作，其设计过程一般要经过以下几步。

1）绘制外形结构草图

印制电路板的外形结构草图包括对外连接草图和外形尺寸图两部分，无论采用何种设计方式，这一步骤都是不可省略的。同时，这也是印制板设计前准备工作的一部分。

（1）对外连接草图

根据整机结构和要求确定，一般包括电源线、地线、板外元器件的引线、板与板之间的连接线等，绘制时应大致确定其位置和方向。

（2）外形尺寸草图

印制板的外形尺寸受各种因素的制约，一般在设计时大致已确定；从经济性和工艺性出发，应优先考虑矩形。

印制板的安装、固定也是必须考虑的内容，印制板与机壳或其他结构件连接的螺孔位置及孔径应明确标出。此外，为了安装某些特殊元器件或插接定位用的孔、槽等几何形状的位置和尺寸也应标明。

对于某些简单的印制板，上述两种草图也可合为一种。

2）绘制不交叉单线图

电路原理图一般只表现出信号的流程及元器件在电路中的作用，以便于分析与阅读电路原理，从来不用去考虑元器件的尺寸、形状及引线的排列顺序。因此，手工设计印制电路板图时，首先要绘制不交叉单线图。除了应该注意处理各类干扰并解决接地问题以外，不交叉单线图设计的主要原则是保证印制导线不交叉地连通。

（1）将原理图上应放置在板上的元器件根据信号流或排版方向依次画出，集成电路要画出封装引脚图。

（2）按原理图将各元器件引脚连接起来。在印制板上导线交叉是不允许的，要避免这一现象，一方面要重新调整元器件的排列位置和方向；另一方面可利用元器件中间跨接（如让某引线从别的元器件脚下的空隙处“钻”过去或从可能交叉的某条引线的一端“绕”过去）及“飞线”跨接这两种办法来解决。

好的不交叉单线图，元器件排列整齐、连线简洁、“飞线”少且可能没有。要做到这一点，通常需多次调整元器件的位置和方向。

3）绘制排版草图

为了制作出制板用的底图（或黑白底片），应该绘制一张正式的草图。参照外形结构草图和不交叉单线图，要求板面尺寸、焊盘位置、印制导线的连接与走向、板上各孔的尺寸及位置都要与实际板面一致。

绘制时，最好在方格纸或坐标纸上进行。具体步骤如下。

（1）画出板面的轮廓尺寸，边框的下面留出一定空间，用于说明技术要求。

（2）板面内四周留出不设置焊盘和导线的一定间距（一般为 5～10mm）。绘制印制板的定位孔和板上各元器件的固定孔。

（3）确定元器件的排列方式，用铅笔画出元器件的外形轮廓。注意元器件的轮廓与实物对应，元器件的间距要均匀一致。这一步其实就是进行元器件的布局，可在遵循印制板元器件布局原则的基础上，采用以下几个办法进行。

① 实物法。将元器件和部件样品在板面上排列，寻求最佳布局。

② 模板法。有时实物摆放不方便，可按样本或有关资料制作有关元器件和部件的图样样板，用以代替实物进行布局。

③ 经验对比法。根据经验参照可对比的已有印制电路来设计布局。

（4）确定并标出焊盘的位置。

（5）画印制导线。这时可不必按照实际宽度来画，只标明其走向和路径就行，但要考虑导线间的距离。

（6）核对无误后，重描焊盘及印制导线，描好后擦去元器件实物轮廓图，使手工设计图清晰、明了。

（7）标明焊盘尺寸、导线宽度及各项技术要求。

（8）对于双面印制板来说，还要考虑以下几点。

① 手工设计图既可在图的两面分别画出，也可用两种颜色在纸的同一面画出。无论用哪种方式画，都必须让两面的图形严格对应。

② 元器件布在板的一个面，主要印制导线布在无元件的另一面，两面的印制线尽量避免平行布设，应力求相互垂直，以便减少干扰。

③ 印制线最好分别画在图纸的两面，如果在同一面上绘制，应该使用两种颜色以示区别，并注明这两种颜色分别表示哪一面。

④ 两面对应的焊盘要严格地一一对应，可以用针在图纸上扎穿孔的方法将一面的焊盘中心引到另一面。

⑤ 两面上需要彼此相连的印制线，在实际制板过程中采用金属化孔实现。

⑥ 绘制元件面的导线时，注意避让元件外壳和屏蔽罩等可能产生短路的地方。

2. 计算机辅助设计印制电路板图

随着电路复杂程度的提高及设计周期的缩短，印制电路板的设计已不再是一件简单的工作。传统的手工设计印制电路板的方法已逐渐被计算机辅助设计（CAD）软件所代替。

采用 CAD 设计印制电路板的优点是十分显著的：设计精度和质量较高，利于生产自动化；设计时间缩短、劳动强度减轻；设计数据易于修改、保存并可直接供生产、测试、质量控制用；可迅速对产品进行电路正确性检查及性能分析。

印制电路板的 CAD 软件很多，Prote l99 是目前较流行的一种。Prote l99 是基于 Window 2000（及以上版本）平台的电路设计、印制板设计专用软件，在澳大利亚 Protel 公司于 20 世纪 90 年代开发的著名电路设计软件 Tango 的基础上发展而来，具有强大的功能、友好的界面、方便易学的操作性能等优点。一般而言，利用 Prote l99 设计印制板最基本的过程可以分为以下三大步骤。

1）电路原理图的设计

利用 Prote l99 的原理图设计系统（Advanced Schematic）所提供的各种原理图绘图工具及编辑功能绘制电路原理图。

2）产生网络表

网络表是电路原理图设计（SCH）与印制电路板设计（PCB）之间的一座桥梁，它是电路板自动设计的灵魂。网络表既可以从电路原理图中获得，也可以从印制电路板中提取出来。

3）印制电路板的设计

借助 Prote l99 提供的强大功能实现电路板的版面设计，完成高难度的工作。

印制电路板图只是印制电路板制作工艺图中比较重要的一种，另外还有字符标记图、阻焊图、机械加工图等。当印制电路板图设计完成后，这些工艺图也可相应得以确定。

字符标记图因其制作方法也被称为丝印图，可双面印在印制板上，其比例和绘图方法与印制电路板图相同。阻焊图主要是为了适应自动化焊接而设计的，由与印制板上全部的焊盘形状一一对应又略大于焊盘形状的图形构成。一般情况下，采用 CAD 软件设计印制电路板时字符标记图和阻焊图都可以自动生成。

4.1.7 手工设计印制电路板实例

通常情况下，印制电路板的设计可归纳为选定电路，确定印制板的形状尺寸，元器件布局及绘制印制电路板图等几步。下面以简单稳压电源为例，做一些简单说明。

1. 选定电路

许多电子线路已经很成熟，有典型的电路形式和元器件种类可供选择，不必再做验证，直接采用就是。

本例的稳压电源电路比较简单，主要由整流、滤波及稳压三部分组成，其电路原理图可以说已十分“经典”，如图 4-1-25 所示。

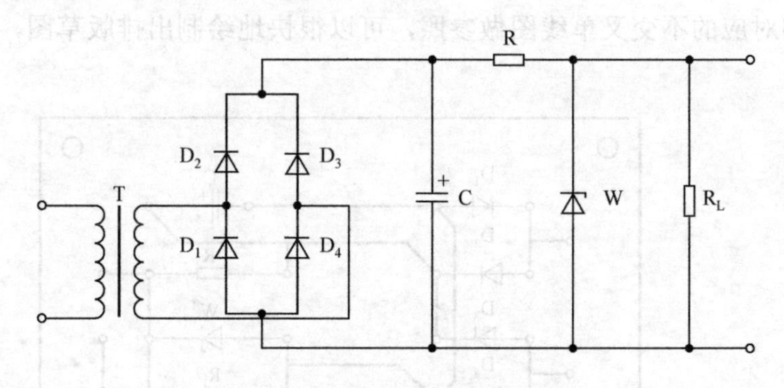

图 4-1-25 整流稳压电源电路原理图

2. 确定印制板的形状、尺寸

印制板的形状、尺寸往往受整机及外壳等因素的制约。

在本例中，稳压电源中的电源变压器体积太大，不适合安装在印制板上（只考虑它占用一定机壳内的空间），这样印制板的形状、尺寸就相对大体确定了。

3. 元器件布局

本例中，元器件的排列采用规则排列。

（1）印制板上留出安装孔位置。

（2）按电路图中的各个组成部分从左到右排列元件，注意间隔均匀，如图 4-1-26 和图 4-1-27 所示。先排列整流部分的元件（D_1、D_2、D_3、D_4），4 个二极管平行排列；再排列滤波部分（电容 C、电阻 R）、稳压管 W 及取样电阻 R_L。

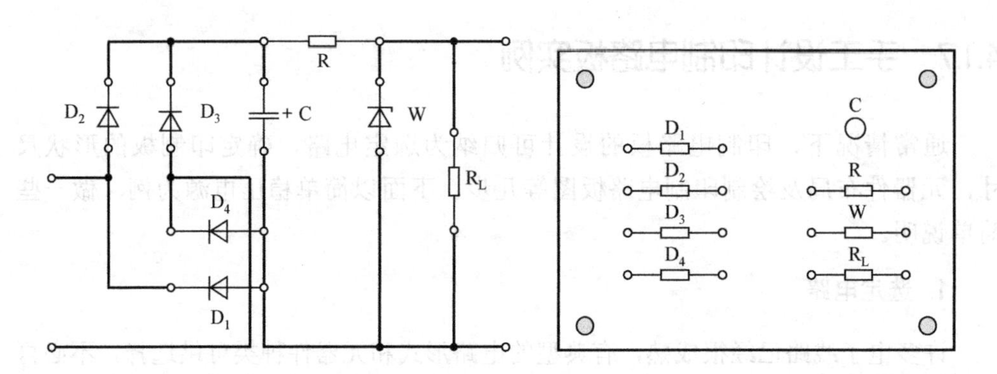

图 4-1-26 整流稳压电源电路的不交叉单线图 图 4-1-27 整流稳压电源印制板上元器件的排列

4. 绘制印制电路板图（排版草图）

用相对应的不交叉单线图做参照，可以很快地绘制出排版草图，如图 4-1-28 所示。

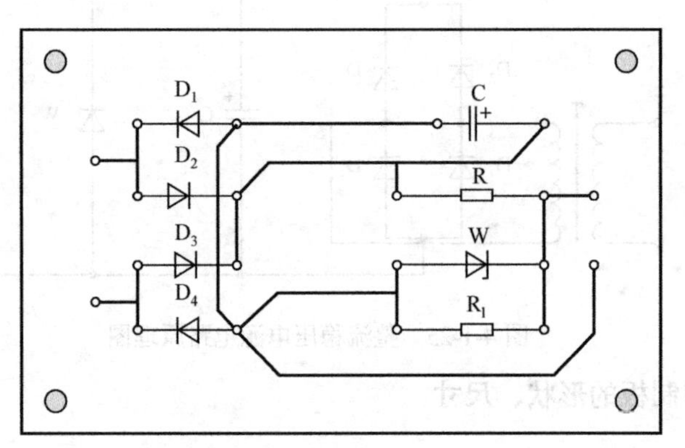

图 4-1-28 整流稳压电源的印制电路板图

4.2 印制电路板的制作

应该说合理的印制电路板设计已为印制电路板的成品制作打下了坚实的基础，但任何事情都是相辅相成的，学习和理解印制电路板的制作工艺，对更好地设计出符合要求的印制板图也是十分有益的。

印制电路板的制作可分为工业制作和手工制作，工艺流程和产品质量有一定差异，但制作的机理即印制电路的形成方式是一样的。

4.2.1 印制电路板的形成方式

印制电路的形成即在基板上实现所需的导电图形，它可以分为减成法和加成法两种制作方法。

1. 减成法

减成法是目前生产印制电路板最普遍采用的方式，即先在基板上敷满铜箔，然后用化学或机械方式除去不需要的部分，最终留下印制电路。

（1）将设计好的印制板图形转移到覆铜板上，并将图形部分有效保护起来。图形的转移方式主要有：

① 丝网漏印——用丝网漏印法在覆铜板上印制电路图形，与油印机在纸上印刷文字相类似；

② 照相感光——属于光化学法之一，即把照相底片或光绘片置于上胶烘干后的覆铜板上，一起置于光源下曝光，光线通过相板使感光胶发生化学反应，引起胶膜理化性能的变化。

图形的转移方式另外还有胶印法、图形电镀蚀刻法等。

（2）去掉覆铜板上未被保护的其他部分。其方式有二：

①蚀刻——采用化学腐蚀办法减去不需要的铜箔，这是目前最主要的制造方法；

②雕刻——用机械加工方法除去不需要的铜箔，这在单件试制或业余条件下可快速制出印制板。

2. 加成法

加成法是指在没有覆铜箔的绝缘基板上用某种方式（如化学沉铜）敷设所需的印制电路图形。

敷设印制电路方法有丝印电镀法、粘贴法等。

4.2.2 印制电路板的工业制作

印制板制造工艺技术在不断进步，不同条件、不同规模的制造厂采用的工艺技术不尽相同，当前的主流仍然是利用减成法（铜箔蚀刻法）制作印制板。实际生产中，专业工厂一般采用机械化和自动化制作印制板，要经过几十个工序。

1. 双面印制板制作的工艺流程

双面印制板的制作工艺流程一般包括如下几个步骤：制生产底片→选材下料→

钻孔→清洗→孔金属化→贴膜→图形转换→金属涂覆→去膜蚀刻→热熔和热风整平→外表面处理→检验。

1）制作生产底片

对排版草图进行必要的处理，如焊盘的大小、印制导线的宽度等按实际尺寸绘制出来，就可得到一张可供制板用的生产底片（黑白底片）了。工业上常通过照相、光绘等手段制作生产底片。

2）选材下料

按板图的形状、尺寸进行下料。

3）钻孔

将需钻孔位置输入微机用数控机床，这样定位准确、效率高，每次可钻 3～4 块板。

4）清洗

用化学方法清洗板面的油腻及化学层。

5）孔金属化

对连接两面导电图形的孔进行孔壁镀铜。孔金属化的实现主要经过“化学沉铜”、“电镀铜加厚”等一系列工艺过程。在表面安装高密度板中，这种金属化孔采用沉铜充满整个孔（盲孔）的方法。

6）贴膜

为了把照相底片或光绘片上的图形转印到覆铜板上，要先在覆铜板上贴一层感光胶膜。

7）图形转换

图形转换也称图形转移，即在覆铜板上制作印制电路图，常采用丝网漏印法或感光法。

（1）丝网漏印法是指在丝网上黏附一层漆膜或胶膜，然后按技术要求将印制电路图制成镂空图形，漏印时只需将覆铜板在底板上定位，将印制料倒在固定丝网的框内，用橡皮板刮压印料，使丝网与覆铜板直接接触，即可在覆铜板上形成由印料组成的图形，漏印后需烘干、修板。

（2）直接感光法是把照相底片或光绘片置于上胶烘干后的覆铜板上，一起置于光源下曝光，光线通过相板使感光胶发生化学反应，引起胶膜理化性能的变化。

8）金属涂覆

金属涂覆属于印制板的外表面处理之一，即为了保护铜箔、增加可焊性和抗腐蚀、抗氧化性，在铜箔上涂覆一层金属，其材料常采用金、银和铅锡合金。涂覆方法可采用电镀或化学镀两种。

（1）电镀法可使镀层致密、牢固、厚度均匀可控，但设备复杂、成本高。此法用于要求高的印制板和镀层，如插头部分镀金等。

（2）化学镀虽然设备简单、操作方便、成本低，但镀层厚度有限且牢固性差。因此，该方法只适用于改善可焊性的表面涂覆，如板面铜箔图形镀银等。

9）去膜蚀刻

蚀刻俗称“烂板”，是用化学方法或电化学方法去除基材上的无用导电材料，从而形成印制图形的工艺。常用的蚀刻溶液为三氯化铁（$FeCl_3$），它的蚀刻速度快、质量好、溶铜量大、溶液稳定、价格低廉。常用的蚀刻方式有浸入式、泡沫式、泼溅式、喷淋式等几种。

10）热熔和热风整平

镀有铅锡合金的印制电路板一般要经过热熔和热风整平工艺。

（1）热熔的过程是把镀覆有锡铅合金的印制电路板加热到锡铅合金的熔点温度以上，使锡铅和基体金属铜形成化合物，同时锡铅镀层变得致密、光亮、无针孔，从而提高镀层的抗腐蚀性和可焊性。

（2）热风整平技术的过程是在已涂覆阻焊剂的印制电路板浸过热风整平助熔剂后，再将其浸入熔融的焊料槽中，然后从两片风刀之间通过，风刀里的热压缩空气把印制电路板板面和孔内的多余焊料吹掉，得到一个光亮、均匀、平滑的焊料涂覆层。

11）外表面处理

在密度高的印制电路板上，为使板面得到保护，确保焊接的准确性，可以在需要焊接的地方涂上助焊剂、在不需要焊接的地方印上阻焊层、在需要标注的地方印上图形和字符。

12）检验

对于制作完成的印制电路板，除了进行电路性能检验外，还要进行外形表面的检查。电路性能检验有导通性检验、绝缘性检验及其他检验等。

2. 单面印制板制作的工艺流程

单面印制板制作的工艺流程相对比较简单，与双面印制板制作的主要区别在于不需要孔金属化。其工艺流程大致有以下几步：下料→丝网漏印→腐蚀→去除印料→孔加工→印标记→涂助焊剂→检验。

4.2.3 印制电路板的手工制作

在产品研制阶段或科技创作活动中往往需要制作少量印制板，进行产品性能分析实验或制作样机，从时间性和经济性的角度出发，此时需要采用手工制作的方法。

1. 描图蚀刻法

这是一种十分常用的制板方法。由于最初使用调和漆作为描绘图形的材料，所以它也称为漆图法。其具体步骤如下。

1）下料

按实际设计尺寸剪裁覆铜板（剪床、锯割均可），去除四周毛刺。

2）覆铜板的表面处理

由于加工、储存等原因，覆铜板的表面会形成一层氧化层。氧化层会影响底图的复印，为此在复印底图前应将覆铜板表面清洗干净，具体方法是：用水砂纸蘸水打磨，用去污粉擦洗，直至将底板擦亮为止，然后用水冲洗，用布擦干净后即可使用。这里切忌用粗砂纸打磨，否则会使铜箔变薄，且表面不光滑，影响描绘底图。

3）拓图（复印印制电路）

所谓拓图，即用复写纸将已设计好的印制板排版草图中的印制电路拓在已清洁好的覆铜板的铜箔面上。注意，在复印过程中，草图一定要与覆铜板对齐，并用胶带纸粘牢。拓制双面板时，板与草图应由 3 个不在一条直线上的点定位。

复写图形可采用单线描绘法，即印制导线用单线，焊盘用小圆点表示；也可以采用能反映印制导线和焊盘实际宽度和大小的双线描绘法，如图 4-2-1 所示。

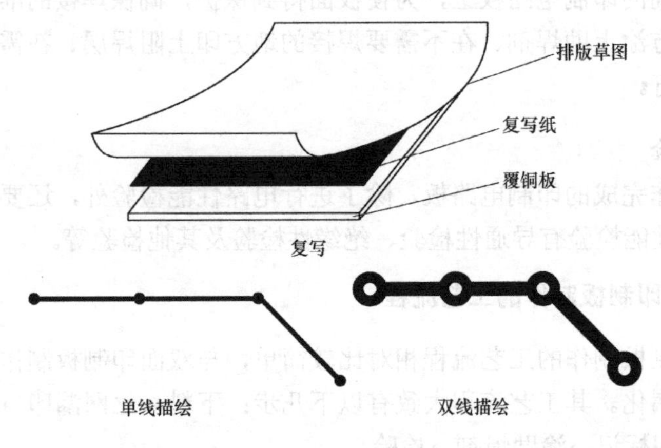

图 4-2-1 复写草图

复写时，描图所用的笔，其颜色（或品种）应与草图有所区别，这样便于区分已描过的部分和没描过的部分，防止遗漏。

复印完毕后，要认真复查是否有错误或遗漏，复查无误后再把草图取下。

4）钻孔

拓图后检查焊盘与导线是否有遗漏，然后在板上打样冲眼，以样冲眼定位打焊盘孔：用小冲头对准要冲孔的部位（焊盘中央）打上一个个小凹痕，便于以后打孔时不至于偏移位置。打孔时注意钻床转速应取高速，钻头应刃磨锋利。进刀不宜过快，以免将铜箔挤出毛刺；并注意保持导线图形清晰。清除孔的毛刺时不要使用砂纸。

5）描图（描涂防腐蚀层）

为能把覆铜板上需要的铜箔保存下来，要给这部分涂上一层防腐蚀层，也就是说，在所需要的印制导线、焊盘上加一层保护膜。这时，所涂出的印制导线宽度和焊盘大小要符合实际尺寸。

首先准备好描图液（防腐液），一般可采用黑色的调和漆，漆的稀稠要适中，一般调到用小棍子蘸漆后能往下滴为好。另外，各种抗三氧化铁蚀刻的材料均可以用作描图液，如虫胶油精液、松香酒精溶液、蜡、指甲油等。

描图时应先描焊盘：用适当的硬导线蘸一点漆料，漆料要蘸得适中，描线用的漆稍稠，点时注意与孔同心，大小尽量均匀，如图 4-2-2（a）所示。焊盘描完后再描印制导线图形，可用鸭嘴笔、毛笔等配合尺子，注意直尺不要与板接触，可将其两端垫高，以免将未干的图形蹭坏，如图 4-2-2（b）所示。

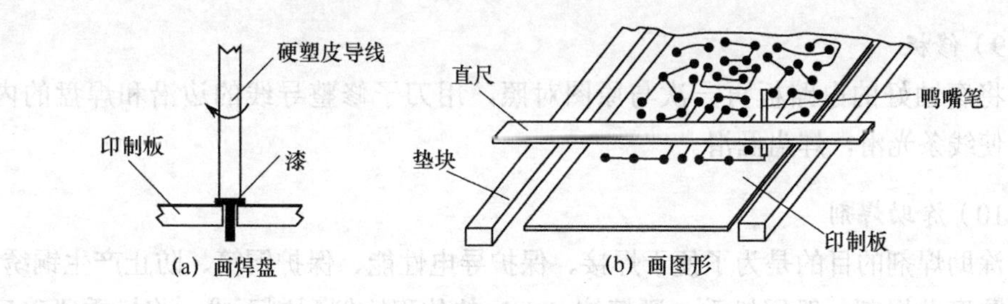

图 4-2-2 描图

6）修图

描好后的印制板应平放，让板上的描图液自然干透，同时检查线条和焊盘是否有麻点、缺口或断线，如果有，应及时填补、修复。再借助直尺和小刀将图形整理一下，沿导线的边沿和焊盘的内外沿修整，使线条光滑、焊盘圆滑，以保证图形质量。

7）蚀刻（腐蚀电路板）

三氧化铁（$FeCl_3$）是腐蚀印制板最常用的化学药品，用它配制的蚀刻液一般浓度在 28%～42%之间，即用 2 份水加 1 份三氧化铁。配制时在容器里先放入三氧化铁，然后放入水，同时不断搅拌。盛放腐蚀液的容器应是塑料或搪瓷盆，不得使用铜、铁、铝等金属制品。

将描修好的板子浸没到溶液中，控制在以铜箔面正好完全被浸没为限，太少不能很好地腐蚀电路板，太多则容易造成浪费。

在腐蚀过程中，为了加快腐蚀速度，要不断轻轻晃动容器和搅动溶液，或用毛笔在印制板上来回刷洗，但不可用力过猛，防止漆膜脱落。如果还嫌速度太慢，也可适当加大三氧化铁的浓度，但浓度不宜超过 50%，否则会使板上需要保存的铜箔从侧面被腐蚀；另外，也可通过给溶液加温来提高腐蚀速度，但温度不宜超过 50℃，太高的温度会使漆层隆起脱落，以致损坏漆膜。

蚀刻完成后应立即将板子取出，用清水冲洗干净残存的腐蚀液，否则这些残液会使铜箔导线的边缘出现黄色的痕迹。

8）去膜

用热水浸泡后即可将漆膜剥落，未擦净处可用稀料清洗。或者也可用水砂纸轻轻打磨去膜。

清洗漆膜去净后，用碎布蘸去污粉或反复在板面上擦拭，去掉铜箔氧化膜，露出铜的光亮本色。为使板面美观，擦拭时应固定顺某一方向，这样可使反光方向一致，看起来更加美观。擦后用水冲洗、晾干。

9）修板

将腐蚀好的电路板再一次与原图对照，用刀子修整导线的边沿和焊盘的内外沿，使线条光滑，焊盘圆滑。

10）涂助焊剂

涂助焊剂的目的是为了便于焊接、保护导电性能、保护铜箔、防止产生铜绣。

防腐助焊剂一般用松香、酒精按 1∶2 的体积比例配制而成：将松香研碎后放入酒精中，盖紧盖子搁置一天，待松香溶解后方可使用。

首先必须对电路板的表面做清洁处理，晾干后再涂助焊剂，即用毛刷、排笔或棉球蘸上溶液均匀涂刷在印制板上，然后将板放在通风处，待溶液中的酒精自然挥发后，印制板上就会留下一层黄色透明的松香保护层。

另外，防腐助焊剂还可以使用硝酸银溶液。

2．贴图蚀刻法

贴图蚀刻法是指利用不干胶条（带）直接在铜箔上贴出导电图形代替描图，其余步骤同描图法。由于胶带边缘整齐，焊盘也可用工具冲击，故贴成的图形质量较高，蚀刻后揭去胶带即可使用，也很方便。

贴图法有以下两种方式。

（1）预制胶条图形贴制。按设计导线宽度将胶带切成合适宽度，按设计图形贴到覆铜板上。有些电子器材商店有各种不同宽度的贴图胶带，也有将各种常用印制图形如 IC、印制板插头等制成专门的薄膜，其使用更为方便。无论采用何种胶条，都要注意贴粘牢固，特别是边缘一定要按压紧贴，否则腐蚀溶液侵入将使图形受损。

（2）贴图刀刻法。这种方法是当图形简单时用整块胶带将铜箔全部贴上，画上印制电路后用刀刻法去除不需要的部分。此法适用于保留铜箔面积较大的图形。

3．雕刻法

上面所述贴图刀刻法也可直接雕刻铜箔而不用蚀刻制成板。其方法是在经过下料、清洁板面、拓图这些步骤后，用刻刀和直尺配合直接在板面上刻制图形：用刀将铜箔划透，用镊子或钳子撕去不需要的铜箔，如图 4-2-3 所示。

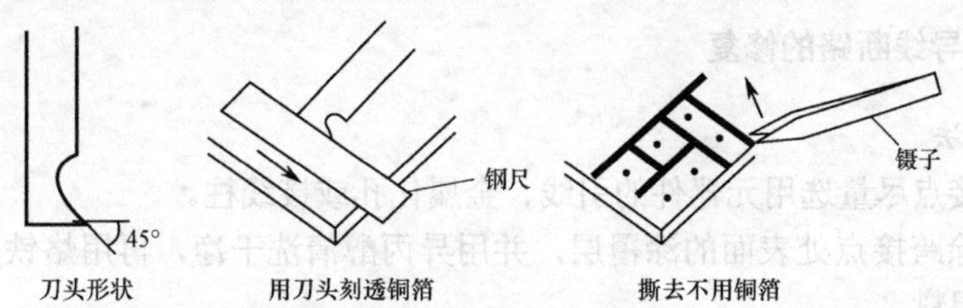

图 4-2-3　雕刻法制作印制板

另外，也可以用微型沙轮直接在铜箔上削出所需图形，与刀刻法同理。

4．“转印”蚀刻法

这种方法主要采用了热转移的原理，借助于热转印纸“转印”图形来代替描图。其主要设备及材料有激光打印机、转印机、热转印纸等。

热转印纸的表面通过高分子技术进行了特殊处理，覆盖了数层特殊材料的涂层，具有耐高温、不粘连的特性。

激光打印机的“碳粉”(含磁性物质的黑色塑料微粒)受硒鼓上静电的吸引，可以在硒鼓上排列出精度极高的图形及文字。打印后，静电消除，图形及文字经高温熔化热压固定，转移到热转印纸上形成热转印纸板。

转印机有“复印”的功效，可提供近 200℃的高温。将热转印纸版覆盖在敷铜板上，送入制板机。当温度达到 180.5℃时，在高温和压力的作用下，热转印纸对融化的墨粉吸附力急剧下降，使融化的墨粉完全贴附在敷铜板上，这样，敷铜板冷却后板面上就会形成紧固的有图形的保护层。

制作方法如下：

（1）用激光打印机将印制电路板图形打印在热转印纸上，打印后，不要折叠、触摸其黑色图形部分，以免使版图受损；

（2）将打印好的热转印纸覆盖在已做过表面清洁的敷铜板上，贴紧后送入制版机制板；只要敷铜板足够平整，用电熨斗熨烫几次也是可行的；

（3）敷铜板冷却后，揭去热转印纸。

其余蚀刻、去膜、修板、涂助焊剂等步骤同描图法。

4.2.4 印制导线的修复

由于各种原因，印制导线可能会出现划痕、缺口、针孔、断线等现象，这些现象会造成导线截面积的减小。另外，焊盘或印制导线的起翘也是一种缺陷。当印制导线出现以上缺陷时，只允许每根导线最多修复 2 处，一般情况下每块印制电路板返修不得超过 6 处，修复后的导线宽度和导线间距应在允许的公差之内。

1. 印制导线断路的修复

1）跨接法

（1）跨接点尽量选用元器件的引线、金属化孔或接线柱。

（2）清除跨接点处表面的涂覆层，并用异丙醇清洗干净，再用烙铁头除去跨接点处的多余焊料。

（3）截取一段镀锡导线，并将其每一端都绕接在元件的引线上或连接在金属化孔中，如图 4-2-4 所示。

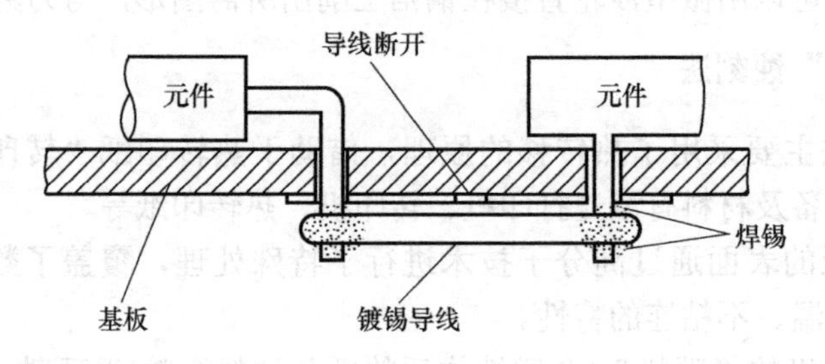

图 4-2-4 跨接连线法

（4）给跨接点涂上焊剂，进行锡焊。

（5）用异丙醇清洗跨接处的残渣。

（6）当跨接导线较长时，应套上聚四氟乙烯套管。

跨接法操作简单，印制电路板的正反两面都可以进行跨接。

2）搭接法

（1）首先应去除印制导线上返修处的表面涂覆层，可用橡皮擦把断路处(≥8mm)擦干净，再用异丙醇清洗。

（2）截一段镀锡铜导线（长 20mm 左右），放在断路处的印制导线上涂上焊剂，然后进行锡焊，如图 4-2-5 所示。

（3）用异丙醇把焊接处的焊剂残渣清洗干净。

（4）在返修区内涂上少量的环氧胶合剂，并使其固化。

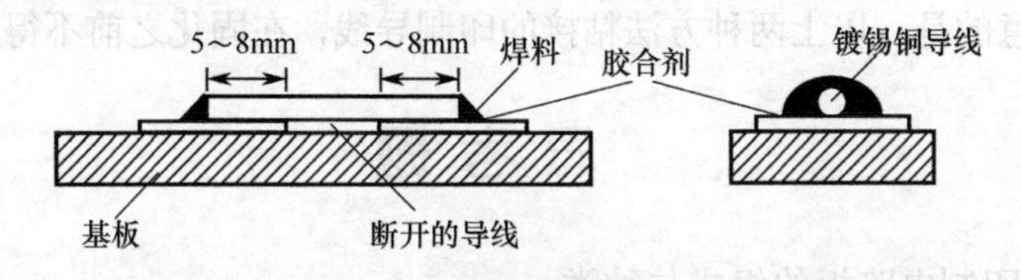

图 4-2-5 搭接导线法

3）补铜箔法

（1）用外科手术刀把印制导线损坏的部分剥除，用磨石把已剥除印制导线的基板部位打毛，然后用洁净的布蘸上异丙醇进行清洗。

（2）按被剥除印制导线的形状剪一片带有环氧树脂粘接剂的薄膜，再按薄膜的形状或稍长于薄膜的长度剪一条铜箔。

（3）把薄膜放在已打毛的原印制导线的位置上，再放上已打光的并用异丙醇清洗过的铜箔。

（4）用电烙铁压住铜箔的中心，从两端拉紧铜箔，加上焊剂、焊料，把铜箔的端部与原有的印制导线焊接好。

（5）用异丙醇清洗连接部位的焊接残渣，再涂上表面涂料。

2. 印制导线起翘的修复

当印制导线的一部分与基板脱开，但又保持不断时，叫作导线起翘。起翘的导线长度超过本根导线总长度的 1/2 时，则无返修价值。常用修复起翘导线的方法有以下两种。

1）在印制导线的底面涂环氧树脂

（1）把印制导线起翘部位的表面及其基板清除干净，给基板打毛，然后用异丙醇清洗干净这些部分。

（2）在起翘导线的底面和基板上均匀地涂上环氧树脂，在起翘的导线部位加压，并使之粘牢固化。需要时应涂上表面涂料。操作时一定注意不要把起翘的导线弄断。

2）在印制导线表面涂环氧树脂

当印制电路板上元器件的密度很高，又不能在印制导线的底面挤入环氧树脂时才采用此法。

（1）把起翘的印制导线表面及其周围的基板表面打磨干净，并用异丙醇清洗干净。

（2）在起翘的导线表面及其周围的基板上均匀地涂上环氧树脂，环氧树脂涂层应稍微厚些，并使之粘牢固化。

应该注意的是，以上两种方法粘接的印制导线，在固化之前不得进行其他加工。

思考题

1. 简述印制电路板的组成与种类。
2. 印制电路板设计前的准备工作有哪些？
3. 整机电路的布局原则是什么？
4. 元件的布设应遵循哪些原则？
5. 元器件的安装方式及排列格式有哪几种，请简述。
6. 焊盘的设计、印制导线的设计要考虑哪些因素。
7. 印制导线的断路、起翘应如何修复？
8. 简述双面印制电路板工业制作的工艺流程。

第5章

电路焊接技术

在电子产品的装配过程中，电路焊接是一项重要的基础工艺技术，是保证电子产品质量和可靠性的基本环节。本章主要介绍焊接技术的基本知识及锡焊的方法、操作步骤，手工焊接技巧等。

5.1 锡焊的基本知识

5.1.1 锡焊

焊接是连接各电子元器件及导线的主要手段。它利用加热、加压来加速工件金属原子间的扩散，依靠原子间的内聚力，在工件金属连接处形成牢固的合金层，从而将工件金属永久地结合在一起。焊接通常分为熔焊、接触焊和钎焊三大类。在电子产品装配中主要使用的是钎焊。在已加热的工件金属之间，熔入低于工件金属熔点的焊料，借助焊剂的作用，依靠毛细现象，使焊料浸润工件金属表面，并发生化学变化，生成合金层，从而使工件金属与焊料结合为一体的焊接称为钎焊。钎焊按照使用焊料的熔点不同分为硬焊（焊料熔点高于450℃）和软焊（焊料熔点低于450℃）。

采用锡铅焊料进行焊接称为锡铅焊，简称锡焊，它是软焊的一种。除了含有大量铬和铝等合金的金属不易焊接外，其他金属一般都可以采用锡焊焊接。锡焊方法简便，整修焊点、拆换元器件、重新焊接都较容易，所用工具简单。此外，它还具有成本低、易实现自动化等优点。在电子产品生产过程中，它是使用最早、范围最广和当前使用仍占较大比重的一种焊接方法。

近年来，随着电子工业的快速发展，焊接工艺也有了新的发展。在锡焊方面，一大批电子企业已普遍使用了应用机械设备的浸焊和实现自动化焊接的波峰焊，这不仅降低了工人的劳动强度，也提高了生产效率，保证了产品的质量。同时，无锡焊接在电子工业中也得到了较多的应用，如熔焊、绕接焊、压接焊等。

5.1.2 锡焊的机理

锡焊的机理可以用以下三个过程来表述。

1. 浸润

加热后呈熔融状态的锡铅合金焊料在工件金属表面靠毛细管的作用扩散形成焊料层的过程称为焊料的浸润。浸润程度主要取决于焊件表面的清洁程度及焊料表面的张力。在焊料表面的张力小，焊件表面无油污，并涂有助焊剂的条件下，焊料的浸润性能较好。

2. 扩散

由于金属原子在晶格点阵中呈热振动状态，所以当温度升高时，它会从一个晶格点阵自动地转移到其他晶格点阵，这个现象称为扩散。锡焊时，焊料和工件金属表面的温度较高，焊料与工件金属表面的原子相互扩散，在两者接触的界面形成新的合金。

3. 界面层的结晶与凝固

焊接后的焊点降温到室温，在焊接处形成由焊料层、合金层和工件金属表面层组成的结合结构。合金层形成在焊料和工件金属接触的界面上，称为“界面层”。冷却时，界面层首先以适当的合金状态开始凝固，形成金属结晶，然后结晶向未凝固的焊料生长。

综上所述，关于锡焊的理性认识：将表面清洁的焊件与焊料加热到一定温度，焊料熔化并润湿焊件表面，在其界面上发生金属扩散并形成结合层，从而实现金属的焊接。

5.1.3 锡焊的条件

进行锡焊，必须具备以下几点条件。

1. 焊件必须具有良好的可焊性

金属表面被熔融焊料浸湿的特性叫作可焊性，是指被焊金属材料与焊锡在适当的温度及助焊剂的作用下，形成结合良好合金的能力。只有能被焊锡浸湿的金属才具有可焊性。并非所有的金属都具有良好的可焊性，有些金属如铝、不锈钢、铸铁等的可焊性就很差。而铜及其合金等具有良好的可焊性。即使是可焊性好的金属，因为表面容易产生氧化膜，所以为了提高其可焊性，一般采用表面镀锡、镀银等。铜是导电性能良好和易于焊接的金属材料，因此应用得最为广泛。常用的元器件引线、导线及焊盘等大多采用铜材制成。

2. 焊件表面必须保持清洁

工件金属表面如果存在氧化物或污垢，会严重影响在界面上形成的合金层，造成虚焊、假焊。轻度的氧化物或污垢可通过助焊剂来清除，较严重的要通过化学或机械的方式来清除。

3. 选用合适的助焊剂

助焊剂的作用是清除焊件表面的氧化膜并减小焊料熔化后的表面张力，以利于浸润。助焊剂的性能一定要适合于被焊金属材料的焊接性能。不同的焊件，不同的焊接工艺，应选择不同的助焊剂。例如，镍镉合金、不锈钢、铝等材料，需使用专用的特殊助焊剂；在电子产品的线路板焊接中，通常采用松香助焊剂。

4. 选用正确的焊料

焊料的成分及性能应与被焊金属材料的可焊性、焊接温度及时间、焊点的机械强度相适应。锡焊工艺中使用的焊料是锡焊合金，根据锡铅的比例及其他少量金属成分的含量不同，其焊接特性也有所不同，应根据不同的要求正确选用焊料。

5. 焊件要加热到适当的温度

焊接时，将焊料和被焊金属加热到焊接温度，使熔化的焊料在被焊金属表面浸润扩散并形成金属化合物。因此，要想保证焊点牢固，一定要有适当的焊接温度。

在加热过程中不但要将焊锡加热熔化，而且要将焊件加热到熔化焊锡的温度。只有在足够高的温度下，焊料才能充分浸润，并充分扩散形成合金层，但过高的温度是有害的。

6. 要有适当的焊接时间

焊接时间是指在焊接过程中，进行物理和化学变化所需要的时间。它包括被焊金属材料达到焊接温度的时间、焊锡熔化的时间、助焊剂发生作用并生成金属化合物的时间等。焊接时间的长短应适当，过长会损坏元器件并使焊点的外观变差，过短则焊料不能充分润湿被焊金属，从而达不到焊接要求。

5.2 锡焊工具与焊接材料

5.2.1 电烙铁

电烙铁是手工焊接的主要工具。选择合适的电烙铁并合理地使用，是保证焊接质量的基础。由于用途、结构的不同，有各式各样的电烙铁。它按加热方式分为直热式、感应式等，按功率分为 20W,30W, …,300W 等，按功能分有单用式、两用式、调温式等。

常用的电烙铁一般为直热式。直热式又分为外热式、内热式、恒温式三大类。加热体也称烙铁芯，是由镍铬电阻丝绕制而成的。加热体位于烙铁头外面的称为外热式，位于烙铁头内部的称为内热式，恒温式电烙铁则通过内部的温度传感器及开关进行温度控制，实现恒温焊接。它们的工作原理相似，在接通电源后，加热体升温，烙铁头受热温度升高，达到工作温度后，就可熔化焊锡进行焊接。内热式电烙铁比外热式电烙铁热得快，从开始加热到达到焊接温度一般只需 3min 左右，热效率高，可达 85%～95%或以上，而且具有体积小、质量轻、耗电量少、使用方便、灵巧等优点，适用于小型电子元器件和印制板的手工焊接。电子产品的手工焊接采用内热式电烙铁。电烙铁结构如图 5-2-1 所示。

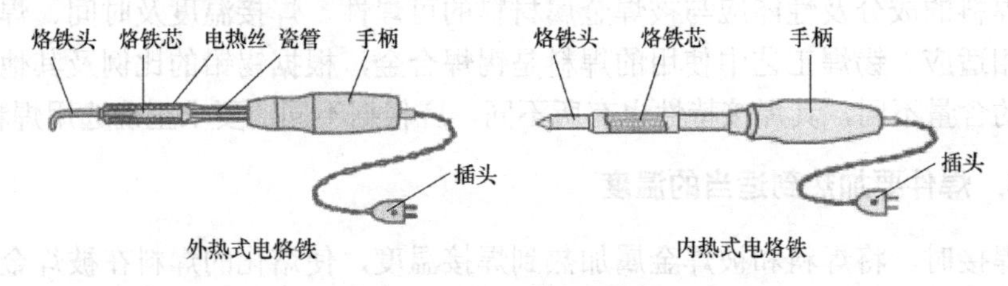

图 5-2-1 电烙铁结构图

1. 烙铁头的选择与修整

1）烙铁头的选择

为了保证可靠方便地焊接，必须合理选用烙铁头的形状与尺寸，图 5-2-2 所示为各种常用烙铁头的外形。其中，圆斜面式是市售烙铁头的一般形式，适用于在单面板上焊接不太密集的焊点；凿式烙铁头多用于电器维修工作；尖锥式和圆锥式烙铁头适用于焊接高密度的焊点和小而怕热的元器件。当焊接对象变化大时，可选用适合于大多数情况的斜面复合式烙铁头。

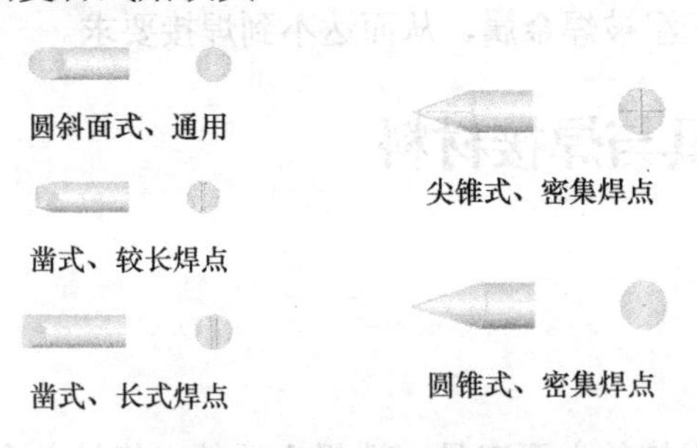

图 5-2-2 各种常用烙铁头的外形

选择烙铁头的依据是：应使它尖端的接触面积小于焊接处（焊盘）的面积。烙铁头接触面过大，会使过量的热量传导给焊接部位，损坏元器件及印制板。一般来说，烙铁头越长、越尖，温度越低，需要焊接的时间越长；反之，烙铁头越短、越粗，则温度越高，焊接的时间越短。

每个操作者可根据习惯选用烙铁头。有经验的电子装配工人手中都备有几个不同形状的烙铁头，以便根据焊接对象的变化和工作需要随机选用。

2）烙铁头的修整

烙铁头一般用紫铜制成，表面有镀层，如果不是特殊需要，一般不需要修锉打磨。因为镀层的作用就是保护烙铁头不被氧化生锈。但目前市售的烙铁头大多只是在紫铜表面镀一层锌合金。镀锌层虽然有一定的保护作用，但经过一段时间的使用以后，由于高温和助焊剂的作用，烙铁头会被氧化，使表面凹凸不平，这时就需要修整。

修整的方法一般是将烙铁头拿下来，根据焊接对象的形状及焊点的密度，确定烙铁头的形状和粗细，然后将其夹到台钳上用粗锉刀修整，然后用细锉刀修平，最后用细砂纸打磨光。修整过的烙铁头马上镀锡，方法是将烙铁头装好后，在松香水中浸一下，然后接通电源，待电烙铁热后，在木板上放一些松香及焊锡，用烙铁头沾上锡，在松香中来回摩擦，直到整个烙铁头的修整面均匀地镀上一层焊锡为止。也可以将烙铁头沾上锡后，在湿布上反复摩擦。

注意：新电烙铁或经过修整烙铁头后的电烙铁通电前，一定要先浸松香水，否则烙铁头表面会生成难以镀锡的氧化层。

2. 电烙铁的选用

当进行科研、生产、仪器维修时，可根据不同的施焊对象选择不同的电烙铁。主要应从电烙铁的种类、功率及烙铁头的形状三方面考虑，当有特殊要求时，应选择具有特殊功能的电烙铁。

1）电烙铁种类的选择

电烙铁的种类繁多，应根据实际情况灵活选用。一般的焊接应首选内热式电烙铁。对于大型元器件及直径较粗的导线，应考虑选用功率较大的外热式电烙铁。对于要求工作时间长，被焊元器件又少的情况，则应考虑选用长寿命型的恒温电烙铁，如焊表面封装的元器件。

表 5-2-1 为选择电烙铁的依据，仅供参考。

2）电烙铁功率的选择

晶体管收音机、收录机等采用小型元器件的普通印制电路板和 IC 电路板的焊接应选用 20～25W 内热式电烙铁或 30W 外热式电烙铁，这是因为小功率的电烙铁具有体积小、质量轻、发热快、便于操作、耗电省等优点。

表 5-2-1　选择电烙铁的依据

焊接对象及工作性质	烙铁头温度（℃）（室温、220V 电压）	选用电烙铁
一般印制电路板、安装导线	300～400	20W 内热式、30W 外热式、恒温式
集成电路	350～400	20W 内热式、恒温式
焊片、电位器、2～8W 电阻、大电解电容、大功率管	350～450	35～50W 内热式、恒温式，50～75W 外热式
8W 以上大电阻、ϕ2mm 以上导线	400～550	100W 内热式、150～200W 外热式
汇流排、金属板等	500～630	300W 外热式
维修、调试一般电子产品		20W 内热式、恒温式、感应式、储能式、两用式

对一些采用较大元器件的电路，如电子管收音机、扩音器及机壳底板的焊接，则应选用功率大一些的电烙铁，如 50W 以上的内热式电烙铁或 75W 以上的外热式电烙铁。

电烙铁的功率选择一定要合适，过大易烫坏晶体管或其他元器件，过小则易出现假焊或虚焊，直接影响焊接质量。

3. 电烙铁的正确使用

使用电烙铁前首先要核对电源电压是否与电烙铁的额定电压相符，并注意用电安全，避免发生触电事故。电烙铁无论是第一次使用还是重新修整后再使用，使用前均需进行“上锡”处理。上锡后如果出现烙铁头挂锡太多而影响焊接质量，此时千万不能为了去除多余焊锡而甩或敲击电烙铁，因为这样可能将高温焊锡甩入周围人的眼中或身体上造成伤害，也可能在甩或敲击电烙铁时使烙铁芯的瓷管破裂、电阻丝断损或连接杆变形发生移位，使电烙铁外壳带电造成触电伤害。去除多余焊锡或清除烙铁头上残渣的正确方法是在湿布或湿海绵上擦拭。

在使用电烙铁的过程中，还应注意经常检查手柄上的坚固螺钉及烙铁头上的锁紧螺钉是否松动，若出现松动，易使电源线扭动、破损引起烙铁芯引线相碰，造成短路。电烙铁使用一段时间后，还应将烙铁头取出，清除氧化层，以避免发生烙铁头取不出的现象。

焊接操作时，电烙铁一般放在方便操作的右方烙铁架中，与焊接有关的工具应整齐有序地摆放在工作台上，以养成文明生产的良好习惯。

5.2.2 焊料

焊料是易熔金属，熔点低于被焊金属。焊料熔化时，在被焊金属表面形成合金而与被焊金属连接到一起。焊料按成分可分为锡铅焊料、铜焊料、银焊料等。在一般电子产品装配中，主要使用锡铅焊料，俗称焊锡。

锡铅焊料的牌号由“焊料”两字汉语拼音的第一个字母“Hl”及锡铅元素“SnPb”，再加上铅的百分比含量组成。例如，成分为 Sn61%、Pb39%的锡铅焊料表示为 HlSnPb39，称为锡铅料 39。

1. 锡铅合金

锡（Sn）是一种质软低熔点的金属，熔点为 232℃。锡在高于 13.2℃时呈银白色，低于 13.2℃时呈灰色，低于-40℃时变成粉末。常温下锡的抗氧化性强，并且容易与多数金属形成化合物。纯锡质脆，机械性能差。

铅（Pb）是一种浅青白色的软金属，熔点为 327℃，塑性好，有较高的抗氧化性和抗腐蚀性。铅属于对人体有害的重金属，在人体中积蓄能引起铅中毒。纯铅的机械性能也很差。

锡铅合金是锡与铅以不同比例的熔合物，具有一系列锡与铅不具备的优点。

（1）熔点低：各种不同成分的铅锡合金的熔点均低于锡和铅各自的熔点。

（2）机械强度高：合金的各种机械强度均优于纯锡和纯铅。

（3）表面张力小，黏度下降，增大了液态流动性，有利于焊接时形成可靠接头。

（4）抗氧化性好，铅具有的抗氧化性优点在合金中继续保持，使得焊料在熔化时减少了氧化量。

在实际应用中一般将含锡 61.9%、铅 38.1%的锡铅合金称为共晶焊锡，它具有熔点低（183℃）、凝固快、流动性好及机械强度高等优点，因此在电子产品的焊接中都采用这种配比的焊锡。

2. 焊锡物理性能及杂质影响

表 5-2-2 给出了不同成分锡铅焊料的物理性能。由表中可以看出，含锡 60%的焊料，其抗张强度和剪切强度都较优，而铅量过高或过低性能都不理想。

表 5-2-2 锡铅焊料的物理性能及机械性能

锡（Sn）	铅（Pb）	导电性（铜 100%）	抗张力（MPa）	折断力（MPa）
100	0	13.6	1.49	2.0
95	5	13.6	3.15	3.1
60	40	11.6	5.36	3.5

（续表）

锡（Sn）	铅（Pb）	导电性（铜 100%）	抗张力（MPa）	折断力（MPa）
50	50	10.7	4.73	3.1
42	58	10.2	4.41	3.1
35	65	9.7	4.57	3.6
30	70	9.3	4.73	3.5
0	100	7.9	1.42	1.4

各种锡铅焊料中不可避免地会含有微量金属。这些微量金属作为杂质，超过一定限度就会对焊锡的性能产生很大影响。表 5-2-3 列举了各种杂质对焊锡性能的影响。

表 5-2-3　杂质对锡铅焊料性能的影响

杂质	对焊锡的影响
铜	会使锡铅焊料的熔点变高，流动性变差，焊印制板组件时易产生桥接和拉尖缺陷，一般焊锡中铜的允许含量为 0.3%～0.5%
锌	锡铅焊料中融入 0.001%的锌就会对焊接质量产生影响，融入 0.005%时会使焊点表面失去光泽，锡铅焊料的润湿性变差，焊印制板时易产生桥接的拉尖
铝	锡铅焊料中融入 0.001%的铝就开始出现不良影响，融入 0.005%时就可使焊接能力变差，锡铅焊料流动性变差，并产生氧化和腐蚀，使焊点出现麻点
镉	使锡铅焊料熔点下降，流动性变差，锡铅焊料晶粒变大且失去光泽
铁	使锡铅焊料熔点升高，难于熔接。焊料中有 1%的铁时，锡铅焊料就焊不上，并且会使锡铅焊料带有磁性
铋	使锡铅焊料熔点降低，机械性能变脆，冷却时产生龟裂
砷	可使锡铅焊料流动性增强，使表面变黑，硬度和脆性增加
磷	含少量磷可增加锡铅焊料的流动性，但对铜有腐蚀作用
金	金熔解到锡铅焊料里，会使锡铅焊料表面失去光泽，焊点呈白色，机械强度降低，质变脆
银	在锡铅焊料中提高银的百分比率，可改善锡铅焊料的性质。在共晶焊锡中，增加 3%的银，就可使熔点降为 177℃，且锡铅焊料的焊接性能、扩展焊接强度都有不同程度的提高
锑	加入少量锑（5%）会使焊锡的机械强度增强，光泽变好，但润滑性变差

不同标准的焊锡规定了杂质的含量标准。不合格的焊锡既可能是成分不准确，也可能是杂质含量超标。在生产中大量使用的焊锡应该经过质量认证。

为了使焊锡获得某种性能，也可掺入某些金属。例如，掺入 0.5%～0.2%的银，可使焊锡熔点低，强度高；掺入镉，可使焊锡变为高温焊锡。

手工焊接常用的焊锡丝，是指将焊锡制成管状，内部添加助焊剂。助焊剂一般是优质松香添加一定的活化剂构成的。焊锡丝直径有 0.5mm, 0.8mm, 0.9mm, 1.0mm, 1.2mm, 1.5mm, 2.0mm, 2.5mm, 3.0mm, 4.0mm, 5.0mm。

5.2.3 助焊剂

助焊剂是进行锡焊时所必需的辅助材料，是焊接时添加在焊点上的化合物，参与焊接的整个过程。

1. 助焊剂的作用

（1）清除氧化膜。其实质是助焊剂中的氯化物、酸类与氧化物发生还原反应，从而清除氧化膜。反应后的生成物变成悬浮的渣，漂浮在焊料表面。

（2）防止氧化。液态的焊锡及加热的焊件金属都容易与空气中的氧接触而氧化。助焊剂熔化后，漂浮在焊料表面，形成隔离层，因而防止了焊接面的氧化。

（3）减小表面张力，增加焊锡的流动性，有助于焊锡浸润。

（4）使焊点美观。合适的助焊剂能够整理焊点形状，保持焊点表面的光泽。

2. 对助焊剂的要求

（1）熔点应低于焊料。

（2）表面张力、黏度、比重应小于焊料。

（3）残渣应容易清除。

（4）不能腐蚀母材。

（5）不产生有害气体和臭味。

3. 助焊剂的分类与选用

助焊剂大致可分为无机焊剂、有机焊剂和树脂焊剂三大类。其中以松香为主要成分的树脂焊剂在电子产品生产中占有重要地位，成为专用型的助焊剂。

（1）无机焊剂

无机焊剂的活性最强，常温下就能除去金属表面的氧化膜。但这种强腐蚀作用很容易损伤金属及焊点，在电子焊接中是不采用的。

（2）有机焊剂

有机焊剂具有较好的助焊作用，但也有一定的腐蚀性，残渣不易清除，且挥发物污染空气，一般不单独使用，而是作为活化剂与松香一起使用。

（3）树脂焊剂

这种助焊剂的主要成分是松香。松香的主要成分是松香酸和松香酯酸酐，在常温下几乎没有任何化学活力，呈中性，当加热到熔化时，呈弱酸性。它可与金属氧化膜发生还原反应，生成的化合物悬浮在液态焊锡表面，也起到使焊锡表面不被氧化的作用。焊接完毕恢复常温后，松香又变成固体，无腐蚀，无污染，绝缘性能好。为提高其活性，常将松香溶于酒精中再加入一定的活化剂。但在手工焊接中这一步骤并非必要，只是在浸焊或波峰焊的情况下才使用。

助焊剂的选用应优先考虑被焊金属的焊接性能及氧化、污染等情况。铂、金、银、铜、锡等金属的焊接性能较强，为减少助焊剂对金属的腐蚀，多采用松香作为助焊剂。焊接时，尤其是手工焊接时多采用松香焊锡丝。

5.2.4 阻焊剂

焊接中，特别是在浸焊及波峰焊中，为提高焊接质量，需要耐高温的阻焊涂料，使焊料只在需要的焊点上进行焊接，而把不需要焊接的部分保护起来，起到一种阻焊作用，这种阻焊材料叫作阻焊剂。

1. 阻焊剂的优点

（1）防止桥接、短路及虚焊等情况的发生，减少印制板的返修率，提高焊点的质量。

（2）因印制板板面部分被阻焊剂覆盖，焊接时受到的热冲击小，降低了印制板温度，使板面不易起泡、分层，同时也起到保护元器件和集成电路的作用。

（3）除了焊盘外，其他部位均不上锡，这样可以节约大量的焊料。

（4）使用带有色彩的阻焊剂，可使印制板的板面显得整洁美观。

2. 阻焊剂的分类

阻焊剂按成膜方法，分为热固性和光固性两大类，即所用的成膜材料是加热固化还是光照固化。目前热固化阻焊剂被逐步淘汰，光固化阻焊剂被大量采用。

热固化阻焊剂具有价格便宜、黏接强度高的优点，但也具有加热温度高、时间长、印制板容易变形、能源消耗大、不能实现连续化生产等缺点。

光固化阻焊剂在高压汞灯下照射 2～3min 即可固化，因而可节约大量能源，提高生产效率，便于自动化生产。

5.3 手工焊接技术

手工焊接是焊接技术的基础，也是电子产品装配中的一项基本操作技能。手工焊接适用于小批量生产的小型化产品、一般结构的电子整机产品、具有特殊要求的高可靠产品、某些不便于机器焊接的场合及在调试、维修中修复焊点和更换元器件等。

5.3.1 焊接操作的手法与步骤

由于助焊剂加热挥发出的气体对人体有害，所以在焊接时应保持电烙铁距口鼻的距离不少于 20cm，通常以 30cm 为宜。

1. 电烙铁的手持方法

使用电烙铁的目的是为了加热被焊件进行焊接，但不能烫伤、损坏导线和元器件，为此必须正确掌握手持电烙铁的方法。

手工焊接时，电烙铁要拿稳对准，可根据电烙铁的大小和被焊件的要求不同，决定手持电烙铁的手法，通常有 3 种手持方法，如图 5-3-1 所示。

1）反握法

如图 5-3-1（a）所示，这种握法在焊接时动作稳定，长时间操作不易疲劳，适用于大功率电烙铁的操作和热容量大的被焊件。

2）正握法

如图 5-3-1（b）所示，这种握法适用于中等功率电烙铁或带弯头电烙铁的操作。一般在操作台上焊印制板等焊件时，多采用正握法。

3）握笔法

如图 5-3-1（c）所示，这种握法类似于写字时手拿笔的姿势，易于掌握，但长时间操作易疲劳，烙铁头会出现抖动现象，适用于小功率的电烙铁和热容量小的被焊件。

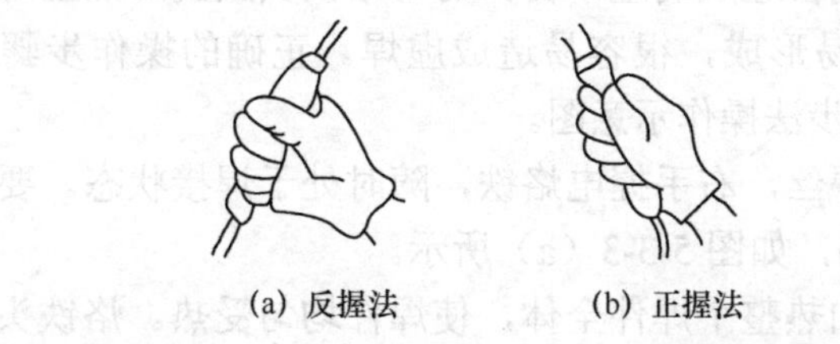

(a) 反握法　　(b) 正握法　　(c) 握笔法

图 5-3-1　电烙铁的握法

2. 焊锡丝的拿法

手工焊接中一手握电烙铁，另一手拿焊锡丝，帮助电烙铁吸取焊料。拿焊锡丝的方法一般有两种，如图 5-3-2 所示。

1）连续锡丝拿法

用拇指和食指握住焊锡丝，其余三手指配合拇指和食指把焊锡丝连续向前送进，如图 5-3-2（a）所示。它适用于成卷焊锡丝的手工焊接。

2）断续锡丝拿法

用拇指、食指和中指夹住焊锡丝。采用这种拿法时，焊锡丝不能连续向前送进，适用于小段焊锡丝的手工焊接，如图 5-3-2（b）所示。

(a) 连续锡丝拿法

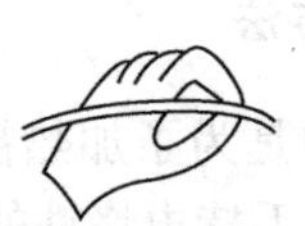
(b) 断续锡丝拿法

图 5-3-2　焊锡丝的拿法

由于在焊锡丝成分中铅占有一定的比例，因此操作时应戴手套或操作后洗手，以避免食入铅。电烙铁使用后一定要放在烙铁架上，并注意烙铁线等不要碰电烙铁。

3. 焊接操作的基本步骤

为了保证焊接的质量，掌握正确的操作步骤是很重要的。经常看到有些人采用这样一种操作方法，即先用烙铁头沾上一些焊锡，然后将烙铁头放到焊点上停留，等待焊件加热后被焊锡润湿，这不是正确的操作方法。它虽然也可以将焊件连接起来，但却不能保证质量。由焊接机理不难理解这一点，当焊锡在烙铁头上熔化时，焊锡丝中的焊剂附着在焊料的表面，由于烙铁头的温度在 250～350℃或以上，故当烙铁头放到焊点上之前，松香焊剂将不断挥发，很可能会挥发大半或完全挥发，因而在润湿过程中由于缺少焊剂会造成润湿不良。而将烙铁头放到焊点上时，由于焊件还没有加热，结合层不容易形成，很容易造成虚焊。正确的操作步骤应该是五步，如图 5-3-3 所示为焊接五步法操作示意图。

（1）准备焊接：左手拿焊丝，右手握电烙铁，随时处于焊接状态。要求烙铁头保持干净，表面镀有一层焊锡，如图 5-3-3（a）所示。

（2）加热焊件：应注意加热整个焊件全体，使焊件均匀受热。烙铁头放在两个焊件的连接处，时间为 1～2s，如图 5-3-3（b）所示。对于在印制板上焊接元器件，要注意使烙铁头同时接触焊盘和元器件的引线。

（3）送入焊丝：焊件加热到一定温度后，焊丝从电烙铁对面接触焊件，如图 5-3-3（c）所示。注意不要把焊丝送到烙铁头上。

（4）移开焊丝：当焊丝熔化一定量后，立即将焊丝向左上 45° 方向移开，如图 5-3-3（d）所示。

（5）移开电烙铁：焊锡浸润焊盘或焊件的施焊部位后，向右上 45° 方向移开电烙铁，完成焊接，如图 5-3-3（e）所示。

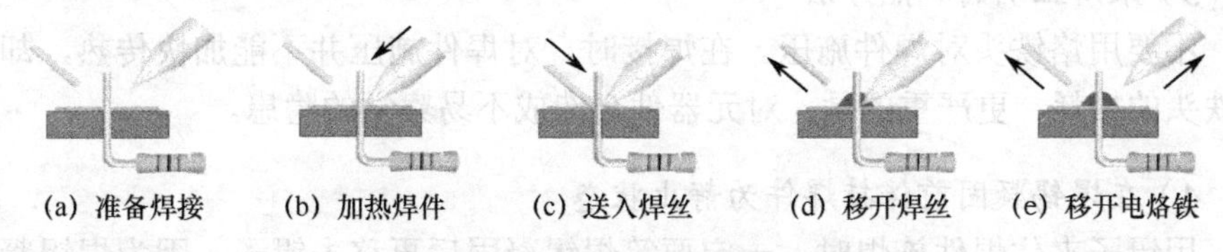

图 5-3-3 焊接五步法操作示意图

对于热容量小的焊件，如印制板与较细导线的连接，可简化为三步操作，如图 5-3-4 所示，即准备焊接、加热与送丝、去丝移电烙铁。烙铁头放在焊件上后即放入焊丝。焊锡在焊接面上扩散达到预期范围后，立即拿开焊丝并移开电烙铁，注意去丝时不得滞后于移开电烙铁的时间。上述整个过程只有 2～4s，各步时间的控制、时序的准确掌握、动作的熟练协调，都要进行大量的训练和用心体会。有人总结出了五步骤操作法，并用数数的方法控制时间，即电烙铁接触焊点后数“1、2”（约 2 s），送入焊丝后数“3、4”即移开电烙铁。焊丝熔化量靠观察决定。但由于电烙铁功率、焊点热容量的差别等因素，实际操作中掌握焊接火候绝无定章可循，必须具体条件具体对待。

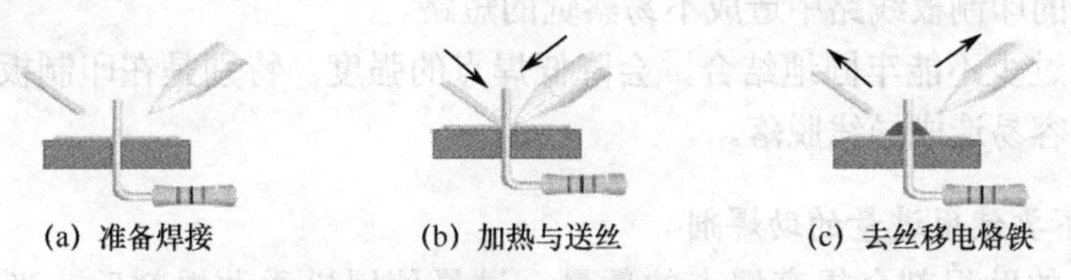

图 5-3-4 焊接三步法操作示意图

4. 焊接操作手法

具体操作手法在达到优质焊点的目标下因人而异，但长期的实践经验总结如下，可供初学者参考。

1）保持烙铁头清洁

焊接时烙铁头长期处于高温状态，又接触焊剂、焊料等，烙铁头的表面很容易氧化并粘上一层黑色的杂质，这些杂质容易形成隔热层，使烙铁头失去加热作用。因此，要随时将烙铁头上的杂质除去，使其随时保持洁净状态。

2）加热要靠焊锡桥

所谓焊锡桥，就是靠电烙铁上保持少量的焊锡作为加热时烙铁头与焊件之间传热的桥梁。在手工焊接中，焊件大小、形状是多种多样的，需要使用不同功率的电烙铁及不同形状的烙铁头。而在焊接时不可能经常更换烙铁头，为了增加传热面积需要形成热量传递的焊锡桥，因为液态金属的热导率要远远高于空气。

3）采用正确的加热方法

不要用烙铁头对焊件施压。在焊接时，对焊件施压并不能加快传热，却加速了烙铁头的损耗，更严重的是，对元器件会造成不易察觉的隐患。

4）在焊锡凝固前保持焊件为静止状态

用镊子夹住焊件施焊时，一定要等焊锡凝固后再移去镊子。因为焊锡凝固的过程就是结晶的过程，在结晶期间受到外力（焊件移动或抖动）会改变结晶条件，形成大粒结晶，造成所谓的“冷焊”，使焊点内部结构疏松，造成焊点强度降低，导电性能差。因此，在焊锡凝固前，一定要保持焊件为静止状态。

5）采用正确的方法撤离电烙铁

焊点形成后电烙铁要及时向后 45°方向撤离。电烙铁撤离时轻轻旋转一下，可使焊点保持适当的焊料，这是实际操作中总结出的经验。

6）焊锡量要合适

过量的焊锡不但造成了浪费，而且增加了焊接时间，降低了工作速度，还容易在高密度的印制板线路中造成不易察觉的短路。

焊锡过少不能牢固地结合，会降低焊点的强度。特别是在印制板上焊导线时，焊锡不足容易造成导线脱落。

7）不要使用过量的助焊剂

适量的助焊剂会提高焊点的质量。过量使用松香助焊剂后，当加热时间不足时，容易形成“夹渣”的缺陷。焊接开关、接插件时，过量的助焊剂容易流到触点处，造成接触不良。适量的助焊剂，应该是仅能浸润将要形成的焊点，不会透过印制板流到元件面或插孔里。对使用松香芯焊丝的焊接来说，正常焊接时基本上不需要再使用助焊剂，而且印制板在出厂前大多都进行过松香浸润处理。

8）不要使用烙铁头作为运载焊料的工具

有人习惯用烙铁头沾上焊锡去焊接，这样容易造成焊料氧化，助焊剂挥发。烙铁头的温度一般在 300℃左右，焊锡丝中的焊剂在高温下很容易分解失效。

5.3.2 合格焊点及质量检查

焊点的质量直接关系着产品的稳定性与可靠性等电气性能。一台电子产品，其焊点数量可能大大超过元器件数量，焊点一旦有问题，检查起来十分困难。因此，必须明确对合格焊点的要求，认真分析影响焊点质量的各种因素，以减少出现不合格焊点的机会，尽可能在焊接过程中提高焊点的质量。

1. 对焊点的要求

1）可靠的电气连接

电子产品工作的可靠性与电子元器件的焊接紧密相连。一个焊点要能稳定、可靠地通过一定的电流，没有足够的连接面积是不行的。如果焊锡仅仅是将焊料堆在焊件的表面或只有少部分形成合金层，则在最初的测试和工作中也许不能发现焊点出现问题，但随着时间的推移和条件的改变，接触层被氧化，脱焊现象出现了，电路会产生时通时断的现象或干脆不工作。而这时观察焊点的外表，发现其依然连接如初，这是电子仪器检修中最头痛的问题，也是产品制造中要十分注意的问题。

2）足够的机械强度

焊接不仅起电气连接的作用，同时也是固定元器件、保证机械连接的手段，因而就存在机械强度的问题。作为铅锡焊料的铅锡合金，其强度是比较低的。常用的铅锡焊料的抗拉强度只有普通钢材的 1/10，要想增加强度，就要有足够的连接面积。如果是虚焊点，焊料仅仅堆在焊盘上，自然就谈不上强度了。另外，焊接时焊锡未流满焊盘，或焊锡量过少，也降低了焊点的强度。焊接时焊料尚未凝固就使焊件震动、抖动而引起焊点结晶粗大，或有裂纹，都会影响焊点的机械强度。

3）光洁整齐的外观

良好的焊点要求焊料用量恰到好处，外表有金属光泽，没有桥接、拉尖等现象，导线焊接时不伤及绝缘皮。良好的外表是焊接高质量的反映。表面有金属光泽，是焊接温度合适、生成合金层的标志，而不仅仅是外表美观的要求。

2. 焊点的外观要求

焊点的外观要求如下所述。

（1）形状为近似圆锥而表面微凹呈慢坡状，虚焊点表面往往成凸形，可以鉴别出来。

（2）焊料的连接面呈半弓形凹面，焊料与焊件交界处平滑，接触角尽可能小。

（3）焊点表面有光泽且平滑。

（4）无裂纹、针孔、夹渣。

3. 焊点的质量检查

焊接结束后，为保证产品质量，要对焊点进行检查。由于焊接检查与其他生产工序不同，没有一种机械化、自动化的检查测量方法，因此主要通过目视检查、手触检查和通电检查来发现问题。

（1）目视检查是指从外观上检查焊接质量是否合格，也就是从外观上评价焊点有什么缺陷。

（2）手触检查主要是指手触摸、摇动元器件时，焊点有无松动、不牢、脱落的现象；或用镊子夹住元器件引线轻轻拉动时，有无松动现象。

（3）通电检查必须是在外观及连线检查无误后才可进行的工作，也是检验电路性能的关键步骤。通电检查可以发现许多微小的缺陷，如用目测观察不到的电路桥接、虚焊等。表 5-3-1 所示为通电检查时可能出现的故障与焊接缺陷的关系。

表 5-3-1　通电检查结果及原因分析

通电检查结果		原因分析
元器件损坏	失效	过热损坏、电烙铁漏电
	性能降低	电烙铁漏电
导通不良	短路	桥接、焊料飞溅
	断路	焊锡开裂、松香夹渣、虚焊、插座接触不良
	时通时断	导线断丝、焊盘剥落等

4. 常见焊点的缺陷与分析

造成焊接缺陷的原因有很多，但主要可从四要素中去寻找。在材料与工具一定的情况下，采用什么方式及操作者是否有责任心，就是决定性的因素了。元器件焊接的常见缺陷如图 5-3-5 所示。表 5-3-2 为常见焊接缺陷的分析。

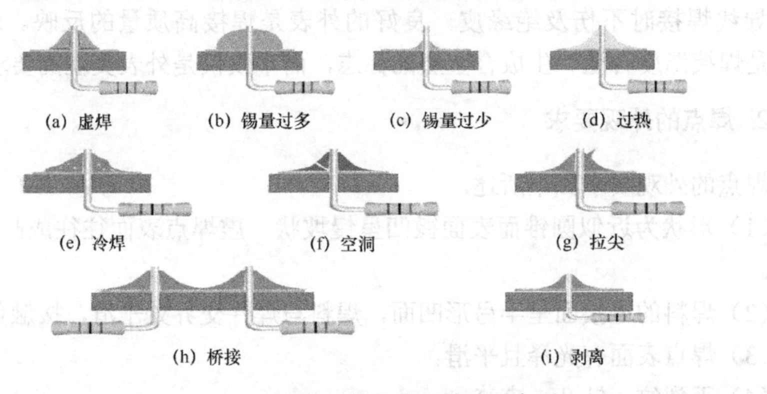

图 5-3-5　元器件焊接的常见缺陷示意图

表 5-3-2 常见焊点缺陷的分析

焊点缺陷	外观特征	危害	原因分析
虚焊 图 5-3-5 (a)	焊件与元器件引线或与铜箔之间有明显黑色界限，焊锡向界限凹陷	电气连接不可靠，不能正常工作	元器件引线未清洁好，有氧化层或油污、灰尘；助焊剂质量不好
焊量过多 图 5-3-5 (b)	焊料面呈凸形	浪费焊料，且可能包藏缺陷	焊丝撤离过迟
焊量过少 图 5-3-5 (c)	焊料未形成平滑面	机械强度不足	焊丝撤离过早或焊料流动性差而焊接时间又短
过热 图 5-3-5 (d)	焊点发白，无金属光泽，表面粗糙	焊盘容易剥落，强度降低	电烙铁功率过大，加热时间过长
冷焊 图 5-3-5 (e)	表面呈豆腐渣状颗粒，有时可能有裂纹	强度低，导电性不好	焊料未凝固前焊件抖动或电烙铁功率不够
空洞 图 5-3-5 (f)	焊锡未流满焊盘	强度不足	元器件引线未清洁好，焊料流动性不好，焊剂质量不好，加热时间不足
拉尖 图 5-3-5 (g)	出现尖端	外观不佳，容易造成桥接现象	助焊剂过少，而加热时间过长，电烙铁撤离角度不当
桥接 图 5-3-5 (h)	相邻导线连接	电气短路	焊锡过多，电烙铁撤离方向不当
剥离 图 5-3-5 (i)	铜箔从印制板上剥离	印制板被损坏	焊接时间长，温度高

5.3.3 拆焊

将已焊焊点拆除的过程称为拆焊。调试和维修中常需要更换一些元器件，在实际操作中，拆焊比焊接难度高，如果拆焊不得法，就会损坏元器件及印制板。拆焊也是焊接工艺中一个重要的工艺手段。

1. 拆焊的基本原则

拆焊前一定要弄清楚原焊点的特点，不要轻易动手，其基本原则为：

（1）不损坏待拆除的元器件、导线及周围的元器件；

（2）不可损坏印制板上的焊盘与印制导线；

（3）对已判定为损坏的元器件，可先将其引线剪断再拆除，这样可以减少其他损伤；

（4）在拆焊过程中，应尽量避免拆动其他元器件或变动其他元器件的位置，如果确实需要应做好复原工作。

2. 拆焊工具

常用的拆焊工具除以上介绍的焊接工具外还包括以下几种。

（1）吸锡电烙铁：用于吸去熔化的焊锡，使焊盘与元器件或导线分离，达到解除焊接的目的。

（2）吸锡绳：用于吸取焊点上的焊锡，使用时将焊锡熔化，使之吸附在吸锡绳上。专用的吸锡绳价格昂贵，可用网状屏蔽线代替，效果也很好。

（3）吸锡器：用于吸取熔化的焊锡，要与电烙铁配合使用。先使用电烙铁将焊点熔化，再用吸锡器吸除熔化的焊锡。

3. 拆焊的操作要点

1）严格控制加热的温度和时间

因拆焊的加热时间较长，所以要严格控制温度和加热时间，以免将元器件烫坏或使焊盘翘起、断裂。宜采用间隔加热法来进行拆焊。

2）拆焊时不要用力过猛

在高温状态下，元器件封装的强度会下降，尤其是塑封器件，过力的拉、摇、扭都会损坏元器件和焊盘。

3）吸去拆焊点上的焊料

拆焊前，用吸锡工具吸去焊料，有时可以直接将元器件拔下。即使还有少量锡连接，也可以减少拆焊的时间，减少元器件和印制板损坏的可能性。在没有吸锡工具的情况下，则可以将印制电路板或能移动的部件倒过来，用电烙铁加热拆焊点，利用重力原理，让焊锡自动流向电烙铁，也能达到部分去锡的目的。

4. 拆焊方法

1）分点拆焊法

对于卧式安装的阻容元器件，两个焊点距离较远，可采用电烙铁分点加热，逐点拔出。如果引线是弯折的，用烙铁头撬直后再进行拆除。

拆焊时，将印制板竖起，一边用电烙铁加热待拆元件的焊点，一边用镊子或尖嘴钳夹住元器件引线轻轻拉出。

2）集中拆焊法

晶体管及立式安装的阻容元器件之间的焊点距离较近，可用烙铁头同时快速交替加热几个焊点，待焊锡熔化后一次拔出。对于多焊点的元器件，如开关、插头座、集成电路等，可用专用烙铁头同时对准各个焊点，一次加热取下。

3）保留拆焊法

对需要保留元器件引线和导线端头的拆焊要求比较严格，也比较麻烦。可用吸锡工具先吸去被拆焊点外面的焊锡。一般情况下，用吸锡器吸去焊锡后能够摘下元器件。

如果遇到多脚插焊件，虽然用吸锡器清除过焊料，但仍不能顺利摘除，这时细心观察一下其中哪些脚没有脱焊，找到后，用清洁而未带焊料的电烙铁对引线脚进行熔焊，并对引线脚轻轻施力，向没有焊锡的方向推开，使引线脚与焊盘分离，多脚插焊件即可取下。

4）剪断拆焊法

被拆焊点上的元器件引线及导线如果留有余量，或确定元器件已损坏，可先将元器件或导线剪下，再将焊盘上的线头拆下。

5. 拆焊后重新焊接时应注意的问题

拆焊后一般都要重新焊上元器件或导线，操作时应注意以下几个问题。

（1）重新焊接的元器件引线和导线的剪截长度、离底板或印制板的高度、弯折形状和方向，都应尽量保持与原来的一致，使电路的分布参数不致发生大的变化，以免使电路的性能受到影响，特别是对于高频电子产品更要重视这一点。

（2）印制电路板拆焊后，如果焊盘孔被堵塞，应先用锥子或镊子尖端加热一下，从铜箔面将孔穿通，再插进元器件引线或导线进行重焊。特别是单面板，不能用元器件引线从印制板面捅穿孔，这样很容易使焊盘铜箔与基板分离，甚至使铜箔断裂。

（3）拆焊点重新焊好元器件或导线后，应将因拆焊需要而弯折、移动过的元器件恢复原状。一个熟练的维修人员拆焊过的维修点一般是不容易被看出来的。

5.4 实用焊接技艺

掌握原则和要领对于正确操作而言是必要的，但仅仅依照这些原则和要领并不能解决实际操作中的各种问题。具体工艺步骤和实际经验是不可缺少的。借鉴他人的经验，遵循成熟的工艺是初学者的必由之路。

5.4.1 焊前的准备

为了提高焊接的质量和速度，在产品焊接前准备工作应提前就绪，如熟悉装配图及原理图，检查印制电路板。除此之外，还要对待焊的电子元器件进行整形、镀锡处理。

1. 镀锡

为了提高焊接的质量和速度，避免虚焊等缺陷，应在装配前对焊接表面进行可焊性处理——镀锡，这是焊接之前的一道十分重要的工序。特别是对一些可焊性差的元器件而言，镀锡是可靠连接的保证。

镀锡同样需要满足锡焊的条件及工艺要求，才能形成结合层，将焊锡与待焊金属这两种性能、成分都不相同的材料牢固连接起来。

1）元器件镀锡

在小批量的生产中，可以使用锡锅来镀锡。注意保持锡的合适温度，锡的温度可根据液态焊锡的流动性来大致判断。温度低，则流动性差；温度高，则流动性好，但锡的温度也不能太高，否则锡的表面将很快被氧化。电炉的电源可以通过调压器供给，以便于调节锡锅的最佳温度。在使用中，要不断去除锡锅里熔融焊锡表面的氧化层和杂质。

在大规模的生产中，从元器件清洗到镀锡都由自动生产线完成。中等规模的生产也可使用搪锡机给元器件镀锡。

在业余条件下，给元器件镀锡可用沾锡的电烙铁沿着浸沾了助焊剂的引线加热，注意使引线上的镀层薄且均匀。待镀件在镀锡后，良好的镀层表面应该均匀光亮，没有颗粒及凹凸点。如果元器件的表面污物太多，要在镀锡之前采用机械的办法预先去除。

2）导线的镀锡

在一般的电子产品中，用多股导线连接还是很多的。如果导线接头处理不当，很容易引起故障。对导线镀锡要把握以下几个要点。

（1）剥绝缘层不要伤线：使用剥线钳剥去导线的绝缘皮，若刀口不合适或工具本身质量不好，容易造成多股线头中有少数几根断掉或虽未断离但有压痕的情况，这样的线头在使用中容易折断。

（2）多股导线的线头要很好地绞合：剥好的导线端头，一定要先将其绞合在一起再镀锡，否则镀锡时线头就会散乱，无法插入焊孔，一两根散乱的导线很容易造成电气故障。同时，绞合在一起的多股线也增加了强度。

（3）导线头上涂助焊剂及镀锡要与绝缘皮留出一定间隔：通常在镀锡前要将导线头浸蘸松香水，有时也将导线放在松香块上或放在松香盒里，用电烙铁给导线端头涂覆一层松香，同时也镀上焊锡。注意不要让焊锡浸入导线的绝缘皮中去，要在绝缘皮前留出1~3mm没有镀锡的间隔。

2. 元器件引线成形

在组装印制电路板时，为提高焊接质量、避免浮焊，使元器件排列整齐、美观，对元器件引线的加工成为不可缺少的一个步骤。元器件间引线成形在工厂多采用模具，而业余爱好者只能用尖嘴钳或镊子加工。元器件引线成形的各种形状如图 5-4-1 所示。

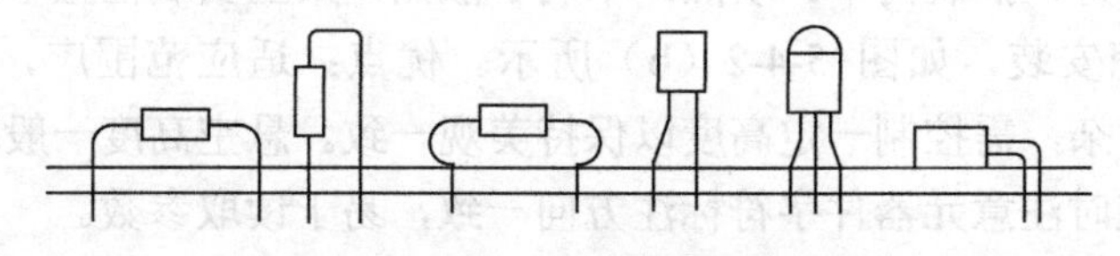

图 5-4-1 引线成形示意图

其中大部分需要在装插前弯曲成形，弯曲成形的要求取决于元器件本身的封装外形和印制板上的安装位置。元器件引线成形应注意几点：

（1）所有元器件引线均不得从根部弯曲，因为制造工艺上的原因，根部容易折断，一般应留 1.5mm 以上；

（2）弯曲一般不要成死角，圆弧半径应大于引线直径的 1～2 倍；

（3）要尽量将所有元器件的字符置于容易观察的位置。

5.4.2 元器件的安装与焊接

印制板的装焊在整个电子产品制造中处于核心地位，可以说一个整机产品的“精华”部分都装在印制板上，其质量对整机产品的影响不言而喻。尽管在现代生产中，印制板的装焊日臻完善，实现了自动化，但在产品研制、维修领域主要还是手工操作，而且手工操作经验也是自动化获得成功的基础。

1. 印制板和元器件的检查

装配前应对印制板和元器件进行检查，主要包括如下内容。

（1）印制板：图形、孔位及孔径是否符合图纸，有无断线、缺孔等，表面处理是否合格，有无污染或变质。

（2）元器件：品种、规格与外封装是否与图纸吻合，元器件引线有无氧化、锈蚀。对于要求较高的产品，还应注意操作时的条件，如手汗影响锡焊性能，腐蚀印制板；使用的工具如改锥、钳子碰上印制板会划伤铜箔；橡胶板中的硫化物会使金属变质等。

2. 元器件的插装

元器件引线经过成形后，即可插入印制板的焊孔中。插装元器件时，要根据元器件所消耗的功率大小充分考虑散热问题，工作时发热的元器件在安装时不宜紧贴在印制板上，这样不但有利于元器件的散热，同时热量也不易传到印制板上，延长了印制板的使用寿命，降低了产品的故障率。

元器件的安装及注意事项如下。

（1）贴板插装，如图 5-4-2（a）所示。小功率元器件一般采用这种安装方法。优点：稳定性好，插装简单。缺点：不利于散热，某些安装位置不适应。

（2）悬空安装，如图 5-4-2（b）所示。优点：适应范围广，有利于散热。缺点：插装较复杂，需控制一定高度以保持美观一致。悬空高度一般取 2～6mm。

（3）安装时注意元器件字符标注方向一致，易于读取参数。

（4）安装时不要用手直接碰元器件引线和印制板上的铜箔，因为汗渍会影响焊接。

（5）插装后为了固定元器件可对引线进行弯折处理。

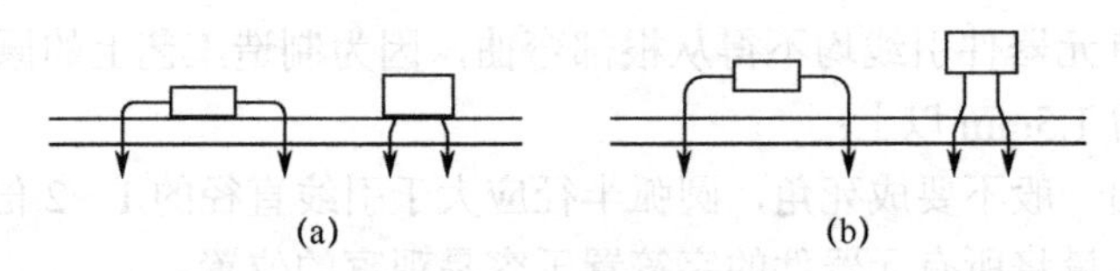

图 5-4-2　元器件插装方式

3. 印制板的焊接

焊接印制板，除遵循锡焊要领外，需注意以下几点。

（1）电烙铁：一般应选内热式 20～35W 或调温式，烙铁头形状应根据印制板上的焊盘大小确定。目前印制板上的元器件发展趋势是小型密集化，因此宜选用小型圆锥式烙铁头。

（2）加热方法：加热应尽量使烙铁头同时接触印制板上的铜箔和元器件引线。对于较大的焊盘，在焊接时可移动电烙铁，即电烙铁绕焊盘转动，以免长时间停留于一点，导致局部过热。

（3）焊接金属化孔的焊盘时，不仅要让焊料润湿焊盘，而且孔内也要润湿填充。因此，金属化孔的加热时间应长于单面板。

（4）焊接时不要用烙铁头摩擦焊盘的方法增强焊的料润湿性能，要靠元器件的表面处理和预焊。

（5）耐热性差的元器件应使用工具辅助散热。

4. 焊后处理

（1）剪去多余的引线，注意不要对焊点施加剪切力以外的其他力。

（2）检查印制板上所有元器件引线的焊点，修补焊点的缺陷。

5. 导线的焊接

电子产品中常用的导线有 4 种，即单股导线、多股导线、排线和屏蔽线。单股导线的绝缘皮内只有一根导线，也称“硬线”，多用于不经常移动的元器件的连接（如配电柜中接触器、继电器的连接用线）；多股导线的绝缘皮内有多根导线，由于弯折自如，移动性好又称为“软线”，多用于可移动的元器件及印制板的连接；排线属于多股线，是将几根多股线做成一排（故称为排线），多用于数据传送；屏蔽线是在绝缘的“芯线”之外有一层网状的导线，因具有屏蔽信号的作用，被称为屏蔽线，多用于信号传送。

1）导线与接线端子的焊接

（1）绕焊：把经过镀锡的导线端头在接线端子上缠几圈，用钳子拉紧缠牢后进行焊接。注意导线一定要紧贴端子表面，绝缘层不要接触端子，一般 L=1～3mm 为宜，这种连接可靠性最好（L 为导线绝缘皮与焊面之间的距离）。

（2）钩焊：将导线端子弯成钩形，钩在接线端子上并用钳子夹紧后施焊，端头处理与绕焊相同。这种方法的强度低于绕焊，但操作简便。

（3）搭焊：把经过镀锡的导线搭到接线端子上施焊。这种连接最方便，但强度、可靠性最差，仅用于临时连接或不便于缠、钩的地方及某些接插件上。

2）导线与导线的焊接

导线之间的焊接以绕焊为主，操作步骤如下：

（1）去掉一定长度的绝缘皮；

（2）端头上锡，并穿上合适套管；

（3）绞合，施焊；

（4）趁热套上套管，冷却后套管固定在接头处。

对于调试或维修中的临时线，也可采用搭焊的办法，只是这种接头的强度和可靠性都较差，不能用于生产中的导线焊接。

5.4.3 集成电路的焊接

MOS 电路特别是绝缘栅型电路，由于输入阻抗很高，稍有不慎就可使内部击穿而失效。双极型集成电路不像 MOS 集成电路那样，但由于其内部集成度高，通常管子的隔离层都很薄，一旦受到过量的热也很容易损坏。无论哪种电路，都不能承受高于 200℃的温度，因此，焊接时必须非常小心。

集成电路的安装焊接有两种方式：一种是将集成块直接与印制板焊接；另一种是通过专用插座（IC 插座）在印制板上焊接，然后将集成块插入。

焊接集成电路时，应注意下列事项。

（1）集成电路引脚如果是镀金镀银处理的，不要用刀刮，只需要用酒精擦洗或绘图橡皮擦干净就可以了。

（2）对于 CMOS 电路，如果事先已将各引线短路，焊前不要拿掉短路线。

（3）焊接时间在保证浸润的前提下应尽可能短，每个焊点最好用 3s 焊好，最多不能超过 4s，连续焊接时间不要超过 10s。

（4）使用的电烙铁最好是 20W 内热式，接地线应保证接触良好。若采用外热式，最好采用电烙铁断电用余热焊接，必要时还要采取人体接地的措施。

（5）使用低熔点助焊剂，熔点一般不要高于 150℃。

（6）工作台上如果铺有橡皮、塑料等易于积累静电的材料，集成电路芯片及印制板等不宜放在台面上。

（7）集成电路若不使用插座，可直接焊在印制板上，安全焊接顺序为：地端→输出端→电源端→输入端。

（8）焊接集成电路插座时，必须按集成块的引线排列图焊好每一个点。

5.5 电子工业生产中的焊接技术简介

在电子工业生产中，随着电子产品的小型化、微型化的发展，为了提高生产效率、降低生产成本、保证产品质量，可采用自动焊机对印制电路板进行自动流水焊接。

5.5.1 浸焊

浸焊是将装好元器件的印制电路板在熔化的锡锅内浸锡，一次完成印制电路板上众多焊点的焊接方法。

浸焊要求先将印制电路板安装在具有振动头的专用设备上，然后再进入焊料中。此法在焊接双面印制电路板时，能使焊料浸润到焊点的金属化孔中，使焊接更加牢固，并可振动掉多余的焊料，焊接效果较好。需要注意的是，使用锡锅浸焊，要及时清理锡锅中熔融焊料表面形成的氧化膜、杂质和焊渣。此外，焊料与印制电路板之间大面积接触，时间长，温度高，容易损坏元器件，还容易使印制电路板变形。通常，机器浸焊采用得较少。

对于小体积的印制电路板，如果要求不高，采用手工浸焊较为方便。手工浸焊是指手持印制电路板来完成焊接，其步骤如下。

（1）焊前应将锡锅加热，以熔化的焊锡达到 230～250℃为宜。为了去掉锡层表面的氧化层，要随时加一些助焊剂，通常使用松香粉。

（2）在印制电路板上涂上一层助焊剂，一般是在松香酒精溶液中浸一下。

（3）使用简单的夹具将待焊接的印制电路板夹着浸入锡锅中，使焊锡表面与印制电路板接触。

（4）拿开印制电路板，冷却后检查焊接质量。如果有较多焊点没有焊好，要重复浸焊。对于只有个别点未焊好的，可用电烙铁手工补焊。

在将印制电路板放入锡锅时，一定要保持平稳，印制电路板与焊锡的接触要适当。这是手工浸焊成败的关键。因此，手工浸焊时要求操作者必须具有一定的操作技能。

5.5.2 波峰焊

波峰焊是在电子焊接中使用较广泛的一种焊接方法，其原理是让电路板焊接面与熔化的焊料波峰接触，形成连接焊点。这种方法适宜一面装有元器件的印制电路板，并可大批量焊接。凡与焊接质量有关的重要因素，如焊料与助焊剂的化学成分、焊接温度、速度、时间等，在波峰焊时均能得到比较完善的控制。

将已完成插件工序的印制电路板放在匀速运动的导轨上，导轨下面装有机械泵和喷口的熔锡缸。机械泵根据焊接要求，连续不断地泵出平稳的液态锡波，焊锡以波峰形式溢出至焊接板面进行焊接。为了获得良好的焊接质量，焊接前应做好充分的准备工作，如预镀焊锡、涂覆助焊剂、预热等；焊接后的冷却、清洗这些操作也都要做好。整个焊接过程都是通过传送装置连续进行的。

波峰焊机的焊料在锡锅内始终处于流动状态，使得工作区域内的焊料表面无氧化层。由于印制电路板和波峰之间处于相对运动状态，所以助焊剂容易挥发，焊点内不会出现气泡。波峰焊机适合于大批量的生产需要。但由于多种原因，波峰焊机容易造成焊点短路现象，补焊的工作量较大。

波峰焊的工艺流程如图 5-5-1 所示。图 5-5-2 所示为波峰焊设备。

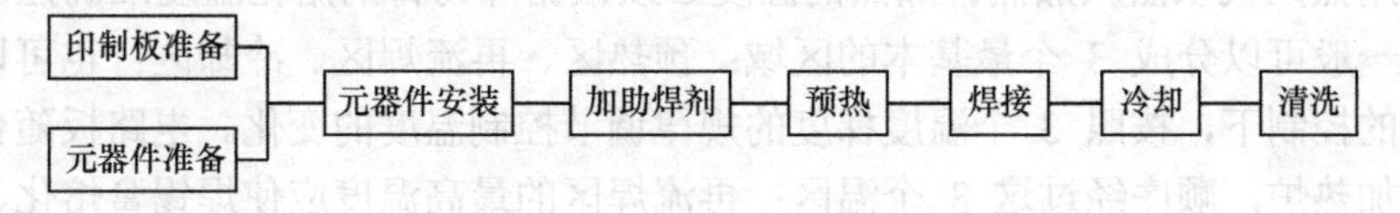

图 5-5-1 波峰焊的工艺流程

图 5-5-2　波峰焊的设备

5.5.3　再流焊

再流焊也叫作回流焊，是表面安装技术（SMT）时代的焊接方法。这种焊接技术的焊料是焊锡膏。先将焊料加工成一定粒度的粉末，再加上适当液态黏合剂和助焊剂，使之成为有一定流动性的糊状焊锡膏，然后用它将元器件粘在印制电路板上，通过加热使焊锡膏中的焊料熔化而再次流动，达到将元器件焊接到印制板上的目的。

采用再流焊技术将片状元器件焊到印制电路板上的工艺流程如图 5-5-3 所示。

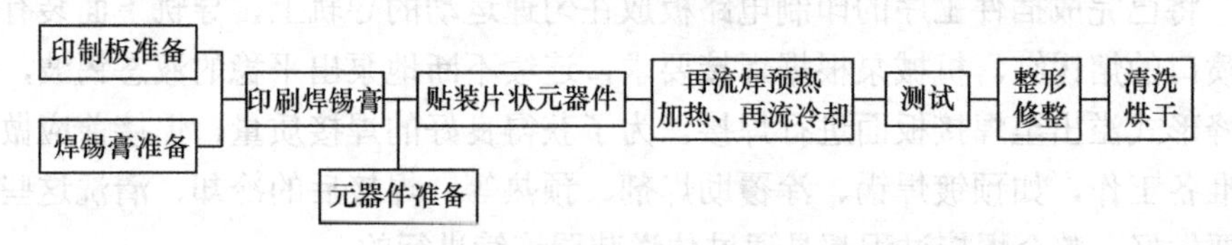

图 5-5-3　再流焊工艺流程

在再流焊的工艺流程中，首先要将由铅锡焊料、黏合剂、抗氧化剂组成的糊状焊锡膏涂到印制电路板上（可以使用手工、半自动或自动丝网印刷机将焊膏印到印制电路板上）。然后把元器件贴装到印制电路板的焊盘上，同样也可以使用手工或自动机械装置。将焊锡膏加热到再次流动，可以在加热炉中进行，少量的电路板也可以用热风机吹热风加热。加热的温度必须根据焊锡膏的熔化温度准确控制。加热炉内一般可以分成 3 个最基本的区域：预热区、再流焊区、冷却区；也可以在温度系统的控制下，按照 3 个温度梯度的规律调节控制温度的变化。电路板随传送系统进入加热炉，顺序经过这 3 个温区；再流焊区的最高温度应使焊锡膏熔化、浸润，黏合剂和抗氧化剂汽化成烟排出。加热炉使用红外线的，也叫作红外线再流焊炉，其加热的均匀性和温度容易控制，因而使用较多。

再流焊接完毕经测试合格以后，还要对电路板进行整形、清洗、烘干并涂覆防潮剂。再流焊操作方法简单、焊接效率高、质量好、一致性好，而且仅在元器件的引片下有很薄的一层焊料，是一种适合自动化生产的微电子产品装配技术。

5.6 实训：焊接训练

5.6.1 实训目的

（1） 能正确使用电烙铁，掌握焊接要领和技巧。

（2）掌握焊接材料的种类和用处，正确处理焊点，正确判断焊接的质量。

5.6.2 实训内容

1. 图形焊接练习

用直径为 1mm 的铜丝焊接各种图形，掌握五步法（三步法）焊接技巧，练习左右手配合技巧，焊接图形如图 5-6-1 所示。

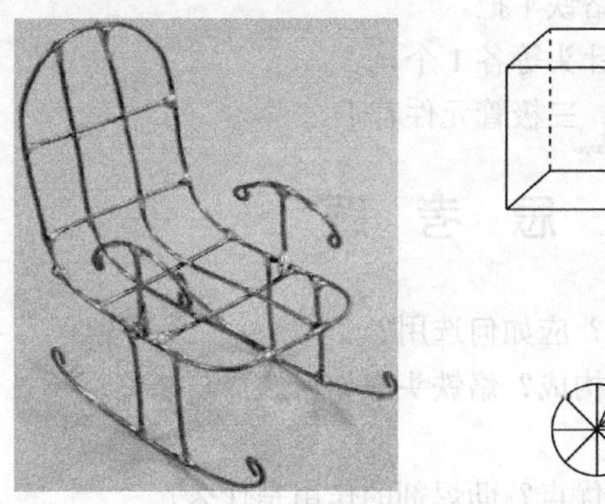

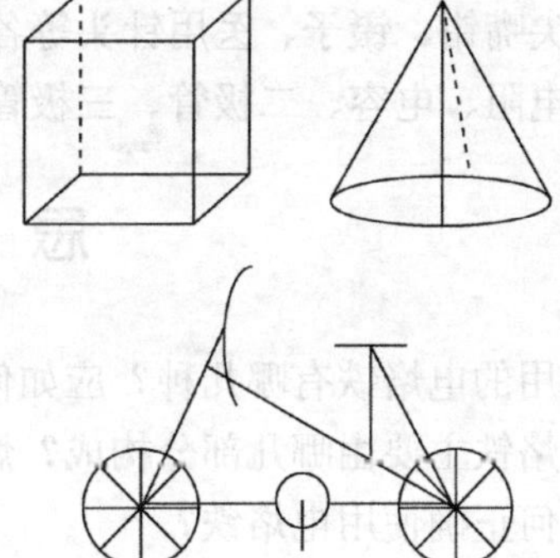

图 5-6-1 焊接图形

另外，用导线完成网焊、搭焊、钩焊、绕焊和插焊练习，并检查焊接质量好坏。

2. 元件焊接练习

在电路板上，完成正直立安装、倒装、卧装和横装电子元件的安装和焊接，掌握五步焊接法（三步焊接法），巩固手工焊接法。

（1）清理元件引脚，去掉氧化层。

（2）给引脚烫上焊锡。

（3）将元件引脚弯成所需形状。

（4）将元件插接到线路板上，焊接元件。

3. 拆焊练习

（1）准备好待拆焊的线路板。

（2）用吸锡电烙铁拆焊元件。

（3）用金属线拆焊元件。

把金属线一端浸焊剂，然后把金属丝放在待拆的焊点上，用电烙铁加热金属丝，并用电烙铁轻压金属丝，利用金属丝的热量融化焊点上的材料，焊料流向炽热的电烙铁，移开金属丝，重复上述动作，直到焊料被去除。

（4）用合适空心针头拆焊元件。

5.6.3 实训器材

（1） 废旧印制电路板 1 块。

（2）松香、焊剂、焊锡若干。

（3）单股导线、多股金属线若干。

（4）电烙铁 1 把，吸锡电烙铁 1 把。

（5）尖嘴钳、镊子、医用针头等各 1 个。

（6）电阻、电容、二极管、三极管元件若干。

思　考　题

1. 常用的电烙铁有哪几种？应如何选用？
2. 电烙铁主要由哪几部分构成？烙铁头应如何选择与修整？
3. 如何正确使用电烙铁？
4. 什么是锡铅合金？有何优点？助焊剂的作用是什么？
5. 手工焊接手持电烙铁的方法有哪几种？焊锡丝又有怎样的拿法？
6. 简述手工焊接的五步法。
7. 对手工焊接的焊点有哪些要求？
8. 常见的焊点缺陷有哪些？请分析其原因。
9. 拆焊的基本原则是什么？拆焊方法主要有哪几种，请简述。
10. 元器件引线成形的目的是什么？元器件引线成形应注意哪几点？

第 6 章

电子产品调试工艺

由于电子元器件参数的分散性和装配工艺的局限性，使得安装完毕的电子产品不能达到设计要求的性能指标，需要通过测试和调整来纠正，使其达到预期的功能和技术指标，这就是电子产品的调试。

6.1 调试工艺过程

电子产品调试包括三个阶段：研制阶段调试、调试工艺方案设计、生产阶段调试。

1. 研制阶段调试

在研制阶段，电子元器件选型不固定、电路设计不成熟，这些会给调试工作带来一定的困难，因此在调试过程中经常要用可调换的元件来代替以调整电路参数，并且要确定调试的具体内容、步骤、方法、测试点、测试环境和使用仪器等。

2. 调试工艺方案设计

调试工艺方案一般包括以下五部分内容：

（1）确定调试项目及每个项目的调试步骤、方法；

（2）合理安排调试工艺流程；

（3）合理安排好调试工序之间的衔接；

（4）调试环境和调试设备的选择；

（5）调试工艺文件的编制。

3. 生产阶段调试

在生产阶段，产品设计已经定型，这个阶段的调试质量和效率取决于操作人员对调试工艺的掌握程度和调试工艺过程制定是否合理。

1）调试人员的技能要求

（1）掌握被调试产品整机电路的工作原理，了解其性能指标和测试条件。

（2）熟悉各种仪表的性能指标及其使用环境要求，并能熟练地操作使用。

（3）懂得电路多个项目的正确测量和调试方法，并能进行数据处理和记录。

（4）懂得总结调试过程中常见的故障，并能设法排除。

（5）严格遵守安全操作规程。

2）生产调试工艺的大致过程

电子产品调试工艺过程如图 6-1-1 所示。

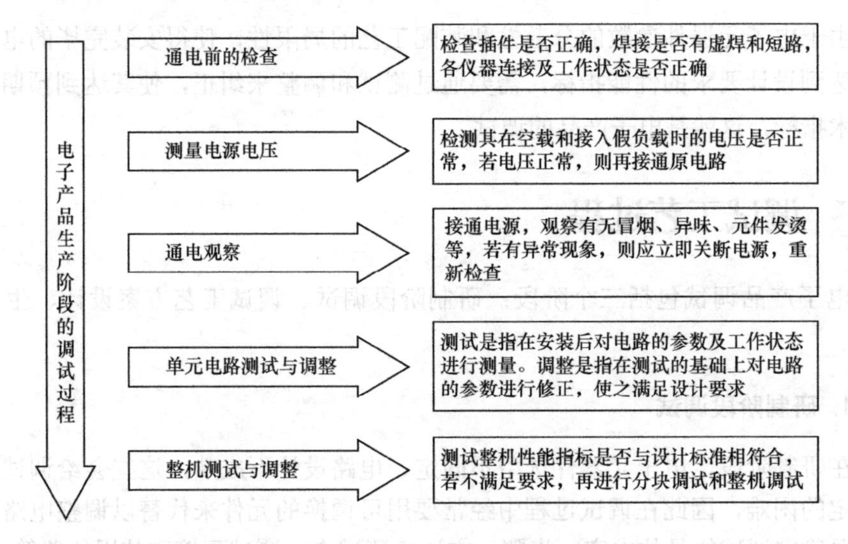

图 6-1-1　电子产品调试工艺过程

在第 4 步“单元电路调试与调整”中，比较理想的调试程序是按信号的流向进行调试，这样可以把前面调试过的输出信号作为后一级的输入信号，为最后联机调试创造条件。

在第 5 步“整机调试与调整”中，比较理想的调试程序是先调试各功能板后再组装一起调试。

6.2 测试与调整内容

调试包括测试和调整两个方面。测试是指在安装后对电路的参数及工作状态进行测量，调整是指在测试的基础上对电路的参数进行修正，使之满足设计要求。为了使调试顺利进行，设计的电路图上应标出各点的电位值、相应的波形图及其他数据。

6.2.1 静态测试与调整

静态调试一般指在没有外加信号的条件下测试电路各点的电位，将测出的数据与设计的数据进行比较，若与设计数据不符应分析原因，并进行适当调整。

1. 供电电源静态电压的测试

电源电压是各级电路静态工作点是否正常的前提，若电源电压不准确，静态工作点电压也就不正确。电源电压若起伏较大，最好先不要接入电路，待电源、电压输出正常后再接入电路，测量其空载和接入负载时的电压。

2. 单元电路总电流的测试

通过测量各单元电路的静态工作电流，就可以知道单元电路的工作状态。若电流偏大，则说明电路中有短路或漏电；若电流偏小，则电路供电有可能出现开路，或电路有可能没有工作。

3. 三极管静态电压、电流的测试

首先，测量三极管的三极对地电压，即 U_b、U_c、U_e，以此来判断三极管的工作状态（放大、饱和、截止）。例如，测出 U_c=0.3V、U_b=0.7V、U_e=0V，则说明三极管处于饱和导通状态，看该状态是否与设计相同，若不相同，则要对基极偏置进行适当的调整。

其次，测量三极管集电极的静态电流，测量方法有以下两种。

（1）直接测量法：把集电极焊接点断开，然后串入万用表，用电流挡测量其电流。

（2）间接测量法：测量三极管集电极电阻或发射极电阻的电压，然后根据欧姆定律 $I=U/R$，计算出集电极的静态电流。

4. 集成电路静态工作点的测试

（1）集成电路静态工作电压的测量。在排除外围元件损坏（或插错元件、短路）的情况下，集成电路各引脚的对地电压基本上反映了其内部工作状态是否正常。集成电路内的元器件都封装在一起，无法进行调整，只要将所测得电压与正常电压进行比较，即可做出正确判断。

（2）集成电路静态工作电流的测量。有时集成电路虽然正常工作，但发热严重，说明其功耗偏大，这是静态工作电流不正常的表现，因此要测量其静态工作电流。测量时可断开集成电路供电引脚，串入万用表，使用万用表的电流挡来测量。若是双电源供电（即正负电源），则必须分别测量。

5. 数字电路逻辑电平的测量

一般情况下，数字电路只有高低两种电平，如 TTL 与非门电路，0.8V 以下为低电平，1.8V 以上为高电平。电压在 0.8～1.8V 范围内时电路状态是不稳定的，因此该电压范围是不允许的。数字电路不同，高低电平界限也有所不同，但相差不多。

在测量数字电路的静态逻辑电平时，先在输入端加入高电平或低电平，然后再测量各输出端的电压是高电平还是低电平，并做好记录。测量完毕后判断是否符合该数字电路的逻辑关系。若不符合，则要对电路各引脚进行一次详细检查，或者更换该集成电路。

6.2.2 动态测试与调整

动态测试与调整一般指加入信号后，测量晶体管或集成电路等的动态工作电压、波形形状及幅值和频率、放大倍数、动态输出功率、动态范围等。

1. 动态工作电压的测试

该测试内容包括三极管 b、c、e 极和集成电路各引脚对地的动态工作电压。动态电压与静态电压都是判断电路是否正常工作的重要依据。例如，有些振荡电路，当电路起振时测量 U_{be} 直流电压，万用表指针会出现反偏现象，利用这一点可以判断振荡电路是否起振。

2. 电路波形及其幅度和频率的测试

波形的测试与调整在调试和排除故障的过程中是一个相当重要的环节。几乎每个整机电路中都有波形产生或波形处理变换的电路。为了判断电路过程是否正常，是否符合技术要求，常需要用示波器观测各被测电路的输入、输出电压或电流波形，并加以分析。对于不符合技术要求的，要通过调整电路元器件的参数，使之达到预定的技术要求。如果测量点没有波形或波形失真，应重点检查电源、静态工作点、测试电路的连线等。

3. 频率特性的测试

频率特性是指一个电路对于不同频率、相同幅度的输入信号（通常是电压）在输出端产生的响应。它是电子电路中的一项重要技术指标。测试电路频率特性的方法一般有两种，即信号源与电压表测量法和扫频仪测量法。

（1）用信号源与电压表测量。这种方法是指在电路输入端加入一些不同频率的等幅正弦波信号，并且每加入一个频率的正弦波信号就测量一次输出电压，然后根据频率—电压的关系得到幅频特性曲线。功率放大器常用这种方法测量其频率特性。

（2）用扫频仪测量。把扫频仪的输入端和输出端分别与被测电路的输出端和输入端连接，在扫频仪的显示屏上显示出电路的输出电压幅值对各输入信号频率点的响应曲线。采用扫频仪测试频率特性，具有测试简便、迅速、直观、易于调整等特点，因此它常用于各种中频特性调试、带通调试等。例如，收音机的调幅 465kHz 和调频 10.7MHz 常用扫频仪（或中频特性测试仪）来调试。

6.2.3 电路调整方法

在测试的过程中，可能需要对某些元件的参数进行调整。调整方法一般有以下两种。

1. 选择法

通过替换元件来选择合适的电路参数（性能或技术指标）。在电路原理图中，元件的参数旁边通常标注有“*”号，表示需要在调整中才能准确地选定。

2. 调节可调元件法

电路中已经装有调整元件，如电位器、微调电容或微调电感等。该方法的优点是调节方便，电路工作一段时间后，如果状态发生变化，可以随时调整电路中的可调元件，但可调元件的可靠性差，体积也比固定元件大。

上述两种方法均适用于静态调整和动态调整。静态测试与调整的内容较多，适用于产品研制阶段或适合初学者试制电路使用，在生产阶段的调试，为了提高生产效率，往往只做针对性的调试，主要以调节可调元件为主。对于不合格电路，也只检查有没有短路或断线等；若不能发现故障，则应立即标明故障现象，再转向维修部门进行维修，这样才不会耽误调试生产线的运行。

6.3 整机测试与调整

整机调试是把所有经过静态和动态调试的各部件组装在一起进行的有关测试，它的主要目的是使电子产品完全达到原设计的技术指标和要求。整机调试的基本原则是先调机械部分后调电气部分。对于机械部分，应先小后大，先内后外；对于电气部分，应先静态后动态，先单元后整体，先调基本指标后调整体指标。对于存在有相互影响的技术指标要放在最后调试，调试过程是循序渐进的过程。

6.3.1 整机电路的测试与调整内容

1. 整机电路中电阻值的测试

整机电路各点电阻值的测试，是设备通电前测试的一项很重要的内容。通过对电路中各点电阻值的测量，可以发现电路中是否有短路、开路和元器件损坏等故障。例如，对电路中集成块各个引脚电阻值的在线测量，对电路中各个接线端子电阻的在线测量和对电路中重要信号点的测量等。在线电阻值的测量一般都是该点对电路地的测量。

2. 静态测试与调整

静态工作点是电路正常工作的前提。因此，单元电路通电后，先应测量、调整静态工作点。静态测试就是在无输入信号的工作状态，调整某些元器件使其直流工作电压和电流符合设计要求。例如，测量直流供电电源的电压值、总的静态电流、各级静态工作电压和静态电流等。又如，测量晶体管三个电极的对地电压 U_c、U_b、U_e 以确定其工作状态；测量集成器件各引脚电压，如 U_{CC}、U_{EE}、U_{DD}、U_{SS} 等直流电压值，以初步确定集成器件的工作是否正常。

3. 动态测试

当整机电路的静态参数正常时，即可进行整机动态测试。动态测试主要是对信号通道的测量，如果发现有问题一般是由于电路级间耦合不良及信号传输不好或振荡电路停振等原因引起的。此时对信号通道，可根据测量结果逐级检查，分析信号参数的变化，再根据实际情况进行处理，并调试正常。

4. 简单电路调试

对于小型的整机，如稳压电源、收音机等比较简单的产品，其调试程序比较简单：焊接和安装完成之后，一般可直接进行整机调试。

5. 单元电路板调试

比较复杂的整机一般由若干单元电路板和机械部分组成。一般的调试程序是先对单元电路板、组装部件、机械结构等进行调试，达到技术指标要求后，再进行总调。单元电路调试是对具有一定功能的单块印制电路板或局部电路进行的初步调试，使其达到与其相适应的技术指标。具有电源电路的电路板，原则上先进行电源部分的调试，然后进行其余部分的调试。

6. 整机调试

整机调试是指单块或多块印制电路板与有关元器件组装成整机后的测试和调整，

通常是通过监测电路中的关键测试点，调节可调元件以达到整机技术指标的要求。

6.3.2 整机调试方法

第一种是边安装边调试的方法，也就是把复杂电路按原理框图上的功能分块进行安装和调试，在分块调试的基础上逐步扩大安装和调试的范围，最后完成整机调试。对于新设计的电路，一般采用这种方法，以便及时发现问题并加以解决。

另一种方法是整个电路安装完毕，实行一次性调试。这种方法一般适用于定型产品和需要相互配合才能运行的产品。如果电路中包括模拟电路、数字电路和微机系统，一般不允许直接连用。不仅它们的输入电压和波形各异，而且对输入信号的要求也各不相同。如果将它们盲目连接在一起，可能会使电路出现不应有的故障，甚至造成元器件大量损坏。因此，一般情况下要求把这三部分分开，按设计指标对各部分分别加以调试，再经过信号及电平转换电路后实现整机联调。

6.3.3 调试步骤

1. 通电观察

把经过准确测量的电源电压加入电路（先关断电源开关，待接通连线之后再打开电源开关）。电源通电之后不要急于测量数据和观察结果，首先要观察有无异常现象，包括有无冒烟，是否闻到异常气味，手摸元器件是否发烫，电源是否有短路现象等。如果出现异常，应该立即关断电源，待排除故障后方可重新通电。然后再测量各元器件引脚的电源电压，而不只是测量各路的总电源电压，以保证元器件正常工作。

2. 分块调试

分块调试是指把电路按功能分成不同的部分，把每部分看作一个模块进行调试。在分块调试的过程中逐渐扩大调试范围，最后实现整机调试。比较理想的调试顺序是按照信号的流向进行调试，这样可以把前面调试过的输出信号作为后一级的输入信号，为最后的联调创造条件。分块调试包括静态调试和动态调试。静态调试一般是指在没有外加信号的条件下测试电路各点的电位，如模拟电路的静态工作点，数字电路的各输入端和输出端的高、低电平值及逻辑关系等。通过静态调试可以及时发现已经损坏和处于临界状态的元器件。动态调试既可以利用前级的输出信号作为本功能块的输入信号，也可以利用自身的信号检查功能块的各种指标是否满足设计要求，包括信号幅值、波形形状、相位关系、频率、放大倍数等。对于信号产生电路，一般只看动态指标。把静态和动态调试的结果与设计的指标加以比较，经深入分析后对电路的参数提出合理的修正。

3. 整机联调

在分块调试过程中，因逐步扩大调试范围，实际上已经完成了某些局部联调工作。接下来做好各功能块之间接口电路的调试工作，再把全部电路连通，就可以实现整机联调了。整机联调只需观察动态结果，就是把各种测量仪器及系统本身显示部分提供的信息与设计指标逐一对比，找出问题，然后进一步修改电路的参数，直到完全符合设计要求为止。调试过程中不能凭感觉和印象，要始终借助仪器观察。使用示波器时，最好把示波器的信号输入方式置于“DC”挡，它是直流耦合方式，可同时观察被测信号的交、直流成分。被测信号的频率应处在示波器能够稳定显示的范围内，如果频率太低，观察不到稳定波形，应该改变电路参数后再测量。

4. 系统精度及可靠性测试

系统精度是设计电路时很重要的一个指标。如果是测量电路，被测元器件本身应该由精度高于测量电路的仪器进行测试，然后才能作为标准元器件接入电路校准精度。例如，电容量测量电路，校准精度时所用的电容不能用标称值计算，而要经过高精度的电容表测量其准确值后，才可作为校准电容。对于正式产品，应该从以下几方面进行可靠性测试：

（1）抗干扰能力；

（2）电网电压及环境温度变化对装置的影响；

（3）长期运行实验的稳定性；

（4）抗机械振动的能力。

5. 注意事项

（1）调试之前要先熟悉各种仪器的使用方法，并仔细加以检查，避免由于仪器使用不当或出现故障而做出错误判断。

（2）测量用的仪器的地线和被测电路的地线连在一起，只有在仪器和电路之间建立一个公共参考点后，测量的结果才是正确的。

在调试过程中，当发现器件或接线有问题需要更换或修改时，应该先关断电源，更换完毕经认真检查后才可重新通电。

（3）在调试过程中，不但要认真观察和测量，还要善于记录，包括记录观察的现象、测量的数据、波形及相位关系，必要时在记录中要附加说明，尤其是那些和设计不符的现象更是记录的重点。依据记录的数据才能把实际观察到的现象和理论预计的结果加以定量比较，从中发现电路设计和安装上的问题，加以改进，以进一步完善设计方案。

安装和调试自始至终要有严谨的科学作风，不能存在侥幸心理。当出现故障时要求认真查找故障原因，仔细做出判断，切不可一遇故障解决不了就拆掉线路重新安装。重新安装的线路仍然可能存在各种问题，而且原理上的问题不是重新安装就能解决的。

6.4 测试与检测仪器

6.4.1 检查电路接线

电路安装完毕，不要急于通电，先要认真检查电路接线是否正确，包括错线、少线和多线。在调试过程中，人们常常会产生一种错觉，以为问题是元器件故障造成的。为了避免做出错误诊断，通常采用两种查线方法：一种是按照设计的电路图检查安装的线路，即把电路图上的连线按一定顺序在安装好的线路中逐一对应检查，这种方法比较容易找出错线和少线；另一种是按照实际线路来对照电路原理图，把每个元器件引脚连线的去向一次查清，检查每个去处在电路图上是否都存在，这种方法不但可以查出错线和少线，还很容易查到是否多线。不论采用什么方法查线，一定要在电路图上给查过的线做出标记，并且还要检查每个元器件引脚的使用端数是否与图纸相符。查线时，最好使用指针式万用表的“Ω×1”挡，或用数字式万用表的蜂鸣器来测量，而且要尽可能直接测量元器件的引脚，这样可以同时发现接触不良的地方。

通过直观检查也可以发现电源、地线、信号线、元器件引脚之间有无短路；连接处有无接触不良；二极管、三极管、电解电容等引脚有无错接等明显错误。

6.4.2 调试所用仪器

1. 数字式万用表或指针式万用表

万用表可以很方便地测量交、直流电压，交、直流电流，电阻及晶体管的 β 值等。特别是数字式万用表具有精度高、输入阻抗高、对负载影响小等优点。

2. 示波器

用示波器可以测量直流电位，正弦波、三角波和脉冲等波形信号的参数。用双踪示波器还可以同时观察两个波形信号的相位关系，这在数字系统中是比较重要的。因为示波器的灵敏度高、交流阻抗高，故其对负载的影响小。调试中所用的示波器频率一定要大于被测信号的频率，但对于高阻抗电路，示波器的负载效应也不可忽视。

3. 信号发生器

因为经常要在加信号的情况下进行测试，所以在调试和诊断故障时最好备有信号发生器。它是一种多功能的宽频带函数发生器，可产生正弦波信号、三角波信号、方波信号及对称性可调的三角波信号和方波信号。必要时，自己可用元器件制作简单的信号发生器，如单脉冲发生器、正弦波或方波等信号发生器。

以上三种仪器是调试和故障诊断时必不可少的，三种仪器配合使用，可以提高调试及故障诊断的速度。根据被测电路的需要还可以选择其他仪器，如逻辑分析仪、频率计等。

6.5 电路故障分析与排除方法

在电子技术实践与训练中，出现故障是经常的事。查找和排除故障，对全面提高电子技术实践能力十分有益。但是，初学者往往在遇到故障后束手无策，因此了解和掌握检查及排除故障的基本方法是十分必要的。

下面介绍在实验室条件下，对电子电路中的故障进行检查和诊断的基本方法。

6.5.1 常见检查方法

1. 直观检查法

通过视觉、听觉、触觉来查找故障部位是一种简便有效的方法。

1）静态观察法

检查接线，在面包板上接插电路时，接错线引起的故障占很大比例，有时还会损坏器件。当发现电路有故障时，应对照安装接线图检查电路的接线有无漏线、断线和错线，特别要注意检查电源线和地线的接线是否正确。为了避免和减少接线错误，应在实验前画出正确的安装接线图。

2）动态观察法

听通电后是否有打火声等异常声响；闻有无焦糊异味出现；摸晶体管壳是否冰凉或烫手，集成电路是否温升过高。听到、摸到、闻到异常时应立即断电。电解电容器极性接反时可能造成爆裂；漏电大时，介质损耗将增大，也会使温度上升，甚至使电容器胀裂。

2. 测量法

1）电阻法

用万用表测量电路电阻和元件电阻来发现和寻找故障部位，注意应在断电条件下进行。

（1）通断法：用于检查电路中的连线是否断路，元器件引脚是否虚连。要注意检查是否有不允许悬空的输入端未接入电路，尤其是 CMOS 电路的任何输入端都不能悬空。一般采用万用表的 R×1 或 R×10 挡进行测量。

（2）测电阻值法：用于检查电路电阻元件的阻值是否正确；检查电容器是否断线、击穿和漏电；检查半导体器件是否击穿、开断及各 PN 结的正反向电阻是否正常等。检查二极管和三极管时，一般用万用表的 R×100 或 R×1k 挡进行测量。检查大容量电容器（如电解电容器）时，应先用导线将电解电容器的两端短路，泄放电容器中的存储电荷后，再检查电容器有没有被击穿或漏电是否严重，否则可能会损坏万用表。测量电阻值时，如果是在线测试，还应考虑到被测元器件与电路中其他元器件的等效并联关系，当需要准确测量时，元器件的一端必须与电路断开。

2）电压法

用电压表的直流挡检查电源、各静态工作点电压、集成电路引脚的对地电位是否正确。也可用交流电压挡检查有关交流电压值。测量电压时，应注意电压表内阻及电容对被测电路的影响。

3）示波法

通常在电路输入信号的前提下进行检查，这是一种动态测试法。用示波器观察电路有关各点的信号波形，以及信号各级的耦合、传输是否正常，由此来判断故障所在部位，这是在电路静态工作点处于正常的条件下进行的检查。

4）电流法

用万用表测量晶体管和集成电路的工作电流、各部分电路的分支电流及电路的总负载电流，以判断电路及元件正常工作与否。这种方法在面包板上不多用。

3. 替代法

对于怀疑有故障的元器件，可用一个完好的元器件替代，置换后若电路工作正常，则说明原有元器件或插件板存在故障，可进一步检查测定。这种方法力争判断准确。对于连接线层次较多、功率大的元器件及成本较高的部位不宜采用此法。对于集成电路，可用同一芯片上的相同电路来替代怀疑有故障的电路。有多个与输入端的集成器件，当在实际使用中有多余输入端时，则可换用其余输入端进行试验，以判断原输入端是否有问题。

4. 分隔法

为了准确地找出故障发生的部位，还可以通过拔去某些部分的插件和切断部分电路之间的联系来缩小故障范围，分隔出故障部分。如果发现电源负载短路，可分区切断负载，检查出短路的负载部分；或通过关键点的测试，把故障范围分为两个部分或多个部分，通过检测排除或缩小可能的故障范围来找出故障点。采用上述方法，应保证拔去或断开部分电路不至于造成关联部分的工作异常及损坏。

6.5.2 故障分析与排除

当不能直接迅速地判断故障时，可采用逐级检查的方法逐步孤立故障部位。逐步孤立法分析与排除故障的步骤如下。

1. 判断故障级

判断故障级时，可采用以下三种方式。

（1）由前向后逐级推进，寻找故障级。从第一级输入信号，用示波器或电压表逐级测试其后各级的输出端信号，当发现某一级的输出波形不正确或没有输出时，故障就发生在该级电路，这时可将级间连线或耦合电路断开，进行单独测试，即可判断故障级。模拟电路一般加正弦波信号，数字电路可根据功能的不同输入方波信号、单脉冲信号或高、低电平。

（2）由后向前逐级推进，寻找故障级。可在某级输入端加信号，测试其后各级的输出信号是否正常，无故障则往前级推进。当在某级输出信号不正常时，处理方法与（1）相同。

（3）由中间级直接测量工作状态或输出信号，由此判断故障是在前半部分还是在后半部分，这样一次测量可排除一半电路的故障怀疑。然后再对有怀疑的另一半电路从中间切断测量。如此进行可使孤立故障的速度加快。此种方法对于多级放大电路尤为有效。

2. 寻找故障的具体部位或元器件

故障级确定后，寻找故障的具体部位可按以下几步进行。

1）检查静态工作点

既可按电路原理图所给定的静态工作点进行对照测试，也可根据电路元件的参数值进行估算后测试。

以晶体管为例：对于线性放大电路，可根据

$$U_C=(1/2\sim1/3)U_{CC},\quad U_E=(1/6\sim1/4)U_{CC}$$

$$U_{BE}(\text{硅})=(0.5\sim0.7)\ \text{V},\quad U_{BE}(\text{锗})=(0.2\sim0.3)\ \text{V}$$

来估算和判断电路工作状态是否正常。

对于开关电路，如果三极管应处于截止状态，则根据 U_{BE} 电压加以判断，它应略微处于正偏或反偏状态；如果三极管应处于饱和状态，则 U_{CE} 小于 U_{BE}。若工作点的值不正常，可检查该级电路的接线点及电阻、三极管是否完好，查出故障所在点。若仍不能找出故障，应进行动态检查。对于数字电路，如果无论输入信号如何变化，输出一直保持高电平不变，则可能是被测集成电路的地线接触不良或未接地线。如果输出信号的变化规律和输入相同，则可能是集成电路未加上电源电压或电源接触不良。

2）动态的检查

要求输入端加检查信号，用示波器观察测试各级各点的波形，并与正常波形对照，根据电路工作原理判断故障所在点。

3. 更换元器件

拆下元器件后，应先测试其损坏程度，并分析故障原因，同时检查相邻的元器件是否也有故障。在确认无其他故障后，再动手更换元器件。更换元器件应注意以下事项。

（1）更换电阻应采用同类型、同规格（同阻值和同功率级）的电阻，一般不可用大功率等级代用，以免电路失去保护功能。

（2）对于一般退耦、滤波电容器，可用同容量、同耐压或高容量、高耐压电容器代用。对于高中频回路电容器，一定要用同型号瓷介电容器或高频介质损耗及分布电感相近的其他电容器代换。

（3）集成电路应采用同型号、同规格的芯片替换。对于型号相同但前缀或后缀字母、数字不同的集成电路，应查找有关资料，弄明白其意义方可使用。

（4）晶体管的代换，尽量采用同型号、参数相近的晶体管。当使用不同型号的晶体管代用时，应使其主要参数满足电路的要求，并适当调整电路相应元件的参数，使电路恢复正常工作状态。

6.6 实训：充电器/稳压电源两用电路的装调

6.6.1 实训目的

通过装配调试该电路，让学生了解电子产品的生产试制过程，训练学生的动手能力，培养工程实践观念。

6.6.2 充电器/稳压电源两用电路简介

本电路可将 220V 市电电压转换成 3V 至 6V 直流电压，可作为收音机等小型电器的外接电源，并可对 1 节到 4 节镍镉或镍氢电池进行恒流充电，性能优于市售一般直流电源及充电器，具有较高的性价比和可靠性，是一种用途广泛的实用电路。

1. 主要性能指标

（1）输入电压：交流 220V；输出电压（直流稳压）：分三挡（即 3 V、4.5 V、6 V），各挡误差为±10%。

（2）输出电流（直流）：额定值为 150mA，最大值为 300mA。

（3）过载短路保护，故障消除后自动恢复。

（4）充电稳定电流：60mA（±10%）可对 1 节到 4 节 5 号镍铬电池充电，充电时间为 10 到 12 小时。

2. 电路工作原理

电路工作原理如图 6-6-1 所示。变压器 T 及二极管 VD_1 至 VD_4、电容 C_1 构成典型桥式整流、电容滤波电路，后面的电路若去掉 R_1 及 LED_1 则是典型的串联稳压电路。其中 LED_2 兼起电源指示及稳压管作用，当流经该发光二极管的电流变化不大时，其正向压降较为稳定（1.9 V 左右，但也会因发光二极管的规格不同而有所不同，对同一种 LED 则变化不大），因此可作为低电压稳压管来使用。R_2 及 LED_1 组成简单过载及短路保护电路，LED_1 兼做过载指示。当输出过载（输出电流增大）时，R_2 上的压降增大，当增大到一定数值后 LED_1 导通，使调整管 VT_1、VT_2 的基极电流不再增大，从而限制了输出电流的增加，起到限流保护作用。

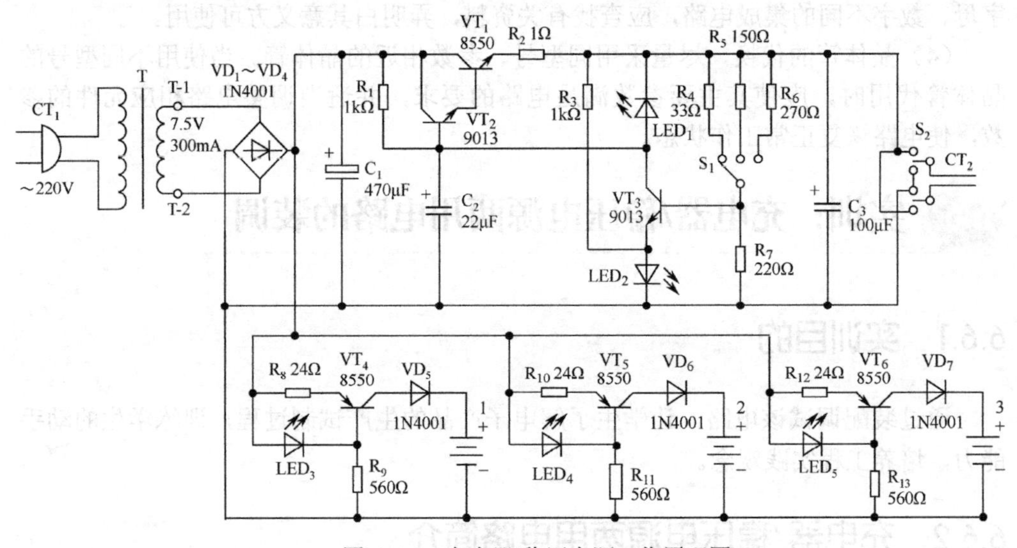

图 6-6-1 充电器/稳压电源工作原理图

S_1 为输出电压选择开关，S_2 为输出电压极性变换开关。

VT_4 、VT_5、VT_6 及其相应元器件组成三路完全相同的恒流源电路，以 VT_4 单元为例，LED_3在该处兼起稳压及充电指示双重作用，VD_5可防止电池极性接错。通过电阻R_8的电流（即输出电流）可近似表示为

$$I_o=(U_Z-U_{be})/R_8$$

式中 I_o——输出电流；

U_{be}——VT_4的基极和发射极间的压降（约 0.7V）；

U_Z——LED_3上的正反压降，取 1.9V。

由上式可知，I_o主要取决于 U_Z 的稳定性，而与负载无关，从而实现了恒流特性。

同理，由上式可知，改变R_8即可调节输出电流，因此本产品也可改为大电流快速充电方式（但大电流充电影响电池寿命），或减小电流，即可对 7 号电池进行充电。当增大输出电流时可在VT_4的 C-E 极之间并联一个电阻（电阻值约为数十欧）以减小VT_4的功耗。

6.6.3 实训内容

1. 印制板的制作

本产品有 A、B 两块印制电路板，B 板为成品板，A 板作为实习自制板，也可使用成品板。

（1）设计：根据电路原理图自行设计。

（2）制作：参见本书有关章节。

2. 印制板的安装

（1）元器件测试：全部元器件在安装前必须进行测试，测试方法见本书有关章节。

（2）印制电路板 A 的焊接：注意二极管、三极管、电解电容的极性。

（3）印制电路板 B 的焊接。

① 按照电路中的实际位置，将开关S_1、S_2从元件面插入，且必须装到底。

② 发光二极管 LED_1～LED_5 的焊接高度有一定要求，要求其顶部距离印制电路板的高度为 13.5～14mm。保证让 5 个发光二极管露出机壳 2mm 左右，且排列整齐。要注意发光二极管的颜色和极性。也可以先不焊接发光二极管，待发光二极管插入 B 板、装入机壳调好位置后再焊接。

③ 将 15 线排线的一端与印制板上的序号为 1～15 的焊盘依次顺序焊接。排线的两端必须先进行镀锡处理后方可焊接，其长度要适当。左右两边各 5 根线（即 1～5、11～15）分别依次剪去线皮 2～3mm，然后把每个线头的多股线芯绞合后镀锡（不能有毛刺）。

④ 焊接十字插头线 CT_2。注意：十字插头有白色标记的线必须焊接在有 X 标记的焊盘上。焊接开关 S_2 旁边的短接线 J_9。

⑤ 以上步骤全部完成后，进行检查，正确无误后，等待整机装配。

3. 整机装配

1）装接电池夹的正极片和负极弹簧

（1）正极片凸面向下，将 J_1、J_2、J_3、J_4、J_5 5 根导线分别焊接在正极片凹面的焊点上（正极片的焊点处应先镀锡）。

（2）安装负极弹簧（即塔簧），在距离塔簧第一圈起始点 5 mm 处镀锡。分别将 J_6、J_7、J_8 3 根导线与塔簧焊接。

2）电源线连接

把电源线 CT_1 焊接至变压器的交流 220V 输入端。注意：两接点用热缩套管绝缘，热缩套管套上后需加热套管两端，使其收缩固定。

3）焊接 A 板与 B 板及变压器上的所有连线

（1）变压器二次侧引线焊接至 A 板的 T-1、T-2。

（2）B 板与 A 板用 15 线排线对号按顺序焊接。

4）焊接 B 板与电池片间的连线

将 J_1、J_2、J_3、J_6、J_7、J_8 分别焊接在 B 板的相应点上。

5）装机入壳

上述安装完成后，检查安装的正确性和可靠性，然后按下述步骤插入机壳。

（1）将焊接好的正极片先插入机壳的正极片插槽内，然后将其弯曲 90°。注意：为防止电池片在使用中掉出，应焊接牢固，最好一次性插入机壳。

（2）将塔簧插入槽内，焊点在上面。在插左右两个塔簧前应先将 J_4、J_5 两根线焊接在塔簧上后再插入相应的槽内。

（3）将变压器二次侧引线放入机壳的固定槽内。

（4）用 M2.5 的自攻钉固定 B 板两端。

4. 检测调试

1）目视检验

总装完毕，按原理图及工艺要求检查整机安装情况，着重检查电源线、变压器连线、输出连线及 A 和 B 两块印制板的连线是否正确、可靠，连线与印制板相邻导线及焊点有无短路及其他缺陷。

2）通电检测

（1）电压可调功能的检查。在十字头输出端测输出电压（注意电压表极性），所测电压应与面板指示相对应。拨动开关 S_1，输出电压应相应变化（与面板标称值误差在10%之内为正常），并记录该值。

（2）极性转换功能的检查。拨面板所示开关到 S_2 位置，检查电源输出电压极性能否转换。

（3）带负载能力的检查。用一个 47Ω/2W 以上的电位器作为负载，接到直流电压输出端，串接万用表的 500mA 挡。调电位器使输出电流为额定值 150mA；用连接线替下万用表，测此时的输出电压（注意换成电压挡）。将所测电压与（1）中所测值比较，各挡电压下降均应小于 0.3V。

（4）过载保护功能的检查。将万用表的 DC250mA 挡串入电源负载回路，逐渐减小电位器阻值，面板上的指示灯 LED_1 应逐渐变亮，电流逐渐增大到一定数（小于 500mA）后不再增大，则保护电路起作用。当增大阻值后指示灯 LED_1 熄灭，恢复正常供电。注意：过载时间不可过长，以免烧坏电位器。

（5）充电功能的检测。用万用表的 DC250mA（或数字表的 200mA 挡）作为充电负载代替被充电电池，LED_3～LED_5 应按面板指示位置相应点亮，电流值应为 60mA（误差为±10%）。注意；表笔不可反接，也不得接错位置，否则没有电流。

5. 故障检测

常见故障现象及分析见表 6-1-1。

表 6-1-1 常见故障现象及分析

序号	故障现象	可能原因/故障分析
1	CH_1、CH_2、CH_3 三个通道电流大大超过标准电（60mA）	LED_3～LED_5 坏 LED_3～LED_5 装错 电阻 R_8、R_{10}、R_{12} 阻值错（偏小） 有短路的地方
2	检测 CH_1 的电流时，LED_3 不亮，而 LED_4 或 LED_5 亮了	15 根排线有错位之处
3	拨动极性开关，电压极性不变	J_9 短接线未接
4	电源指示（绿色）发光二极管与过载指示灯同时亮	R_2（1Ω）的阻值错 输出线或电路板短路
5	CH_1 或 CH_2 或 CH_3 的电流偏小（<45mA）	LED_3 或 LED_4 或 LED_5 正向压降小（正常值应大于 1.8V） 电阻 R_8、R_{10}、R_{12} 阻值错
6	LED_3～LED_5 通电后全亮，但三通道电流很小或无电流	24Ω 电阻错
7	3V、4.5V、6V 端电压均为 9V 以上	VT_1 或 VT_2 坏 LED_2 坏
8	充电器使用一段时间后，突然 LED_1、LED_2 同时亮	可能 VT_1（8050）坏

6.6.4 实训器材

1. 实训设备

万用表、示波器等。

2. 实训材料

充电器/稳压电源套件 1 套。

思 考 题

1. 简述调试工作所包含的内容。
2. 简述整机调试的步骤和方法。
3. 如何正确选择和使用调试仪器？
4. 简述查找和排除故障的步骤和方法。
5. 简述生产阶段调试时对调试人员的技能要求。

第7章 常用电子测试仪器的原理及应用

万用表、示波器、信号发生器、直流稳压电源是电子技术人员最常使用的电子仪器仪表。本章主要介绍它们的工作原理及使用方法。

7.1 万用表

万用表是最常用的测量仪表。它以测量电阻、交/直流电流、交/直流电压为主，是维修及调试电路的重要工具。万用表有模拟（指针式）式万用表和数字式万用表两种。

7.1.1 模拟式万用表

模拟式万用表是通过指针在表盘上摆动的大小来指示被测量的数值的，因此，也称其为指针式万用表，如图 7-1-1 所示。它由于价格便宜、使用方便、量程多、功能全等优点而深受使用者的欢迎。

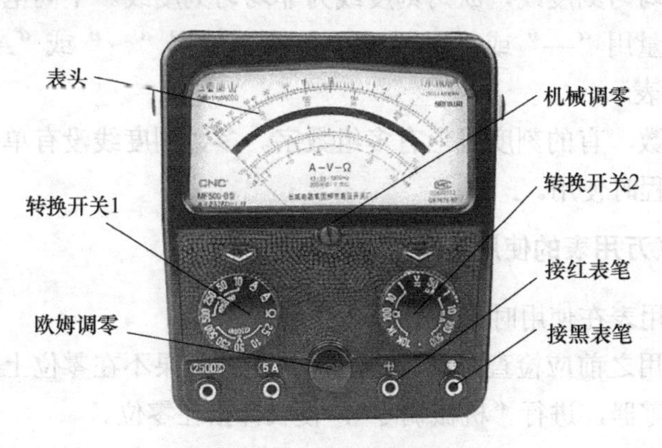

图 7-1-1 指针式万用表

1. 指针式万用表的组成

指针式万用表在结构上主要由表头（指示部分）、测量电路、转换装置三部分组成。万用表的面板上有带有多条标尺的刻度盘、转换开关旋钮、调零旋钮和接线孔等。

1）表头

指针式万用表的表头一般都采用灵敏度高、准确度好的磁电式直流微安表。它是指针式万用表的关键部件，指针式万用表的性能如何，很大程度上取决于表头的性能。

2）测量电路

测量电路是指针式万用表的重要部分。正因为有了测量电路，才使得指针式万用表成为多量程电流表、电压表、欧姆表的组合体。

指针式万用表的测量电路主要由电阻、电容、转换开关和表头等部件组成。在测量交流电量的电路中使用了整流器件，将交流电变换成脉动直流电，从而实现了对交流电量的测量。

3）转换装置

指针式万用表的转换装置是用来选择测量项目（交流电压、直流电压、直流电流、电阻）和量限（量程或倍率）的。它主要由转换开关、接线柱、旋钮、插孔等组成。

2. 指针式万用表的表盘

指针式万用表的表盘上印有多条刻度线，并附有各种符号加以说明。电流和电压的刻度线为均匀刻度线，欧姆刻度线为非均匀刻度线。不同电量用符号和文字加以区别。直流量用“—”或“DC”表示，交流量用“～”或“AC”表示，欧姆刻度线用“Ω”表示。

为便于读数，有的刻度线上有多组数字。多数刻度线没有单位，这是为了便于在选择不同量程时使用。

3. 指针式万用表的使用方法

指针式万用表在使用时应注意以下几点。

（1）在使用之前应检查表针是否在零位上，如果不在零位上，可用小螺丝刀调节表盖上的调零器，进行“机械调零”，使表针指在零位。

（2）面板上的插孔都有极性标记，测直流时，注意正负极性。用欧姆挡判别二极管极性时，注意“＋”插孔接表内电池的负极，而“-”插孔（也有标为“*”插孔）接表内电池的正极。

（3）量程转换开关必须拨在需测挡位置，不能拨错。如果测量电压时误拨在电流或电阻挡，将会损坏表头。

（4）测量电流或电压时，如果不确定被测电流电压大小，应先拨到最大量程上试测，防止表针打坏。然后再拨到合适量程上测量，以减小测量误差。注意不可带电转换量程开关。

（5）测量直流电压、电流时，其正负端应与被测电压、电流的正负端相连接。测电流时，要把电路断开，将表串接在电路中。

（6）测量高压或大电流时，要注意人身安全。测试表笔要插在相应的插孔里，量程开关要拨到相应的量程位置上。测量前还要将万用表架在绝缘支架上，给被测电路切断电源，对于电路中有大电容的将电容短路放电，将表笔固定接好在被测电路上，然后再接通电源测量。注意不能带电拨动转换开关。

（7）测量交流电压、电流时，注意必须是正弦交流电压、电流。其频率不能超过说明书上的规定。

（8）测量电阻时，首先要选择适当的倍率挡，然后将表笔短路，调节“欧姆调零”旋钮，使表针指零，以确保测量的准确性。如果“欧姆调零”欧姆不能将表针调到零位，说明电池电压不足，需更换新电池，或者内部接触不良，需修理。不能带电测电阻，以免损坏万用表。测大阻值电阻时，不要用双手分别接触电阻两端，防止人体电阻并联上去造成测量误差。每换一次电阻倍率挡，都要重新进行欧姆调零。不能用欧姆挡直接测量微安表表头、检流计、标准电池等仪器、仪表的内阻。

（9）表盘上有多条标度尺，要根据不同的被测量去读数。测量直流量时读“DC”或“—”标度尺，测量交流量时读“AC”或“～”标度尺，标有“Ω”的标度尺在测量电阻时使用。

（10）每次测量完毕，将转换开关拨到交流电压的最大挡位，可防止他人误用而损坏万用表；也可防止转换开关误拨在欧姆挡时，表笔短接而使表内电池长期耗电。

（11）万用表长期不用时，应取出电池，防止电池漏液腐蚀和损坏万用表内的零件。指针式万用表的电池有普通电池（1.5V）和层叠电池（9V）两种。其中 9V 用于测量 10kΩ 以上的电阻和判别小电容的漏电情况。

7.1.2 数字式万用表

数字式万用表是采用集成电路模/数转换器和液晶显示器，将被测量的数值直接以数字形式显示出来的一种电子测量仪表。它操作方便、读数准确、功能齐全、体积小巧、携带方便。数字式万用表可用来测量交直流电压、交直流电流、电阻、二极管正向压降、晶体三极管 h_{FE} 参数及电路通断等。图 7-1-2 所示为 DT9101 型数字式万用表。

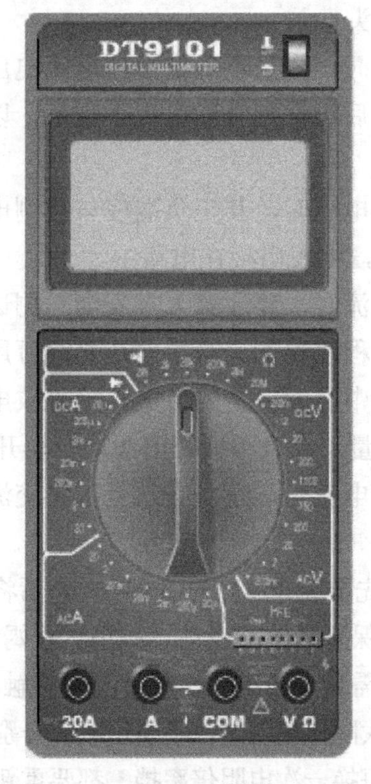

图 7-1-2　DT9101 型数字式万用表

1. 直流电压的测量

（1）将黑色表笔插入“COM”插孔，红色表笔插入“VΩ” 插孔。

（2）将转换开关置于“DCV”量程范围，并将表笔并接到待测电源或负载上。

注意：a. 在测量之前不知被测电压的范围时，应将转换开关置于最大量程并根据需要逐步调低挡位。

b. 仅在最高位显示“1”时，说明已超过量程，需调高一挡。

c. 不要测量高于 1000V 的电压，虽然有可能读得读数，但可能会损坏万用表的内部电路。

d. 特别注意在测量高压时，避免人体接触到高压电路。

2. 交流电压的测量

（1）将黑表笔插入“COM”插孔，红表笔插入“VΩ”插孔。

（2）将转换开关置于“ACV”量程范围，并将表笔并接到待测电源或负载上。

注意：a. 同直流电压测量注意事项 a、b、d。

b. 不要测量高于 750V 有效值的电压，虽然有可能读得读数，但可能会损坏万用表的内部电路。

3. 直流电流的测量

（1）将黑表笔插入“COM”插孔，当被测电流在 2A 以下时红表笔插入“A”插孔；如果被测电流在 2～20A 之间，则将红表笔移至“20A”插孔。

（2）转换开关置于“DCA”量程范围，表笔串入被测电路中。

注意：a. 如果被测电流范围未知，应将转换开关置于最大量程并逐步调低。

b. 仅最高位显示“1”说明已超过量程，需调高量程挡级。

c. A 插孔输入时，过载会将内装熔断器熔断，更换熔断器的规格应为 2A(φ5×20mm)。

d.“20A”插孔没有使用熔断器，测量时间应小于 15s。

4. 交流电流的测量

测试方法和注意事项类同于直流电流的测量。

5. 电阻的测量

（1）将黑表笔插入“COM”插孔，红表笔插入“VΩ”插孔（注意：红表笔极性为“＋”）。

（2）将转换开关置于所需“Ω”量程上，将表笔跨接在被测电阻上。

注意：a.当输入开路时，会显示过量程状态“1”。

b.如果被测电阻超过所用量程，则会指出量程“1”必须换用高挡量程。当被测电阻在 1MΩ 以上时，要数秒后读数才能稳定。

c.检测在线电阻时，必须确认被测电路已关断电源，同时电容已放电完毕。

6. 二极管测试

（1）将黑表笔插入“COM”插孔，红表笔插入“VΩ”插孔（注意：红表笔极性为“＋”）。

（2）将转换开关置于“⊣▶⊢”挡，并将表笔跨接到待测二极管上，红黑表笔交换测量。当二极管没有损坏时，数字式万用表显示一次“1”，即无穷大；一次有值，其值即为二极管的正向压降近似值（mV），有值的这次红表笔接的引脚为二极管的正极。

7. 通断测试

（1）将黑表笔插入“COM”插孔，红表笔插入“VΩ”插孔。

（2）将转换开关置于“o)))”量程并将表笔跨接在欲检查电路两端。

（3）若被检查两点之间的电阻小于 30Ω 蜂鸣器便会发出声响。

注意：a.当输入端接入开路时显示过量程状态“1”。

b.被测电路必须在切断电源的状态下检查通断，因为任何负载信号将使蜂鸣器发声，导致判断错误。

8. 晶体管 h_{FE} 测量

（1） 将转换开关置于“ h_{FE} ”挡上。

（2）先认定晶体三极管是 PNP 型还是 NPN 型，然后再将被测管的 E、B、C 三脚分别插入面板对应的晶体三极管插孔内。

（3）数字式万用表显示的是 h_{FE} 的近似值。

9. 读数保持

在测量过程中，将读数保持开关（HOLD）按下，即能保持显示读数；释放该开关，读数变化。

7.2 示波器

示波器是利用示波管内电子射线的偏转，在荧光屏上显示出电信号波形的仪器。它是一种综合性的电信号测试仪器，其主要特点是：① 不仅能显示电信号的波形，还可以测量电信号的幅度、周期、频率和相位等；② 测量灵敏度高、过载能力强；③ 输入阻抗高。因此，示波器是一种应用非常广泛的测量仪器。

7.2.1 示波器的组成及工作原理

1. 示波器的组成

示波器主要由 Y 轴（垂直）放大器、X 轴放大器、触发器、扫描发生器（锯齿波发生器）、示波管及电源等几部分组成，其方框图如图 7-2-1 所示。

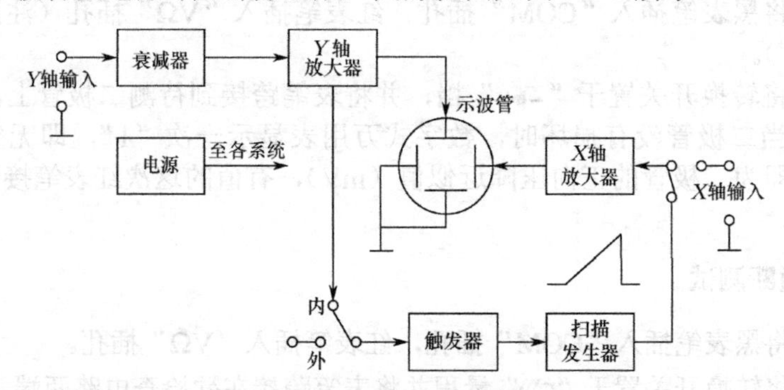

图 7-2-1 示波器的组成方框图

示波管是示波器的核心。它的作用是把所观察的信号电压变成发光图形。示波管的构成如图 7-2-2 所示，它主要由电子枪、偏转系统和荧光屏三部分组成，全都密封在玻璃外壳内，里面抽成高真空。电子枪由灯丝、阴极、控制栅极、第一阳极和第二阳极组成。灯丝通电时加热阴极，阴极受热后发射大量电子。控制栅极是一个顶端有小孔的圆筒，套在阴极外面。它的电位比阴极低，对阴极发射出来的电子起控制作用，只有初速度较大的电子才能穿过栅极顶端的小孔，然后在阳极加速下奔向荧光屏。第一阳极和第二阳极分别加有相对于阴极为数百和数千伏的正电位，使得阴极发射的电子被它们之间的电场加速形成射线。当控制栅极、第一阳极、第二阳极之间的电位调节合适时，电子枪内的电场对电子射线有聚焦作用，因此第一阳极也称为聚焦阳极。第二阳极的电位更高，因此它又称为加速阳极。面板上的“聚焦”调节就是调第一阳极电位，使荧光屏上的光斑成为明亮、清晰的小圆点。有的示波器还有“辅助聚焦”，实际是调节第二阳极电位。示波器面板上的“亮度”调整就是通过调节控制栅极的电位，改变射向荧光屏的电子流密度，从而调节荧光屏上光点的亮度。偏转系统由两对相互垂直的偏转板组成：一对垂直偏转板 *Y*，一对水平偏转板 *X*。在偏转板上加上适当的电压，当电子束通过后，其运动方向发生偏转，从而使电子束在荧光屏上的光点位置也发生改变，使得荧光屏上能绘出一定的波形。荧光屏是在示波管顶端内壁上涂有一层荧光物质制成的，荧光物质受高能电子束的轰击会产生辉光，而且还有余辉现象，即电子束轰击后产生的辉光不会立即消失，而将延续一段时间。之所以能在荧光屏幕上观察到一个连续的波形，除了人眼的残留特性外，正是利用了荧光屏的余辉现象的缘故。

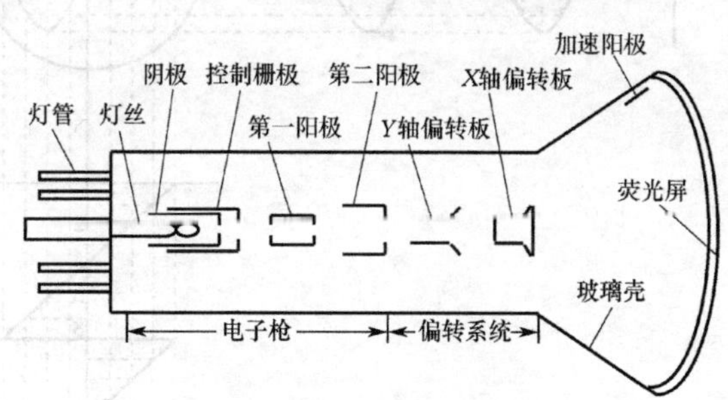

图 7-2-2 示波管的构成

示波管本身相当于一个多量程电压表，这一作用是靠电压放大器和衰减器实现的。由于示波管本身的 *X* 轴及 *Y* 轴偏转板的灵敏度比较低（约 0.1～1mm/V），所以如果偏转板上的电压不够大，就不能明显地观察到光点的移动。当加在偏转板的信号过小时，要预先将小的信号电压加以放大后再加到偏转板上，为此设置 *X* 轴及 *Y* 轴电压放大器。衰减器的作用是使过大的输入信号电压变小以适应放大器的要求，否则放大器不能正常工作，会使输入信号发生畸变，甚至会使仪器受损。对一般示波器来说，X 轴和 Y 轴都设置有衰减器，以满足各种测量的需要。

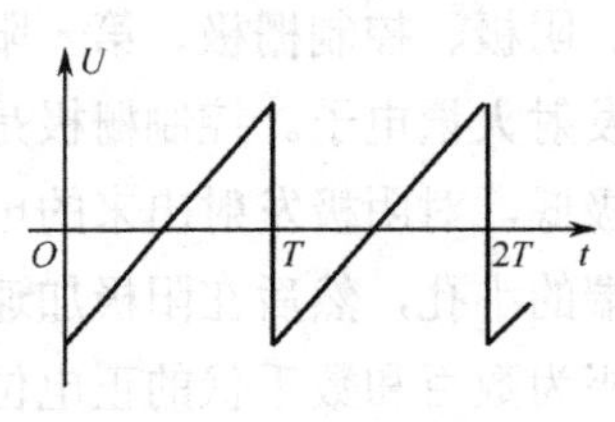

图 7-2-3 扫描电压

扫描发生器的作用是产生一个周期性的线性锯齿波电压（扫描电压），如图 7-2-3 所示。该扫描电压可以由扫描发生器自动产生，称为自动扫描，也可在触发器来的触发脉冲作用下产生，称为触发扫描。

触发器将来自内部（被测信号）或外部的触发信号经过整形，变为波形统一的触发脉冲，用以触发扫描发生器。若触发信号来自内部，称为内触发；若来自于外来信号，则称为外触发。

电源的作用是将市电 220V 交流电压转变为各个数值不同的直流电压，以满足各部分电路的工作需要。

2. 示波器的基本工作原理

如果仅在示波器的 X 轴偏转板上加有幅度随时间线性增长的周期性锯齿波电压，示波管屏面上的光点反复自左端移动至右端，屏面上就出现一条水平线，称为扫描线或时间基线。如果同时在 Y 轴偏转板上加有被观察的电信号，就可以显示电信号的波形。显示波形的过程如图 7-2-4 所示。

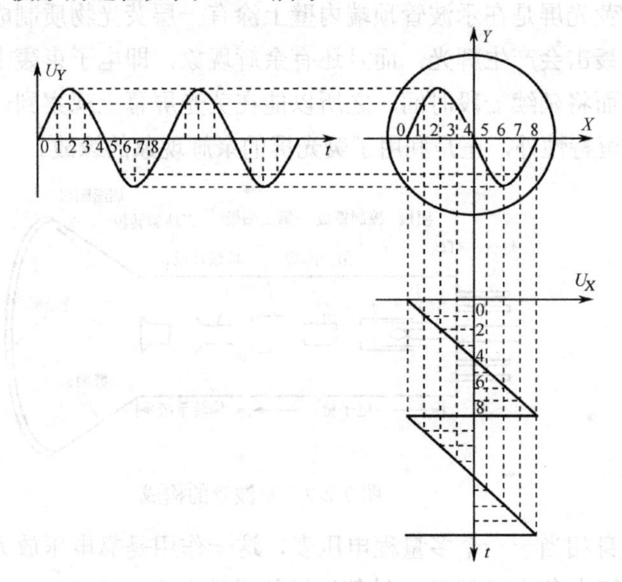

图 7-2-4 显示波形的过程

为了在荧光屏上观察到稳定的波形，必须使锯齿波的周期 T_X 和被观察信号的周期 T_Y 相等或成整数倍关系。否则稍有相差，所显示的波形就会向左或向右移动。例如，当 $T_Y<T_X<2T_Y$ 时，第一次扫描显示的波形如图 7-2-5 中的 0～4 所示，而第二次扫描显示的波形如图 7-2-5 中的 4′～8 所示。两次扫描显示的波形不相重合，其结果是好像波形不断向左移动。同理，当 $T_X<T_Y<2T_X$ 时，显示波形会不断向右移动。为使波形稳定而强制扫描电压周期与信号周期成整数倍关系的过程称为同步。

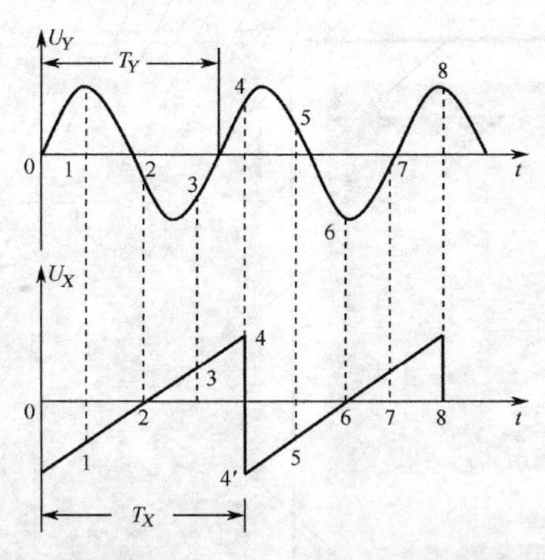

图 7-2-5　$T_Y < T_X < 2T_Y$ 时波形向左移动

7.2.2　DF4320 型双踪示波器

1. 面板操作键及功能说明

DF4320 型双踪示波器的面板如图 7-2-6 所示。面板上各开关和旋钮的名称、作用说明如下。

1）示波管显示部分

① 电源开关（POWER）：按下此开关，仪器电源接通，指示灯亮。

② 亮度旋钮（INTENSITY）：用以进行光迹亮度调节，顺时针方向旋转旋钮，光迹增亮。

③ 聚焦旋钮（FOCUS）：用以调节示波管电子束的聚焦，使显示的光点成为细小而清晰的圆点。

④ 光迹旋转钮（TRACE ROTATION）：调节该旋钮使光迹与水平刻度线平行。

⑤ 标准信号（PROBE ADJUST）：此端口输出幅度为 0.5V、频率为 1kHz 的方波信号。

2）垂直方向部分

⑦ 通道 1 输入插座（CH1 OR X）：此插座作为垂直通道 1 的输入端，当仪器

工作在 *X-Y* 方式时，该输入端的信号为 *X* 轴信号。

⑬ 通道 2 输入插座（CH2 OR Y）：通道 2 的输入端，当仪器工作在 *X-Y* 方式时，该输入端的信号为 *Y* 轴信号。

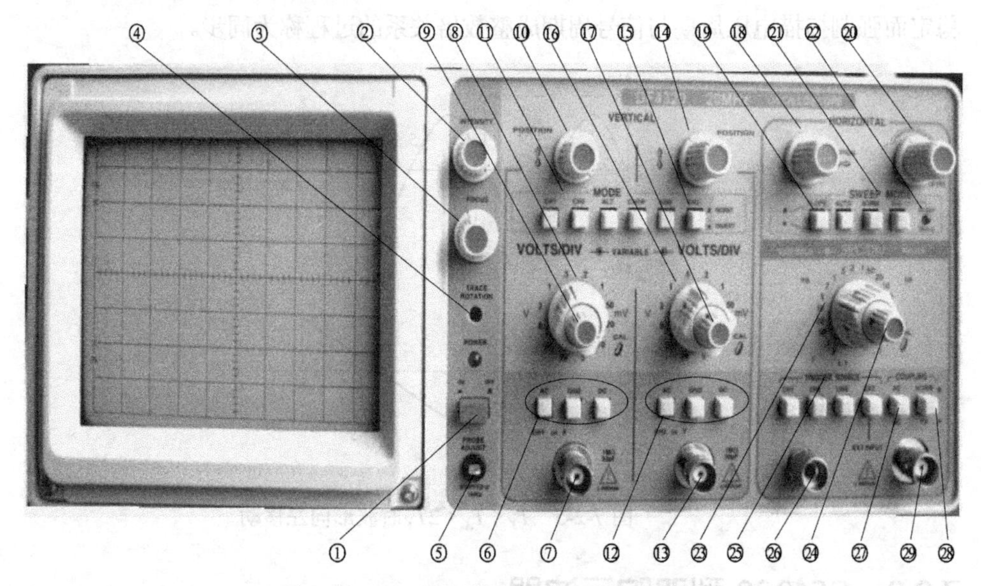

图 7-2-6　DF4320 型双踪示波器的面板图

⑥、⑫ 输入耦合方式选择开关（AC-GND-DC）：选择通道 1、通道 2 的输入耦合方式。

- AC（交流耦合）：信号与仪器经电容交流耦合，信号中的直流分量被隔开，用以观察信号中的交流成分。
- DC（直接耦合）：信号与仪器直接耦合，当需要观察信号的直流分量或被测信号频率较低时，应选用此方式。
- GND（接地）：仪器输入端处于接地状态，用以确定输入端为零电位时光迹所在位置。

⑧、⑯ 电压灵敏度选择开关（VOLTS/DIV）：用以选择垂直轴的电压偏转灵敏度，从 5～10mV/DIV（DIV，格，在屏幕上长度为 1cm）分为 11 个挡级，可根据被测信号的电压幅度选择合适的挡级。

⑨、⑰ 垂直微调拉出×5 旋钮（VARIABLE PULL×5）：用以连续调节垂直轴的电压灵敏度。该旋钮顺时针旋到底时为校准位置，此时可根据“VOLTS/DIV”电压灵敏度选择开关位置和屏幕显示幅度读取信号的电压值。当该旋钮在拉出位置时，垂直放大倍数扩展 5 倍，最高电压灵敏度变为 1mV/DIV。

⑩、⑭ 垂直位移（POSITION）：用以调节光迹在垂直方向的位置。

⑪ 垂直工作方式按钮（VERTICAL　MODE）：选择垂直系统的工作方式。

- CH1（通道1）：只显示通道1的信号。
- CH2（通道2）：只显示通道2的信号。
- ALT（交替）：用于同时观察两路信号，此时两路信号交替显示，该方式适合于在扫描速率快时使用。
- CHOP（断续）：两路信号以断续方式显示，适合在扫描速率较慢时同时观察两路信号。
- ADD（相加）：用于显示两路信号相加的结果。当CH2极性开关被按下时，则为两信号相减。

⑮ CH2极性开关：此按键未按下时，通道2的信号为常态显示；按下此键时，通道2的信号被反相。

3）水平方向部分

⑱ 水平移位（POSITION）：用于调节光迹在水平方向的位置。

⑲ 触发极性按键（SLOPE）：用以选择在被测信号的上升沿或下降沿触发扫描。

⑳ 触发电平旋钮（LEVEL）：用以调节在被测信号变化至某一电平时触发扫描。

㉑ 扫描方式选择按钮（SWEEP MODE）：选择产生扫描的方式。

- AUTO（自动）：自动扫描方式。当无触发信号输入时，屏幕上显示扫描基线，一旦有触发信号输入，电路自动转换为触发扫描状态。调节触发电平可使波形稳定。此方式适宜观察频率在50Hz以上的信号。
- NORM（常态）：触发扫描方式。当无信号输入时，屏幕上无光迹显示；有信号输入，且触发电平旋钮在合适的位置时，电路被触发扫描。当被测信号频率低于50Hz时，必须选择该方式。
- SINGLE（单次）：单次扫描方式。按动此键，扫描电路处于等待状态，当触发信号输入时，扫描只产生一次，下次扫描需再次按动此键。

㉒ 触发（准备）指示（TRIG READY）：单次扫描方式时，该灯亮表示扫描电路处在准备状态，此时若有信号输入将产生一次扫描，指示灯随之熄灭。

㉓ 扫描时基因数选择开关（SEC/DIV）：从0.1 μs /DIV～0.2s/DIV共分20个挡级。当扫描微调旋钮置于校准位置时，可根据该度盘位置和波形在水平轴的距离读出被测信号的时间参数。

㉔ 扫描微调拉出×5旋钮（VARIABLE×5）：用于连续调节扫描时基因数，顺时针旋到底为校准位置。拉出此旋钮，水平放大倍数被扩展5倍，因此扫描时基因数旋钮的指示值应为原来的1/5。

㉕ 触发源选择开关（TRIGGER SOURCE）：用以选择不同的触发源。

- CH1（通道 1）：双踪显示时，触发信号来自通道 1；单踪显示时，触发信号来自被显示的信号。
- CH2（通道 2）：双踪显示时，触发信号来自通道 2；单踪显示时，触发信号来自被显示的信号。
- ALT（交替）：双踪交替显示时，触发信号交替来自两个 Y 通道，此方式用于同时观察两路不相关的信号。
- LINE（电源）：触发信号来自市电。
- EXT（外接）：触发信号来自外触发输入端。

㉖ 接地端（ ⊥ ）：机壳接地端。

㉗ 外触发信号耦合方式开关（AC/DC）：当选择外触发源，且信号频率很低时，应将此开关置于 DC 位置。

㉘ 常态/电视选择开关（NORM/TV）：一般测量时，此开关置于常态位置。当需观察电视信号时，应将此开关置于电视位置。

㉙ 外触发输入端（EXT INPUT）：当选择外触发方式时，触发信号由此端口输入。

2. 使用方法

1）基本操作要点

（1）显示水平扫描基线：将示波器输入耦合开关置于接地（GND）位置，垂直工作方式开关置于交替（ALT）位置，扫描方式置于自动（AUT）位置，扫描时基因数开关置于 0.5ms/DIV 位置，此时在屏幕上应出现两条水平扫描基线。如果没有，可能的原因是辉度太暗，或是垂直、水平位置不当，应加以适当调节。

（2）用本机校准信号检查：将通道 1 的输入端由探头接至校准信号输出端，按表 7-2-1 所示调节面板上的开关、旋钮，此时在屏幕上应出现一个周期性的方波，如图 7-2-7 所示。如果波形不稳定，可调节触发电平（LEVEL）旋钮。若探头采用 1∶1，则波形在垂直方向应占 5 格，波形的一个周期在水平方向应占 2 格，此时说明示波器的工作基本正常。

表 7-2-1 用校准信号检查时开关、旋钮的位置

控制件名称	作用位置	控制件名称	作用位置
亮度 INTENSITY	中间	输入耦合方式 AC-GND-DC	AC
聚焦 FOCUS	中间	扫描方式 SWEEP MODE	自动

（续表）

控制件名称	作用位置	控制件名称	作用位置
位移（三个）POSITION	中间	触发极性 SLOPE	（下降沿符号）
垂直工作方式 VERTICAL MODE	CH1	扫描时基因数 SEC / DIV	0.5ms
电压灵敏度 VOLTS / DIV	0.1V	触发源 TRIGGER SOURCE	CH1
微调拉出×5（三个 VARIABLE PULL×5	顺时针旋到底		

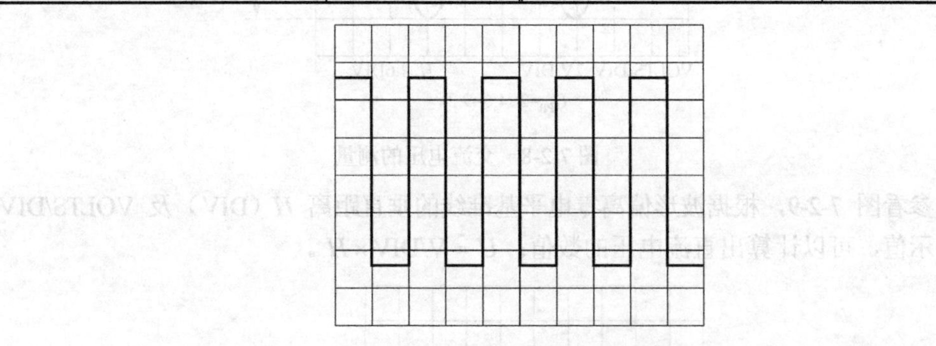

图 7-2-7 用校准信号检查

（3）观察被测信号：将被测信号接至通道 1 的输入端，（若需同时观察两个被测信号，则分别接至通道 1、通道 2 的输入端），面板上的开关、旋钮位置参照表 7-2-1 设置，且适当调节 VOLITS/DIV、SEC/DIV、LEVEL 等旋钮，使在屏幕上显示稳定的被测信号波形。

2）测量

（1）电压测量．测量时应把垂直微调旋钮顺时针旋至校准位置，这样可以根据 VOLTS /DIV 的指示值计算被测信号的电压大小。

由于被测信号一般含有交流和直流两种分量，因此在测试时应根据下述方法操作。

a．交流电压的测量。当只测量被测信号的交流分量时，应将 Y 轴输入耦合开关置于 AC 位置，调节 VOLTS/DIV 开关，使屏幕上显示的波形幅度适中，再调节 Y 轴位移旋钮，使波形显示值便于读取，如图 7-2-8 所示。根据 VOLTS/DIV 的指示值和波形在垂直方向的高度 H（DIV），被测交流电压的峰峰值可由下式计算出：$U_{PP} = \text{V/DIV} \times H$ 。如果使用的探头置于 10∶1 位置，则应将该值乘以 10。

b．直流电压的测量。当需要测量直流电压或含直流分量的电压时，应先将 Y

轴输入耦合方式开关置于 GND 位置，扫描方式开关置于 AUTO 位置，调节 Y 轴位移旋钮使扫描基线在某一合适的位置上，此时扫描基线即为零电平基准线，再将 Y 轴输入耦合方式开关转到 DC 位置。

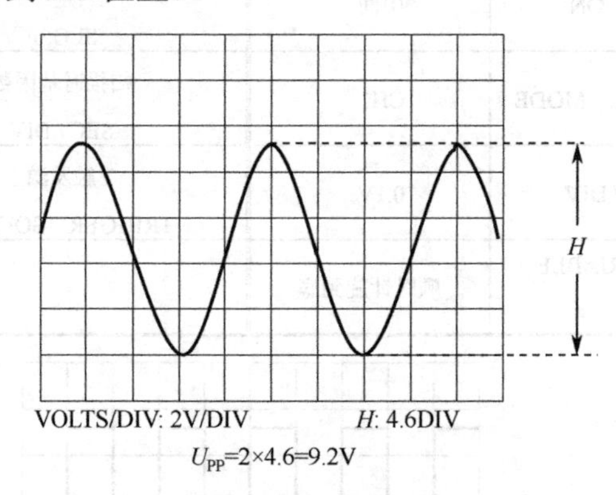

图 7-2-8　交流电压的测量

参看图 7-2-9，根据波形偏离零电平基准线的垂直距离 H（DIV）及 VOLTS/DIV 的指示值，可以计算出直流电压的数值：$U = \text{V/DIV} \times H$ 。

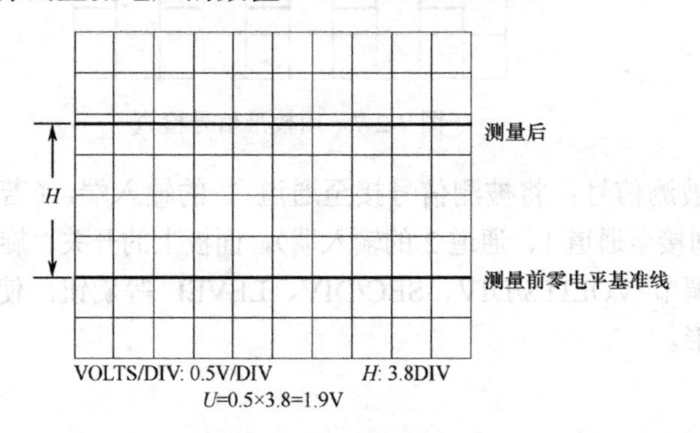

图 7-2-9　直流电压的测量

（2）时间测量。对信号的周期或信号任意两点间的时间参数进行测量时，首先水平微调旋钮必须顺时针旋至校准位置。然后调节有关旋钮，显示出稳定的波形，再根据信号的周期或需测量的两点间的水平距离 D（DIV），以及 SEC/DIV 开关的指示值，由下式计算出时间：

$$t = \text{SEC/DIV} \times D$$

当需要观察信号的某一细节（如快跳变信号的上升或下降时间）时，可将水平微调旋钮拉出，使显示的距离在水平方向得到 5 倍的扩展，此时测量的时间应按下式计算：

$$t = \frac{\text{SEC/DIV} \times D}{5}$$

a. 周期的测量。参见图 7-2-10，如波形完成一个周期，A、B 两点间的水平距离 D 为 8（DIV），SEC /DIV 设置在 2ms/DIV，则周期为 $T = 2\text{ms/DIV} \times 8\text{DIV} = 16\text{ms}$。

b. 脉冲上升时间的测量。参看图 7-2-11，如波形上升沿的 10%处（A 点）至 90 %处（B 点）的水平距离 D 为 1.6DIV，SEC/DIV 置于 1μs/DIV，水平微调拉出×5 旋钮被拉出，可计算出上升时间为

$$t_r = \frac{1\mu\text{s/DIV} \times 1.6\text{DIV}}{5} = 0.32\mu\text{s}$$

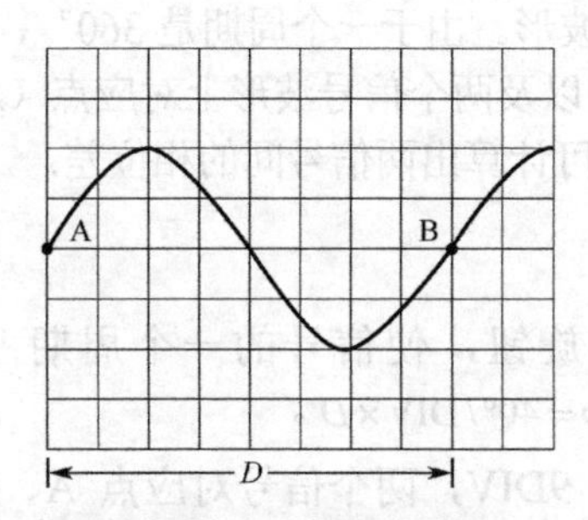

图 7-2-10　周期的测量

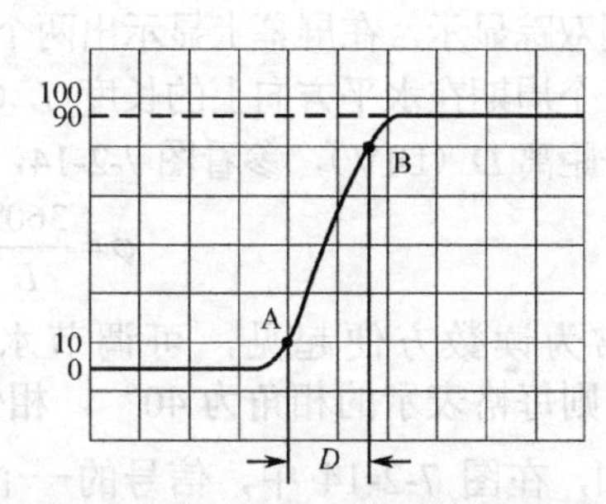

图 7-2-11　脉冲上升时间的测量

若测得结果 t_r 与示波器上升时间 t_s（本机为 17.5ns）相接近，则信号的实际上升时间 t'_r 应按下式求得：

$$t'_r = \sqrt{t^2{}_r - t^2{}_s}$$

c. 脉冲宽度的测量。参看图 7-2-12，如波形上升沿 50%处（A 点）至下降沿 50%处（B 点）间的水平距离 D 为 5DIV，SEC/DIV 开关置于 0.1ms/DIV，则脉冲宽度为 $t_p = 0.1\text{ms/DIV} \times 5\text{DIV} = 0.5\text{ms}$。

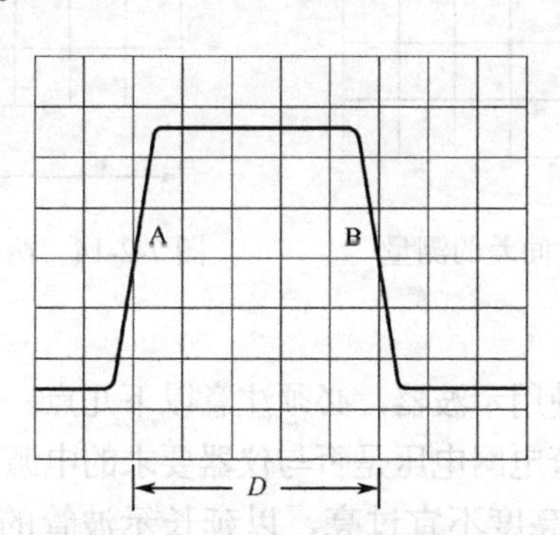

图 7-2-12　脉冲宽度的测量

d. 两个相关信号时间差的测量。

根据两个相关信号的频率，选择合适的扫描速度（扫描时基因数的倒数），且根据扫描速度的快慢，将垂直工作方式开关置于 ALT（交替）或 CHOP（断续）的位置，双踪显示出信号波形。

参看图 7-2-13，如 SEC/DIV 置于 50μs/DIV，两测量点间的水平距离 D=3DIV，则时间差为 $t = 50\mu s/DIV \times 3DIV = 150\mu s$。

（3）频率测量。对于周期性信号的频率测量，可先测出该信号的周期 T，再根据公式 $f = \frac{1}{T}$ 计算出频率的数值。其中 f 为频率（Hz），T 为周期（s）。例如，测出信号的周期为 16ms，则频率为 62.5Hz。

（4）测量两个同频信号的相位差。将触发源选择开关置于作为测量基准的通道，采用双踪显示，在屏幕上显示出两个信号的波形。由于一个周期是 360°，因此根据信号一个周期在水平方向上的长度 L（DIV），以及两个信号波形上对应点（A、B）间的水平距离 D（DIV），参看图 7-2-14，由下式可计算出两信号间的相位差：

$$\varphi = \frac{360°}{L} \times D$$

通常为读数方便起见，可调节水平微调旋钮，使信号的一个周期占 9 格（DIV），则每格表示的相角为 40°，相位差为 $\varphi = 40°/DIV \times D$。

例如，在图 7-2-14 中，信号的一个周期占 9DIV，两个信号对应点 A、B 间的水平距离为 1 DIV，则相位差 $\varphi = 40°/DIV \times 1DIV = 40°$。

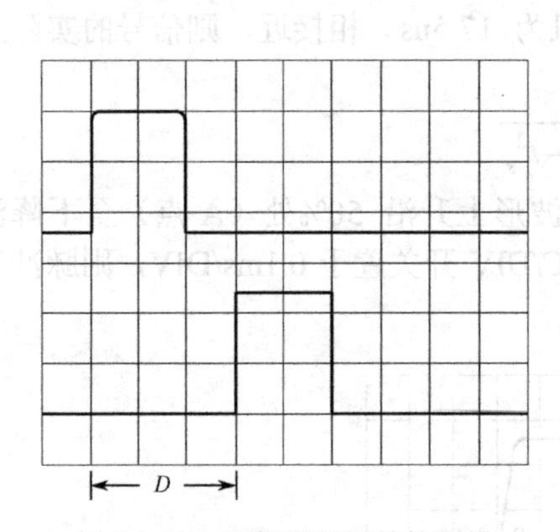

图 7-2-13　两信号时间差的测量

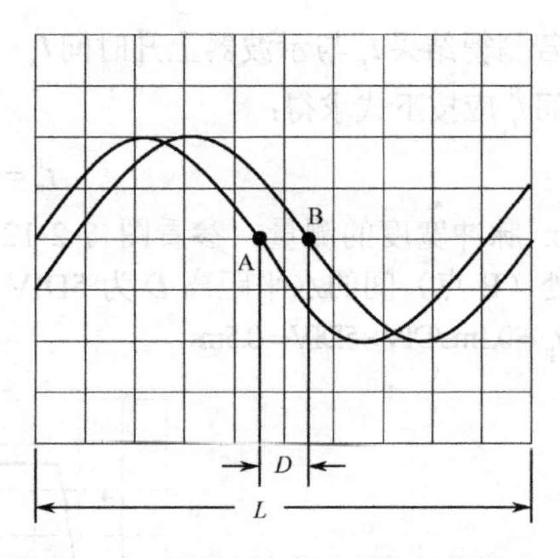

图 7-2-14　两同频率信号相位差的测量

3）使用注意事项

为了安全、正确地使用示波器，必须注意以下几点。

（1）使用前，应检查电网电压是否与仪器要求的电源电压一致。

（2）显示波形时，亮度不宜过亮，以延长示波管的寿命。若中途暂时不观测波形，应将亮度调低。

（3）定量观测波形时，应尽量在屏幕的中心区域进行，以减少测量误差。

（4）被测信号电压（直流加交流的峰值）的数值不应超过示波器允许的最大输入电压。

（5）调节各种开关、旋钮时，不要过分用力以免损坏。

（6）探头和示波器应配套使用，不能互换，否则可能导致误差或波形失真。

7.3 信号发生器

信号发生器是一种用途广泛的通用仪器，它能够产生多种波形的信号，如正弦波信号、方波信号、三角波信号，输出信号的电压大小和频率都可以方便地调节。

7.3.1 信号发生器的组成及工作原理

信号发生器的组成框图如图 7-3-1 所示。它主要由正、负电流源，电流开关，时基电容，方波形成电路，正弦波形成电路，放大电路等部分组成。其工作原理简要说明如下。

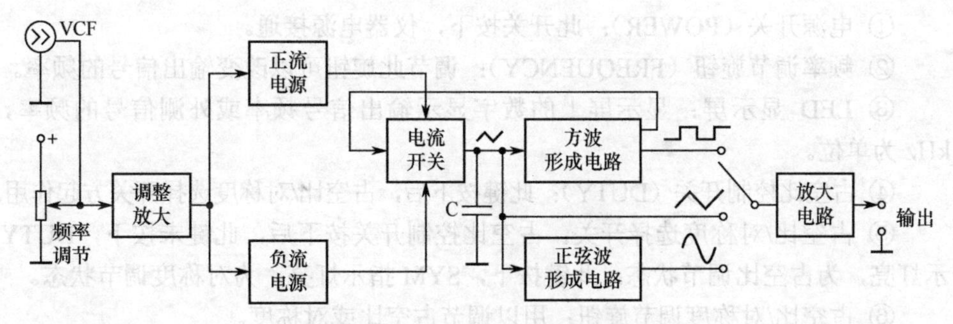

图 7-3-1 信号发生器组成框图

正电流源、负电流源由电流开关控制，对时基电容 C 进行恒流充电和恒流放电。当电容恒流充电时，电容上的电压随时间线性增长（$u_c=\dfrac{Q}{C}=\int_0^t i\mathrm{d}t/C=\dfrac{It}{C}$）；当电容恒流放电时，其电压随时间线性下降，因此在电容两端得到三角波电压。三角波电压经方波形成电路得到方波。三角波经正弦波形成电路转变为正弦波，最后经放大电路放大后输出。

7.3.2 YB1638 型信号发生器

1. 面板操作键及功能说明

YB1638 型信号发生器面板如图 7-3-2 所示。

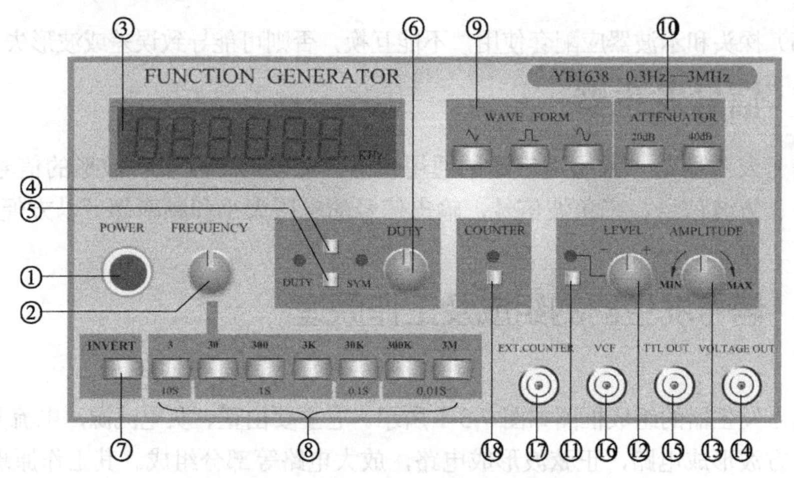

图 7-3-2 YB1638 型信号发生器面板图

① 电源开关（POWER）：此开关按下，仪器电源接通。

② 频率调节旋钮（FREQUENCY）：调节此旋钮可以改变输出信号的频率。

③ LED 显示屏：显示屏上的数字显示输出信号频率或外测信号的频率，以 kHz 为单位。

④ 占空比控制开关（DUTY）：此键按下后，占空比/对称度选择开关方起作用。

⑤ 占空比/对称度选择开关：占空比控制开关按下后，此键未按下，DUTY 指示灯亮，为占空比调节状态；此键按下，SYM 指示灯亮，为对称度调节状态。

⑥ 占空比/对称度调节旋钮：用以调节占空比或对称度。

⑦ 波形反相开关（INVERT）：按下此键，输出信号波形反相。

⑧ 频率范围选择开关：根据需要产生的输出信号频率或外测信号频率，按下其中某一键。

⑨ 波形方式选择开关（WAVE FORM）：根据需要的信号波形按下相应的键。若三个键都未按下，则无信号输出。

⑩ 电压输出衰减开关（ATTENUATOR）：单独按下 20dB 或 40dB 键，输出信号较前衰减 20dB 或 40dB；两键同时按下，输出信号衰减 60dB。

⑪ 电平控制开关（LEVEL）：此键按下，指示灯亮，电平调节旋钮方起作用。

⑫ 电平调节旋钮：电平控制开关按下，指示灯亮了以后，调节此旋钮可改变输出信号的直流电平。

⑬ 输出幅度调节旋钮（AMPLITUDE）：调节此旋钮，可改变输出电压的大小。

⑭ 电压输出插座（VOLTAGE OUT）：仪器产生的信号电压由此插座输出。

⑮ TTL 方波输出插座（TTL OUT）：专门为 TTL 电路提供的具有逻辑高（3V）、低（0V）电平的方波输出插座。

⑯ 外接调频电压输入插座（VCF）：调频电压的幅度范围为 0～10V。

⑰ 外测信号输入插座（EXT COUNTER）：需要测量频率的外部信号由此插座输入，可以测量的最高频率为 10MHz。

⑱ 频率测量内/外开关（COUNTER）：此键按下，指示灯亮，LED 屏幕上指示为外测信号的频率。此键未按下（常态），指示灯暗时，LED 屏幕上显示本仪器的输出信号频率。

2. 使用方法

1）初步检查

（1）检查电源电压是否满足仪器的要求（220±22V）。

（2）将占空比控制开关按下，电压输出衰减开关、电平控制开关、频率测量内/外开关均置于常态（未按下）；波形选择开关按下某一键；频率范围选择开关按下某一键；输出幅度调节旋钮置于适中位置。

（3）将电压输出插座与示波器 Y 轴的输入端相连。

（4）开启电源开关，LED 屏幕上有数字显示，示波器上可观察到信号的波形，此时说明信号发生器的工作基本正常。

2）三角波信号、方波信号、正弦波信号的产生

（1）按下电源开关。

（2）占空比控制开关、电压输出衰减开关、电平控制开关、频率测量内/外开关均置于常态。

（3）按照所需要产生的波形，按下波形方式选择开关的三角波、方波或正弦波按键。

（4）按照所需产生的信号频率，按下频率范围选择开关的适当的按键。然后调节频率调节旋钮，使频率符合要求。例如，需要产生 2kHz 频率的信号，应按下频率范围选择开关的 3kHz 键，再调节频率调节旋钮，直到 LED 屏上显示出 2kHz 为止。

（5）调节输出幅度调节旋钮，可改变输出电压的大小。本仪器空载时的最大输出电压峰峰值为 20V。若需输出电压较小，应按下电压输出衰减开关。

（6）若需输出信号具有某一大小的直流分量，则将电平控制开关按下，调节电平调节旋钮即可。

3）脉冲波信号或斜波信号的产生

（1）先产生方波信号或三角波信号，方法同 2）。

（2）按下占空比控制开关，置占空比/对称度选择开关于常态（未按下），此时占空比（DUTY）指示灯亮，调节占空比/对称度调节旋钮，就可使方波信号变为占

空比可以变化的脉冲波信号，或者使三角波信号变为斜波信号。

4）TTL 输出

以 TTL 输出端可以有方波信号或脉冲波信号输出，产生方法同 2）或 3），输出信号的频率可以改变，而信号的高、低电平固定，分别是 3V 和 0V。

5）外测频率

将需测量频率的外部信号接至外测信号输入插座，按下频率测量内/外开关，指示灯亮，此时 LED 屏幕上显示的数值即为被测信号的频率。

3. 主要技术特性

1）频率范围

0.3Hz～3MHz，共分为 6 个频段。

2）输出波形

正弦波、三角波、方波、脉冲波、斜波和 TTL 波。

3）波形特性

正弦波：0.3Hz～200kHz 时，失真度<2%。
200kHz～3MHz 时，失真度<5%。

三角波：0.3Hz～100kHz 时，非线性<1%。
100kHz～3MHz 时，非线性<5%。

方波：上升时间<80ns。

4）输出电压

负载开路时，最大输出电压峰峰值为 20V；接有 50Ω 负载时，最大输出电压峰峰值为 10V。

7.4 直流稳压电源

直流稳压电源是将交流电转变为稳定的、输出功率符合要求的直流电的设备。各种电子电路都需要直流电源供电，因此直流稳压电源是各种电子电路或仪器不可缺少的组成部分。

7.4.1 直流稳压电源的组成及工作原理

直流稳压电源通常由电源变压器、整流电路、滤波器和稳压电路四部分组成，其原理框图如图 7-4-1 所示。

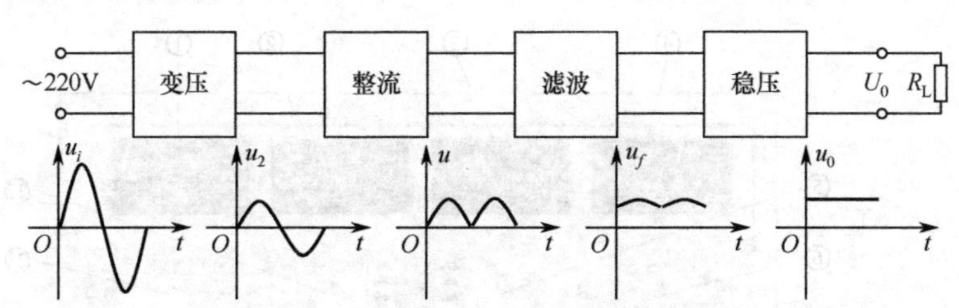

图 7-4-1 直流稳压电源的原理框图

各部分的作用及工作原理如下。

（1）电源变压器：将交流市电电压（220V）变换为符合整流需要的数值。

（2）整流电路：将交流电压变换为单向脉动直流电压。整流是利用二极管的单向导电性来实现的。

（3）滤波器：将脉动直流电压中的交流分量滤去，形成平滑的直流电压。滤波可利用电容、电感或电阻-电容来实现。

小功率整流滤波电路通常采用桥式整流、电容滤波，其输出直流电压可用 $U_F=1.2U_2$ 来估算，式中的 U_2 为变压器二次侧交流电压的有效值。

（4）稳压电路：其作用是当交流电网电压波动或负载变化时，保证输出直流电压稳定。简单的稳压电路可采用稳压管来实现，在稳压性能要求高的场合，可采用串联反馈式稳压电路（它包括基准电压、取样电路、放大电路和调整管等组成部分）。目前，市场上通用的集成稳压电路也相当普遍。

7.4.2 DF1731S 型直流稳压电源

DF1731S 型直流稳压电源是一种有三路输出的高精度直流稳定电源。其中两路为输出可调、稳压与稳流可自动转换的稳定电源，另一路为输出电压固定为 5V 的稳压电源。两路可调电源可以单独或者串联、并联运用。串联或并联时，只需要对主路电源的输出进行调节，从路电源的输出严格跟踪主路，串联时最高输出电压可达 60V，并联时最大输出电流为 6A。

1. 面板各元件名称及功能说明

DF1731S 型直流稳压电源面板如图 7-4-2 所示。

① 主路电压表：指示主路输出电压值。

② 主路电流表：指示主路输出电流值。

③ 从路电压表：指示从路输出电压值。

④ 从路电流表：指示从路输出电流值。

⑤ 从路稳压输出调节旋钮：调节从路输出电压值（最大为 30V）。

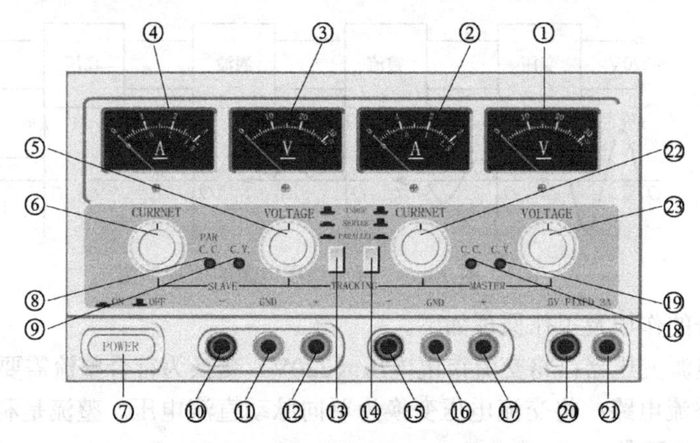

图 7-4-2　DF1731S 型直流稳压电源面板图

⑥ 从路稳流输出调节旋钮：调节从路输出电流值（最大为 3A）。

⑦ 电源开关：此开关被按下时，电源接通。

⑧ 从路稳流状态或两路电源并联状态指示灯：当从路电源处于稳流工作状态或两路电源处于并联状态时，此指示灯亮。

⑨ 从路稳压指示灯：当从路电源处于稳压工作状态时，此指示灯亮。

⑩ 从路直流输出负接线柱：从路电源输出电压的负极。

⑪ 机壳接地端。

⑫ 从路直流输出正接线柱：从路电源输出电压的正极。

⑬ 两路电源独立、串联、并联控制开关。

⑭ 两路电源独立、串联、并联控制开关。

⑮ 主路直流输出负接线柱：主路电源输出电压的负极。

⑯ 机壳接地端。

⑰ 主路直流输出正接线柱：主路电源输出电压的正极。

⑱ 主路稳流状态指示灯：当主路电源处于稳流工作状态时，此指示灯亮。

⑲ 主路稳压状态指示灯：当主路电源处于稳压工作状态时，此指示灯亮。

⑳ 固定 5V 直流电源输出负接线柱。

㉑ 固定 5V 直流电源输出正接线柱。

㉒ 主路稳流输出调节旋钮：调节主路的输出电流值（最大为 3A）。

㉓ 主路稳压输出调节旋钮：调节主路的输出电压值（最大为 30V）。

2. 使用方法

1）两路可调电源独立使用

将两路电源独立、串联、并联控制开关⑬和⑭均置于弹起位置，为两路可调电源独立使用状态。此时，两路可调电源分别可作为稳压源、稳流源使用，也可在作为稳压源使用时设定限流保护值。

（1）可调电源作为稳压电源使用：首先将稳流调节旋钮⑥和㉒顺时针调节到最大，然后打开电源开关⑦，调节稳压输出调节旋钮⑤和㉓，使从路和主路输出直流电压至所需要的数值，此时稳压状态指示灯⑨和⑲亮。

（2）可调电源作为稳流电源使用：打开电源开关⑦后，先将稳压输出调节旋钮⑤和㉓顺时针旋到最大，同时将稳流输出调节旋钮⑥和㉒反时针旋到最小，然后接上负载电阻，再顺时针调节稳流输出调节旋钮⑥和㉒，使输出电流至所需要的数值。此时稳压状态指示灯⑨和⑲暗，稳流状态指示灯⑧和⑱亮。

当可调电源作为稳压电源使用时，任意限流保护值的设定：打开电源，将稳流输出调节旋钮⑥和㉒反时针旋到最小，然后短接正、负输出端，并顺时针调节稳流输出调节旋钮⑥和㉒，使输出电流等于所要设定的电流值。

2）两路可调电源串联——提高输出电压

先检查主路和从路电源的输出负接线端与接地端间是否有连接片相连，如有则应将其断开，否则在两路电源串联时将造成从路电源短路。

将从路稳流输出调节旋钮⑥顺时针旋到最大，将两路电源独立、串联、并联控制开关⑬按下，⑭置于弹起位置，此时两路电源串联，调节主路稳压输出调节旋钮㉓，从路输出电压严格跟踪主路输出电压，在主路输出正端⑰与从路输出负端⑩间的最高输出电压可达60V。

3）两路可调电源并联——提高输出电流

将两路电源独立、串联、并联控制开关⑬和⑭均按下，此时两路电源并联，调节主路稳压输出调节旋钮㉓，指示灯⑧亮。调节主路稳流输出调节旋钮㉒，两路输出电流相同，总输出电流最大可为6A。

3. 使用注意事项

（1）仪器背面有一个电源电压（220/110V）变换开关，其所置位置应和市电220V一致。

（2）两路电源串联时，如果输出电流较大，则应用适当粗细的导线将主路电源输出负端与从路电源输出正端相连。两路电源并联时，如果输出电流较大，则应用导线分别将主、从电源的输出正端与正端、负端与负端相连接，以提高电源工作的可靠性。

（3）该电源设有完善的保护功能（固定 5V 电源具有可靠的限流和短路保护，两路可调电源具有限流保护），因此当输出发生短路时，完全不会对电源造成任何损坏。但是短路时电源仍有功率损耗，为了减少不必要的能量损耗和机器老化，应尽早发现短路并关掉电源，将故障排除。

7.5 实训：常用电子仪器仪表的使用

7.5.1 实训目的

（1）掌握常用电子仪器仪表的使用方法。

（2）掌握几种典型模拟信号的幅值、有效值和周期的测量。

7.5.2 实训内容

1. 熟悉电子仪器仪表

熟悉示波器、信号发生器、万用表和直流稳压电源等常用电子仪器仪表面板上各控制件的名称及作用。

2. 掌握电子仪器仪表的使用方法。

1）直流稳压电源的使用

（1）将两路可调电源独立稳压输出，调节一路输出电压为10V，另一路为15V。

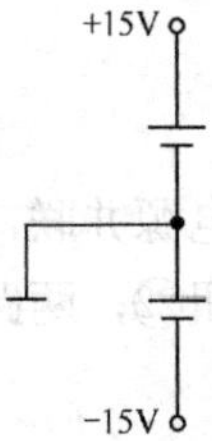

（2）将直流稳压电源的输出接为图7-5-1所示的正负电源形式。输出直流电压±15V。

（3）将两路可调电源串联使用，调节输出稳压值为48V。

+15V

−15V

图7-5-1　正负电源

2）示波器、信号发生器和万用表的使用

（1）示波器双踪显示，调出两条扫描线。注意当触发方式置于“常态”时有无扫描线。

（2）信号的测试：用示波器显示校准信号的波形，测量该信号的电压峰峰值、周期、高电平和低电平。并将测量结果与已知的校准信号峰峰值、周期相比较。

（3）正弦波信号的测试：用信号发生器产生频率为1kHz（由LED屏幕指示），有效值为2V（用万用表测量）的正弦波信号。再用示波器显示该正弦交流信号的波形，测出其周期、频率、峰峰值。数据填入表7-5-1中。

（4）叠加在直流电压上的正弦波信号的测试：调节信号发生器，产生一个叠加在直流电压上的正弦波信号。由示波器显示该信号波形，并测出其直流分量1V，交流分量峰峰值为5V，周期为1ms，如图7-5-2所示。

表 7-5-1 实验数据（一）

使用仪器	正弦波			
	周期	频率	峰峰值	有效值
信号发生器		1kHz		
万用表				2V
示波器				

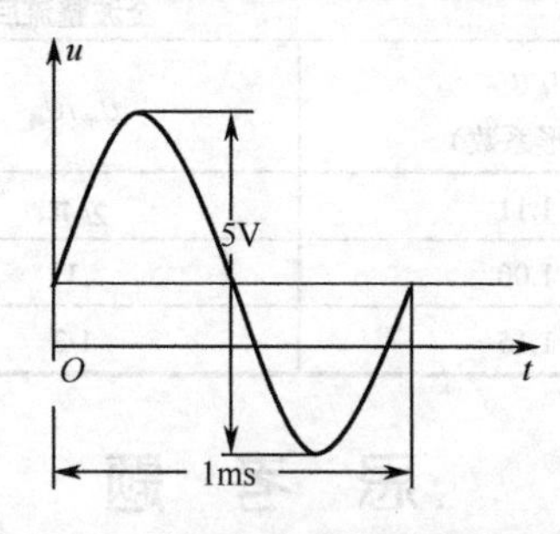

图 7-5-2 叠加在直流电压上的正弦波

用万用表分别测出该信号的直流分量电压值和交流电压有效值，用函数发生器测出（显示）该信号的频率。数据填入表 7-5-2 中。

表 7-5-2 实验数据（二）

使用函数	直流分量	交流分量			
		峰峰值	有效值	周期	频率
示波器	1V	5V		1ms	
万用表					
信号发生器					

3）几种周期性信号的幅值、有效值及频率的测量

调节信号发生器，使其输出信号波形分别为正弦波、方波和三角波，信号的频率为 2kHz（由函数发生器频率指示），信号的大小由万用表（交流挡）测量为 1V。用示波器显示信号波形，且测量信号的周期和峰值，计算出频率和有效值。数据填入表 7-5-3 中（有效值的计算可参考表 7-5-4）。

表 7-5-3 实验数据（三）

信号波形	函数发生器频率指示 / kHz	交流毫伏表指示 / V	示波器测量值		计算值	
			周期	峰值	频率	有效值
正弦波	2	1				
方波	2	1				

（续表）

信号波形	函数发生器频率指示 / kHz	交流毫伏表指示 / V	示波器测量值		计算值	
			周期	峰值	频率	有效值
三角波	2	1				

表 7-5-4　各种信号波形有效值 $U_{有}$、平均值 $U_{平}$、峰值 $U_{峰}$之间的关系

信号波形	全波整流后		
	$U_{有}/U_{平}$（波形系数）	$U_{平}/U_{峰}$	$U_{有}/U_{峰}$
正弦波	1.11	$2/\pi$	$1/\sqrt{2}$
方波	1.00	1	1
三角波	1.15	1/2	$1/\sqrt{3}$

思　考　题

1. 指针式万用表如何测电阻、交直流电压、直流电流？使用时应注意什么？

2. 数字式万用表如何测电阻、交直流电压、直流电流？

3. 使用示波器时，如果出现以下情况：①无图像；②只有垂直线；③只有水平线；④图像不稳定，试说明可能的原因，应调整哪些旋钮加以解决？

4. 用示波器测量电压的大小和周期时，垂直微调旋钮和扫描微调旋钮应置于什么位置？

5. 用示波器测量直流电压的大小与测量交流电压的大小相比，在操作方法上有哪些不同？

6. 设已知一个信号发生器的输出电压峰峰值 U_{OP-P} 为 10V，此时分别按下输出衰减 20dB、40dB 键或同时按下 20dB、40dB 键，在这三种情况下，信号发生器的输出电压峰峰值变为多少？

第8章

典型电子产品的整机装配与调试

在科学技术如此发达的今天，生产和生活中使用的电子产品不尽其数，品种繁多，工作原理也各不相同。本章仅就学生电子实训中应该完成的数字式万用表、收音机的基本原理、安装与调试方法进行简单的介绍。

8.1 数字式万用表的组装实训

数字式万用表是电子实训中最常用的测量仪表，使用得比较广泛。本次实训的主要目的是了解 DT830B 型数字式万用表的基本结构和原理，认识并测量元器件，了解元器件标识的意义，对照原理图和印制电路板图，理解电路组装工艺，调试并检测各部分电路功能和质量，提高综合安装测试技能。

8.1.1 DT830B 数字式万用表简介

DT830B 是一个手持式数字万用表，采用单电源供电，且电压范围较宽，一般使用 9V 电池，可用来测量交直流电压、直流电流、电阻、二极管和小功率三极管的 h_{FE}；输入阻抗高，利用内部的模拟开关实现自动调零与极性转换；A/D 转换速度较慢，只能满足常规测量的需要。双积分 A/D 转换器是 DT830B 的“心脏”，通过它实现模拟量/数字量的转换。A/D 转换器采用的集成电路 7106 是 CMOS 三位半单片 A/D 转换器，将双积分 A/D 转换器的模拟电路，如缓冲器、积分器、比较器和模拟开关，以及数字电路部件的时钟脉冲发生器、分频器、计数器、锁存器、译码器、异或的相位驱动器和控制逻辑电路等全部集中在一个芯片上，使用时只需配以显示器和少量的阻容元件即可组成一台三位半的高精度、读数直观、功能齐全、体积小巧的仪表。

1. 技术指标

（1）显示屏：采用 15mm×50mm 液晶显示屏。

（2）位数：4 位数字，最大显示值为 1999 或−1999。

（3）电源：9V 电池一节。

（4）超量程显示：超量程显示“1”或“−1”。

（5）低电压指示：低电压指示为“BAT”。

（6）取样时间：0.4s，测量速率为 3 次/秒。

（7）归零调整：具有自动归零调整功能。

（8）极性：正负极极性自动变换显示。

2. 测量范围

（1）直流电压：200mV～1000V 分 5 挡，最小分辨率为 0.1mV，输入阻抗为 10MΩ。

（2）交流电压：200V、750V 分 2 挡，最小分辨率为 0.1V，输入阻抗为 10MΩ。

（3）直流电流：200μA～10A 分 5 挡，最小分辨率为 0.1μA，满量程仪表压降为 250mV。

（4）电阻：200Ω～2MΩ 分 5 挡，最小分辨率为 0.1Ω。

（5）二极管：显示近似二极管正向电压值。测试电压为 2.8V，测试电流为（1±0.5）mA。

（6）三极管 h_{FE}：0～1000，I_b 取 10μA，U_{ce} 取 2.8V。

8.1.2 DT830B 数字式万用表的各单元电路原理

DT830B 电路原理图如图 8-1-1 所示。

1. A/D 转换器 7106 的主要引脚功能

DT830B 所用的 A/D 转换器采用 COB 封装，内有异或门输出，能直接驱动 LCD 显示，使用一节 9V 电池供电，耗电极省，正常使用电流仅为 1mA，一节电池连续工作 400 小时，断续使用达一年以上。

44 脚 7106 的各引脚功能说明如下，其引脚序号如图 8-1-2 所示。

V_+（8 脚）、V_-（34 脚）：接电池的正极和负极，芯片内的 V_+和 COM 端之间有一个稳定性很高的 3V 基准电压，当电池电压低于 7V 时，基准电压稳不住 3V。3V 基准电压通过电阻分压后取得 100 mV 的基准电压，供 V_{REF} 使用。

TEST（3 脚）：测试端，可测试 LCD 显示器的所有笔画。将 TEST 脚和 V_+脚短接，显示屏上显示 BAT1888，除小数点之外的笔画点亮；也可用作负电源的输出供驱动器或组成小数点用，但输出电压随电池电压波动。

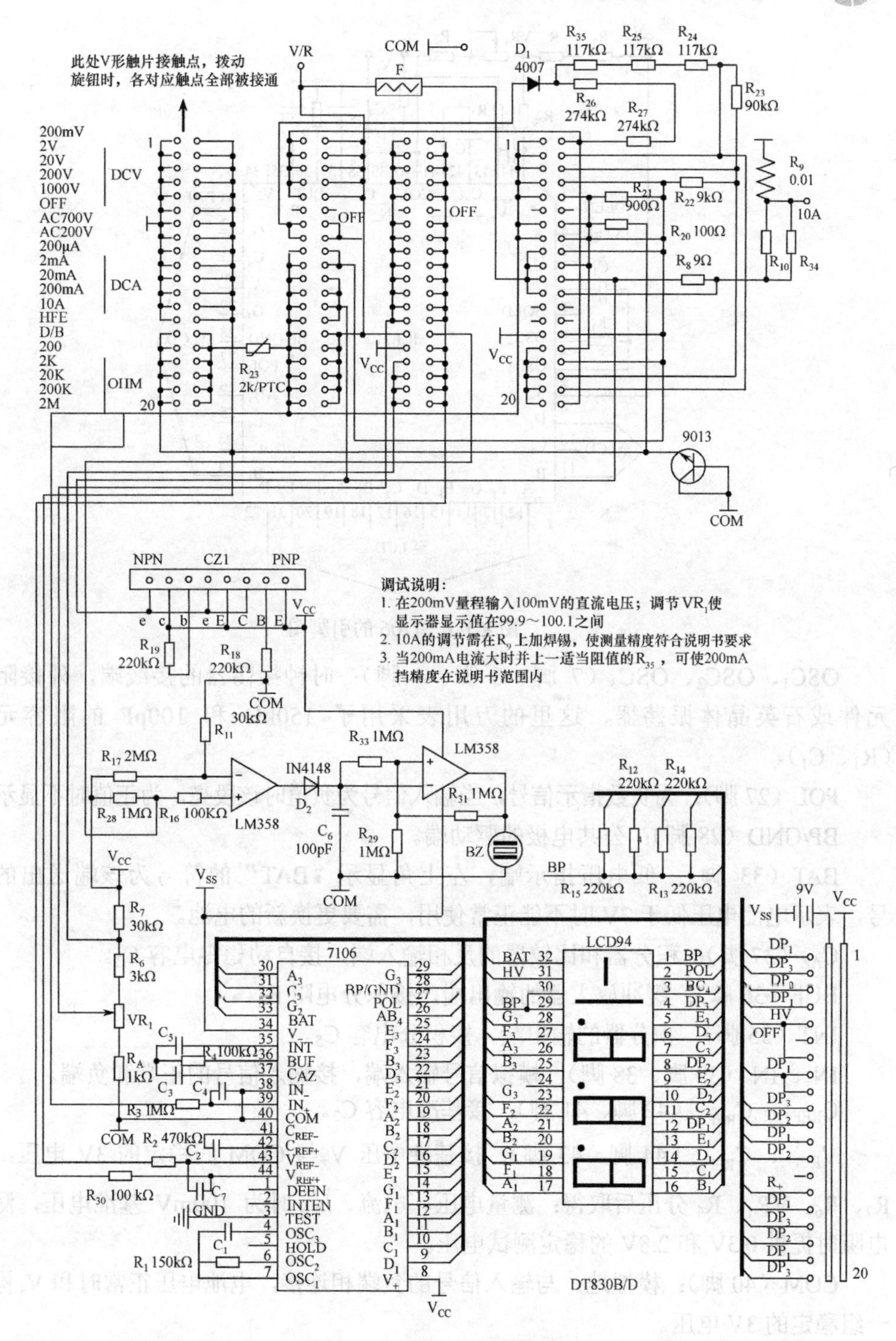

图 8-1-1 DT830B 电路原理图

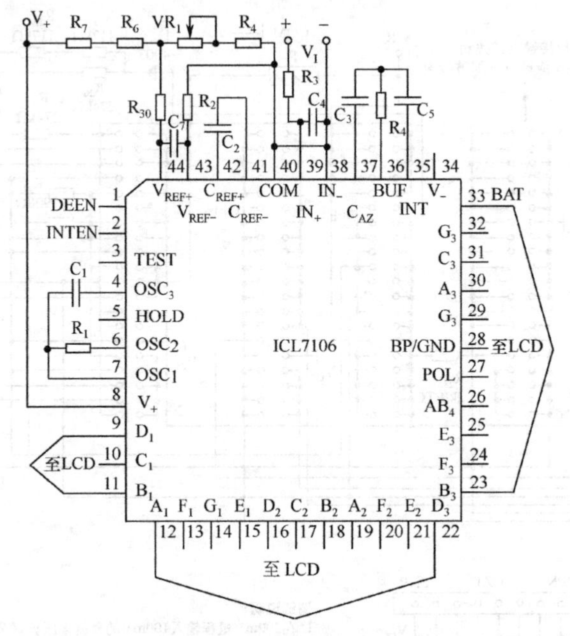

图 8-1-2　7106 的引脚图

OSC$_1$、OSC$_2$、OSC$_3$（7 脚、6 脚、4 脚）：时钟振荡器的接线端，外接阻容元件或石英晶体振荡器，这里的万用表采用了 150kΩ 和 100pF 的阻容元件（R_1、C_1）。

POL（27 脚）：为负数指示信号，当输入信号为负值时该段亮，为正值时不显示。

BP/GND（28 脚）：公共电极的驱动端。

BAT（33 脚）：低电压指示端，左上角显示“BAT”的符号为该端送出的信号，表示电池电压低于 7V 时不能正常使用，需要更换新的电池。

C_{AZ}（37 脚）：积分器和比较器的反相输入端，接自动稳零电容 C_3。

BUF（36 脚）：缓冲放大器的输出端，接积分电阻 R_4。

INT（35 脚）：积分器的输出端，接积分电容 C_5。

IN_+、IN_-（39 脚、38 脚）：模拟信号输入端，接输入信号的正端和负端。

C_{REF+}、$C_{REF\_}$（42 脚、41 脚）：接基准电容 C_2。

V_{REF+}、$C_{REF\_}$（44 脚、43 脚）：接基准电压 V_+与 COM 间稳定的 3V 电压，经 R_7、R_6、VR_1、R_4 分压后取得；测量电压、电流、h_{FE} 时为 100mV 基准电压，测量电阻时提供 0.3V 和 2.8V 的稳定测试电压。

COM（40 脚）：模拟地，与输入信号的负端相连接，电池电压正常时和 V_+构成一组稳定的 3V 电压。

AB_4（26 脚）：千位笔画的驱动信号端，当输入信号大于液晶显示器的最大显示值

1999 时显示会发生溢出，千位数显示“1”的同时百位、十位、个位数字全灭。

A_1～G_1：为个位的驱动信号，接个位 LCD 的对应笔画电极。

A_2～G_2：为十位的驱动信号，接十位 LCD 的对应笔画电极。

A_3～G_3：为百位的驱动信号，接百位 LCD 的对应笔画电极。

7106 没有小数点驱动信号输出，DP_1、DP_2、DP_3 三位小数点是通过转换开关直接与 V_+连接而显示的。

2. 双积分 A/D 转换器

A/D 转换器的每一个测量过程分为自动稳零（A_z）、信号积分（INT）和反向积分（DE）三个阶段。

（1）自动稳零阶段：通过电路内部的模拟开关，使 IN_+、IN_-两个输入与公共端 COM 短接，同时基准电压 V_{REF} 端向基准电容 C_7 充电，这时积分器、比较器和缓冲放大器的输出均为零，基准电容被充电到 U_{REF}。

（2）信号积分阶段：信号一旦进入积分阶段便受到逻辑开关的控制，输入端 IN_+、IN_-不再短接公共端，积分器、比较器也开始工作，被测电压送至积分器，在时间 T_1 内以 IN /（$R_4 \cdot C_5$）的斜率对 IN 进行正向积分。

（3）反向积分阶段：在对 IN 进行极性判别后，再用 C_5 上已充好的电压以 U_{REF} /（$R_4 \cdot C_5$）的斜率进行反向积分，经过时间 T_2 后积分器的输出又回到零电平。

由于 T_1 的时间、周期、基准电压都是固定不变的，所以计数值和被测电压成正比，从而实现了模拟量到数字量的转变。积分器的输出信号经比较器进行比较后作为逻辑部分的程序控制信号，逻辑电路不断重复产生 AZ、INT、DE 三个阶段的控制信号，适时地指挥计数器、锁存器、译码器、液晶驱动器协调地工作，使对应于输入信号脉冲个数的数字显示出来。

3. 直流电压测量

直流电压的测量分为 5 挡，最大量程是 1000V。如图 8-1-3 所示，R_{26}、R_{27} 的阻值都为 274kΩ，R_{24}、R_{25}、R_{35} 的阻值都为 117kΩ，R_{23} 的阻值为 90kΩ，R_{22} 的阻值为 9kΩ，R_{21} 的阻值为 900Ω，R_{20} 的阻值为 100Ω，它们是精度较高的分压电阻，误差为±0.3%，总阻值是 1MΩ，其精度直接影响测量精度。总阻值即为测量直流电压的输入阻抗。最小分辨率是 0.1mV。分压后的电压必须在−0.199～+0.199V 内，否则将显示为过载。过载显示最高位，显示为“1”，其余位不显示。

4. 交流电压测量

交流电压只分为 2 挡测量，即 200V 和 750V，最大测量电压不超过 750V 的有效值和 1000V 的峰值。交流电压首先进行整流并通过低通滤波器对波形进行整形，然后送入共用的直流电压测量电路，最后将测出交流电压的有效值。整流二极管 VD_1（IN4007）的反向击穿电压是 1000V，输入阻抗是 450 kΩ，如图 8-1-4 所示。

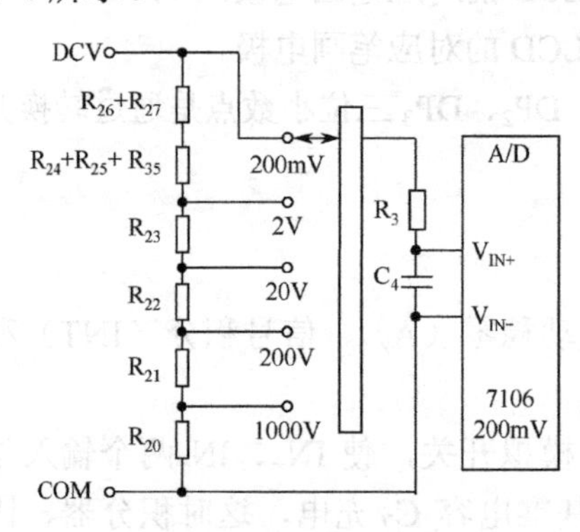

图 8-1-3 直流电压测量电路

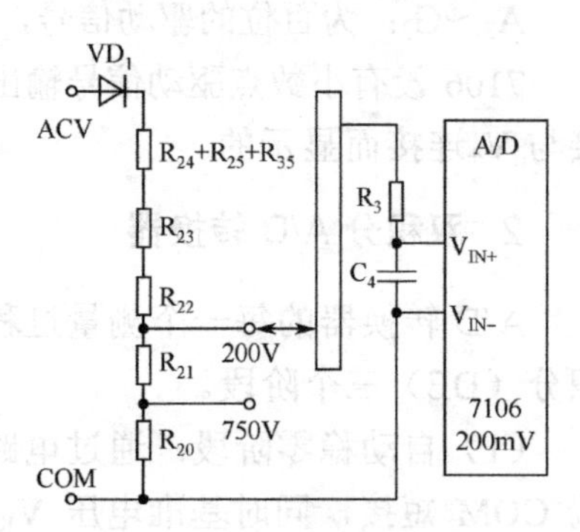

图 8-1-4 交流电压测量电路

5. 直流电流测量

直流电流测量原理是借助分流电阻将 200mV 的直流电压表改成 5 量程的直流电流表，取样电阻将输入电流转换为−0.199～+0.199V 之间的电压后送入 7106 输入端，当设置为 10A 挡时，输入电流直接接 10A 插孔而不通过选择开关。由于 A/D 转换器的输入阻抗达 10MΩ，故对输入信号无衰减作用。除了 10A 挡外，其余 4 档还有熔断器，起双重保险作用，如图 8-1-5 所示。

6. 三极管 h_{FE} 测量

选配专用的 8 芯插座，8 个芯孔分成两个区域（每 4 个芯孔 1 个区域），分别接 NPN 型、PNP 型三极管的管脚，集成电路 7106 的内部电路提供 2.8V 的稳定电压。当 PNP 型晶体三极管插入插座时，基极到发射极的电流流过偏置电阻 R_{18}，由 R_{18} 上的电压产生集电极电流，R_{18} 上的电压送入 7106 并同时显示晶体三极管的 h_{FE} 值。对 NPN 型晶体三极管，发射极电流流过偏置电阻 R_{19} 并同时显示晶体管的 h_{FE} 值。h_{FE} 测量范围是 0～1000，如图 8-1-6 所示。

7. 电阻测量和二极管测量

电阻和直流电压测量共用一套电阻，分 5 挡测量电阻和一挡测量二极管。测量电阻分为 200Ω、2kΩ、20kΩ、200kΩ、2MΩ，采用比例测量。V_+的 3V 稳定电压经 R_7、R_{11} 分别向被测电阻提供测试电压，测量高电阻值时提供 1/10 的 V_+电压值，测量低电阻值或二极管时，由于数字万用表内的 9V 电池提供的正向电压，使得测量电压提高至 2.73V 的稳定电压，这时电流的功耗也相应提高，如图 8-1-7 所示。

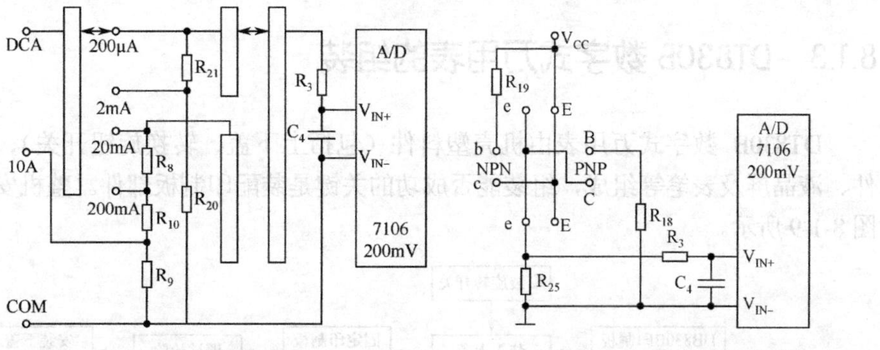

图 8-1-5 直流电流测量电路　　　　图 8-1-6 三极管 h_{FE} 测量电路

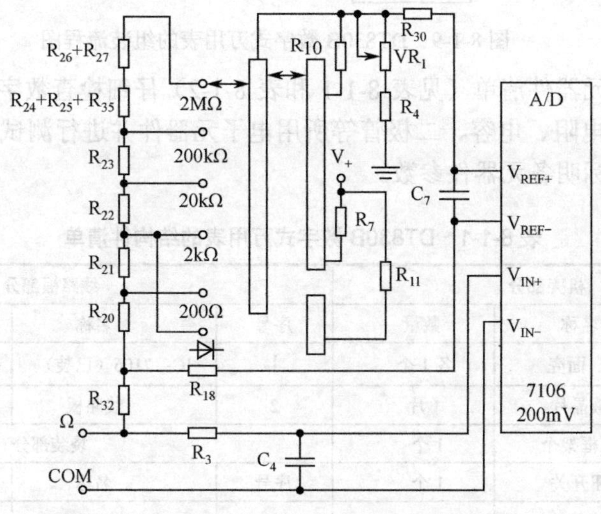

图 8-1-7 电阻、二极管测量电路

8. 基准电压的选取

测量直流电压、交流电压、直流电流及三极管 h_{FE} 时，A/D 转换器的基准电压由 V_+和 COM 间的 3V 电压通过 R_7、R_6、VR_1、R_4分压后得到，如图 8-1-8 所示。

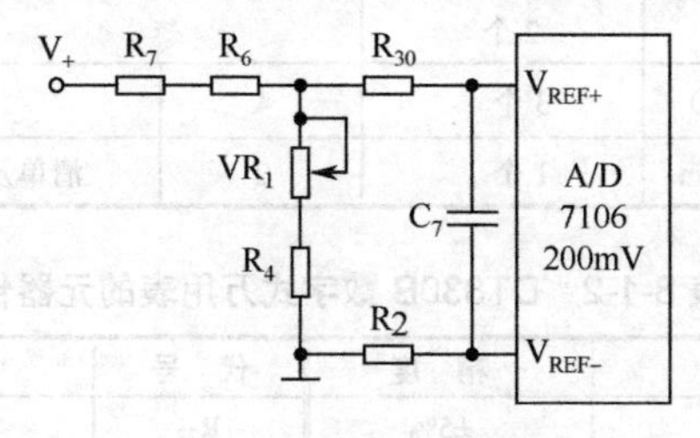

图 8-1-8 基准电压电路

8.1.3 DT830B 数字式万用表的组装

DT830B 数字式万用表由机壳塑料件（包括上下盖、转换旋钮开关）、印制板部件、液晶屏及表笔等组成，组装能否成功的关键是装配印制板部件。整机安装过程如图 8-1-9 所示。

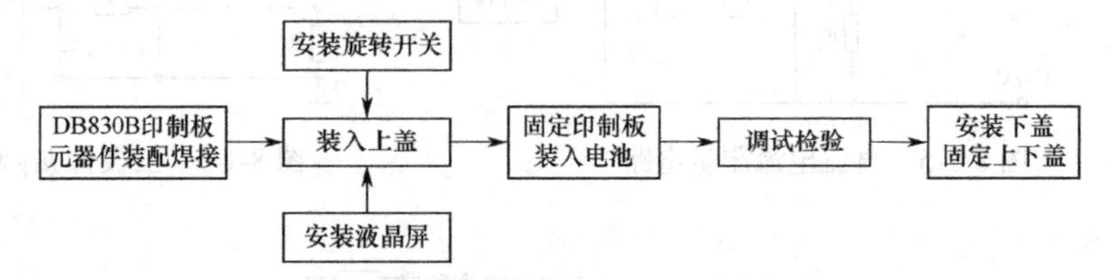

图 8-1-9 DT830B 数字式万用表的组装流程图

安装前对照元器件清单（见表 8-1-1 和表 8-1-2）仔细检查数字式万用表的组件是否齐全，认识电阻、电容、二极管等所用电子元器件并进行测试，看元器件精度是否达到要求，标明各元器件参数。

表 8-1-1 DT830B 数字式万用表的结构件清单

机壳部分			线路板部分		
序号	名称	数量	序号	名称	数量
1	底、面壳	各 1 个	1	IC：7106（已装）	1 个
2	液晶片	1 片	2	线路板	1 块
3	液晶压框架个	1 个	袋装部分		
4	旋钮开关	1 个	序号	名称	数量
5	功能面板	1 张	1	保险管座	1 套
6	导电胶条	1 件	2	HFE 座	1 个
7	滚珠	2 个	3	V 型弹片	6 个
8	定位弹簧	2 个	4	9V 电池	1 个
9	2×6 自攻螺钉	3 个	5	电池扣	1 个
10	2.5×9 自攻螺钉	2 个	附件		
11	输入插孔柱（已装）	3 个	1	表笔	1 副
12	接地弹簧 4×13.5mm	1 个	2	清单及电路图	1 份

表 8-1-2 DT830B 数字式万用表的元器件清单

代 号	参 数	精 度	代 号	参 数	精 度
R_1	150kΩ	±5%	R_{22}	9kΩ	0.3%
R_2	470kΩ	±5%	R_{23}	90kΩ	0.3%

（续表）

代 号	参 数	精 度	代 号	参 数	精 度
R_3	1MΩ	±5%	R_{24}	117kΩ	0.3%
R_4	100kΩ	±5%	R_{25}	117kΩ	0.3%
R_5	1kΩ	±1%	R_{26}	274kΩ	0.3%
R_6	3kΩ	±1%	R_{27}	274kΩ	0.3%
R_7	30kΩ	±1%	R_{30}	100kΩ	±5%
R_8	9Ω	0.3%	R_{32}	2kΩ	±5%
R_9	锰铜丝分流器 0.01Ω		R_{35}	117kΩ	0.3%
R_{10}	0.99Ω	0.5%	C_1	100pF	瓷片 101
R_{12}	220kΩ	±5%	C_2	100nF	独石 104
R_{13}	220kΩ	±5%	C_3	100nF	独石 104
R_{14}	220kΩ	±5%	C_4	100nF	独石 104
R_{15}	220kΩ	±5%	C_5	100nF	涤纶 104
R_{18}	220kΩ	±5%	VR_1	可调电位器 201	
R_{19}	220kΩ	±5%	Q_1	9013H	
R_{20}	100Ω	0.3%	D_3	1N4007	
R_{21}	900Ω	0.3%			

1. 印制板的装配

印制板是双面板，板的 A 面（有圆形印制铜导线）是焊接面，如图 8-1-10 所示，中间的圆形印制铜导线是万用表的功能、量程转换开关电路，如果被划伤或有污迹，对整机的性能会影响很大，因此必须小心加以保护。

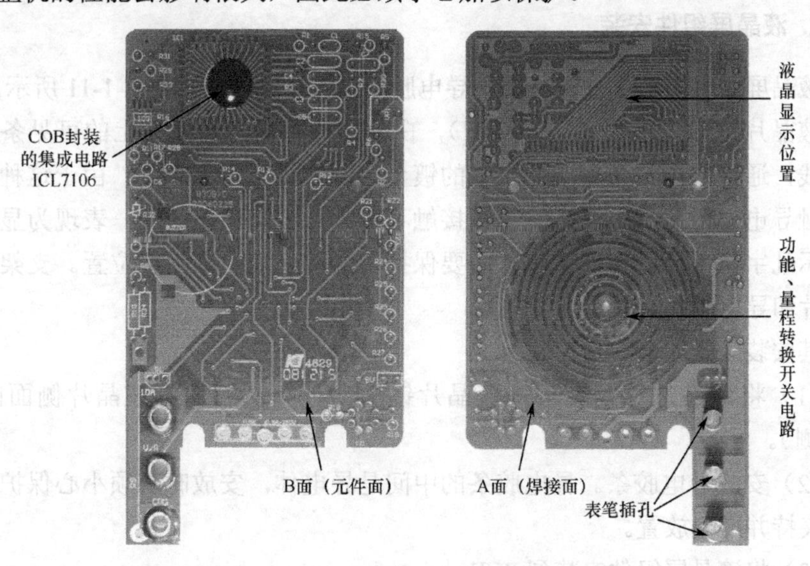

图 8-1-10　DT830B 数字式万用表的 PCB

其安装步骤如下所述。

（1）将 DT830B 数字式万用表的元器件清单上的所有元器件按顺序插到印制电路板的相应位置上。

① 安装电阻、电容、二极管时，如果安装孔距大于 8mm（如 R_{10}、R_{34} 等，印制板图上画有电阻符号的），应采用卧式安装；如果安装孔距小于 5mm（如印制板图上画有“O”的其他电阻等），应进行立式安装。

② 一般额定功率在 1/4W 以下的电阻可贴板安装，立装电阻和电容与 PCB 的距离一般为 0～3mm。

③ 安装二极管、电解电容时要注意它们的极性；安装晶体管时应注意引脚不要插错。

（2）安装电位器、三极管插座（h_{FE} 插座）。

注意安装方向：三极管插座装在 A 面，而且应使定位凸点与外壳凹口对准，在 B 面焊接。

（3）安装熔断器、弹簧、锰铜分流丝。焊点大，注意预焊和焊接时间。

（4）安装电池线。电池线由 B 面穿到 A 面再插入焊孔，在 A 面焊接。红线接“+”，黑线接“–”。

请注意：印制电路板上的焊点较小、较密，焊接元器件时应该注意防止焊点间搭焊短路；焊接时间不能太长，以免损坏元器件或使铜箔从印制板上剥离，时间也不能太短，以免造成虚焊。

2. 液晶屏组件安装

液晶屏组件由液晶片、支架、导电胶条组成，其安装如图 8-1-11 所示。

液晶片镜面为正面（显示字符），白色面为背面，透明条上的可见条状引线为引出线，通过导电胶条与印制板上的镀金印制导线实现电连接。由于这种连接靠表面接触导电，因此导电面被污染或接触不良都会引起电路故障，表现为显示缺笔画或显示乱字符。因此，安装时务必要保持清洁并仔细对准引线位置。支架用来固定液晶片和导电胶条。

其安装步骤如下。

（1）将液晶片放入支架，液晶片镜面向下（从正面看液晶片侧面的凸起点在左侧）。

（2）安放导电胶条。导电胶条的中间是导电体，安放时必须小心保护，用镊子轻轻夹持并准确放置。

（3）将液晶屏组件安装到 PCB 上。

① 将液晶屏组件放到平整的台面上，注意保护液晶面，准备好印制板。

② 印制板的 A 面向上，将 4 个安装孔对准液晶屏组件的相应安装爪。

③ 均匀施力将液晶屏组件插入印制板。

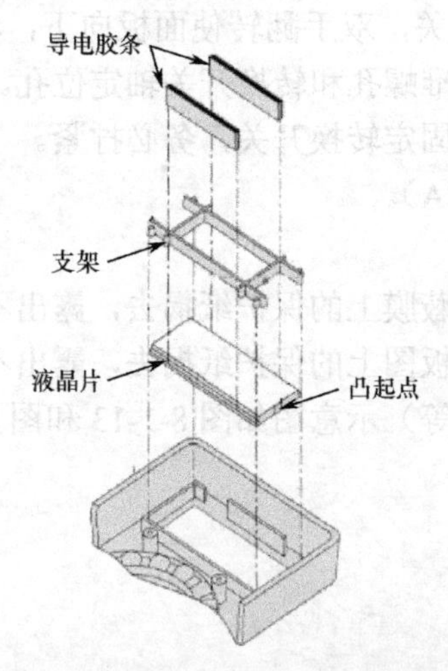

图 8-1-11 液晶屏组件安装示意图

3. 组装转换开关

（1）转换开关由塑壳和弹片组成。用镊子将弹片倒扣装到塑壳内的横梁上并卡紧。将 V 形弹片装到旋钮上，共 6 个。注意：弹片易变形，用力要轻。

（2）装完弹片后把旋钮翻转，将两个小弹簧蘸少许凡士林放入旋钮的两个圆孔，再把两个滚珠放在表壳合适的位置上。安装如图 8-1-12 所示。

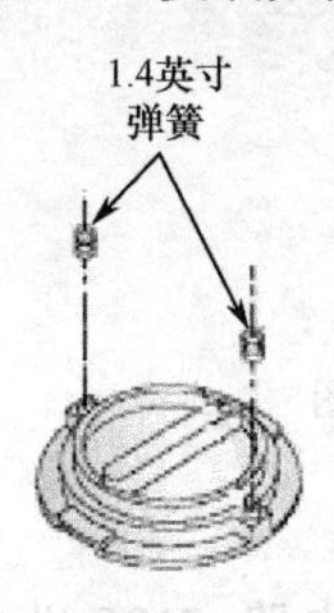

图 8-1-12 旋转开关弹簧安装示意图

（3）将装好弹簧的旋钮按正确的方向放入表壳。

4. 总装

（1）安装转换开关/前盖。

① 将弹簧、滚珠依次装入转换开关两侧的孔里。

② 将转换开关用左手托起。

③ 右手拿前盖板对准转换开关孔位。

④ 将转换开关贴放到前盖相应位置上。

（2）左手按住转换开关，双手翻转使面板向下，将装好的印制板组件对准前盖位置，装入机壳，注意对准螺孔和转换开关轴定位孔。

（3）安装三个螺钉，固定转换开关，务必拧紧。

（4）安装熔断器（0.2A）。

（5）安装电池。

（6）贴屏蔽膜。将屏蔽膜上的保护纸揭去，露出不干胶面，贴到后盖内。

（7）贴面板图。将面板图上的保护纸揭去，露出不干胶面，贴到前盖表面。

总安装（前盖、后盖等）示意图如图 8-1-13 和图 8-1-14 所示。

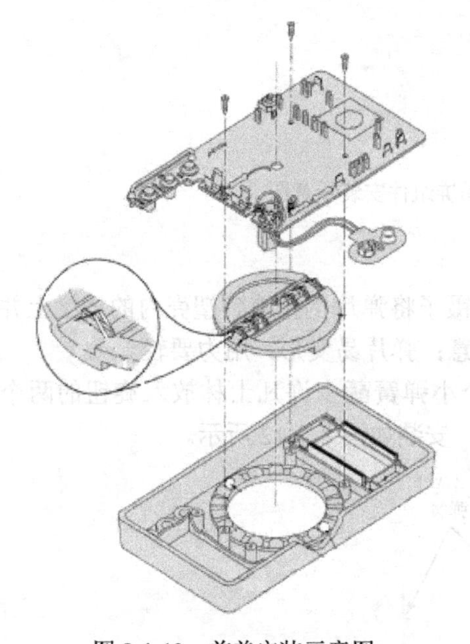

图 8-1-13　前盖安装示意图

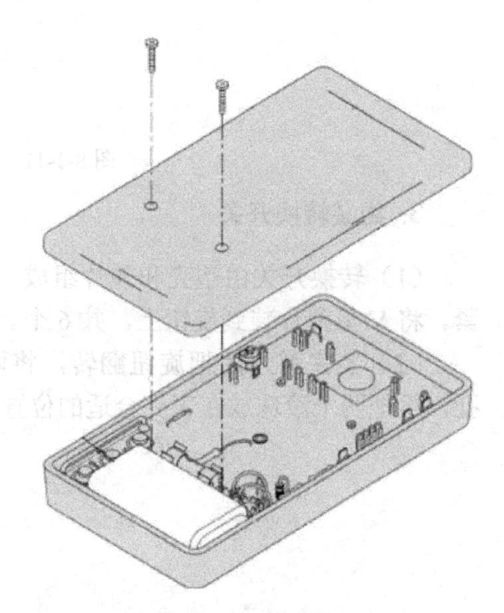

图 8-1-14　后盖安装示意图

5. 检测

校准的检测原理：以集成电路 7106 为核心的数字式万用表的基本量程为 200mV 挡，其他量程和功能可通过相应转换电路转换为基本量程，因此校准时只需对参考电压 100mV 进行校准即可保证精度。检测仪表时应先检查该挡工作是否正常。当直流电压基本挡（200mV 挡）的显示不回零，一般是由于直流电压基本挡电路中的分压电阻附近较脏所致，应擦干净电阻周围使显示回零，然后由直流电压源输入 1V 电压进行校准，校准时调直流电位器。其他功能及量程的精度由相应元器件的精度和正确安装来保证。

数字式万用表的功能和性能指标由集成电路的指标和合理选择外围元器件得到保证，只要安装无误，仅做简单调整即可达到设计指标。

调整方法 1：在装后盖前将转换开关置于 200mV 电压挡，插入表笔，测量集成电路 35、36 引脚之间的电压（具体操作时可将表笔接到电阻 R_4 和 C_5 的引线上测量），调节表内的电位器 VR_1，使表显示 100mV 即可。

调整方法 2：在装后盖前将转换开关置于 2V 电压挡（注意防止开关转动时滚珠滑出），此时用待调整表和另一个数字表（已校准，或 4 位半以上数字表）测量同一个电压值（如测量一节电池的电压），调节表内电位器 VR_1 使两表显示一致即可。盖上后盖，安装后盖上的两个螺钉。至此安装全部完毕，安装完整的 DB830B 数式字万用表如图 8-1-15 所示。

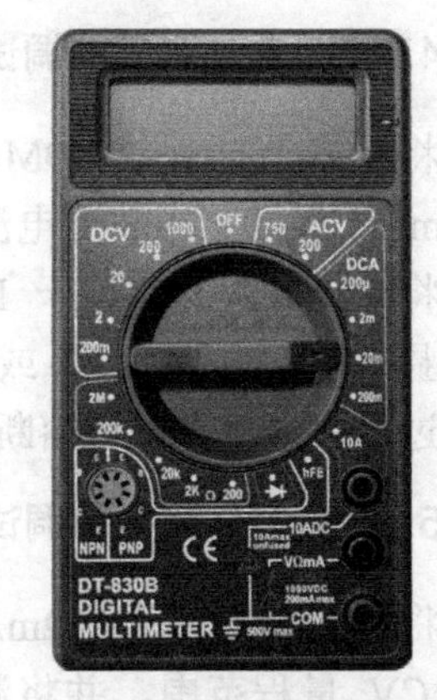

图 8-1-15 DB830B 数式字万用表

8.1.4 DT830B 数字式万用表的调试

1. 调试的基本顺序

（1）先调零点，后调功能。首先进行零点检查或零点调整，然后再转入功能调试。

（2）先直流、后交流。首先调直流挡，然后再调交流挡。

（3）先电压、后电流。先调电压挡，再检查电流挡。

（4）先低挡，后高挡。从最低量程开始调，逐渐增大量程。

（5）先基本挡，后附加挡。DT830B 数字式万用表共设 16 个基本挡，其余为附加挡（测量二极管、h_{FE}、电路通断 OFF、三极管及 10A 插孔）。附加挡是由基本挡的电路扩展而成的。只要调好基本挡，附加挡的调试工作就很容易完成。

2. 零点调试

把两支表笔短接，将转换开关依次拨至直流电压各挡（从小到大）、交流电压各挡（从小到大）、直流电流各挡（从小到大），显示应为 0。

各电阻挡在开路时应显示“1”，将表笔短路时（除 200 欧姆挡外）其他各挡应显示“0”。

3. 直流电压测量的调试

将红表笔插入“VΩmA”插孔，黑表笔插入“COM”插孔。将转换开关置于

DCV 量程范围，并将测试笔连接到待测电源或负载上。注意：如果显示屏只显示“1”，则表示已超过量程，转换开关应置于更高量程上。测量时不要输入高于 1000V 的电压，要特别注意避免触电。

4. 直流电流测量的调试

将黑表笔插入“COM” 插孔，当被测电流不超过 200mA 时，红表笔插入“VΩmA”插孔；当被测电流为 200mA～10A 时，红表笔插入“10A”插孔。

将功能量程开关置于 DCA 量程范围，并将测试笔串接到待测负载上。注意：如果显示屏只显示“1”或“-1”，表示已经超过量程，转换开关应置于更高量程上。过量的电流将烧坏熔断器，10A 量程无熔断器保护。

5. 交流电压测量的调试

将红表笔插入“VΩmA”插孔，黑表笔插入“COM” 插孔。将转换开关置于 ACV 量程范围，并将测试笔连接到待测电源或负载上。其注意事项同直流电压测量。

6. 电阻测量的调试

将红表笔插入“VΩmA”插孔，黑表笔插入“COM” 插孔。将转换开关置于所需的 Ω 挡位置，将测试笔接到被测电阻上，从显示屏上读取测量结果。注意：检查在线电阻时，必须先将被测线路的电源关断，并将线路内的电容充分放电。测量 1MΩ 以上的电阻时，可能需要几秒后读数才会稳定，这是正常现象。

7. 二极管的测试

将红表笔插入“VΩmA”插孔，黑表笔插入“COM”插孔。将转换开关置于二极管位置，将测试笔接到被测二极管上，从显示屏上读取被测二极管的近似正向压降值。

8. 三极管的测试

将转换开关置于 h_{FE} 位置。判断三极管是 NPN 或 PNP 型，将基极、发射极和集电极分别插入仪表面板上三极管测试插座的相应孔内。从显示屏上读取 h_{FE} 的近似值。测试条件：I_b=10μA，U_{ce}=3V。

8.2 超外差式收音机的组装实训

超外差式收音机具有灵敏度高、选择性好、保真度高、音质优美等特点。因此，这种电路结构获得了广泛的应用，并已成为分立元件收音机的“主流”。本次实训的主要目的是在熟悉超外差式收音机工作原理的基础上，对照原理图和印制电路板图，掌握无线电整机装配工艺，以及收音机的调试技巧和维修方法。

8.2.1 超外差式收音机简介

1. 超外差式收音机的组成结构

超外差式收音机的电路形式很多，但大体上都是由输入回路、变频级、中频放大级、检波级、低频放大级、功放级和扬声器组成，其结构框图如图 8-2-1 所示。

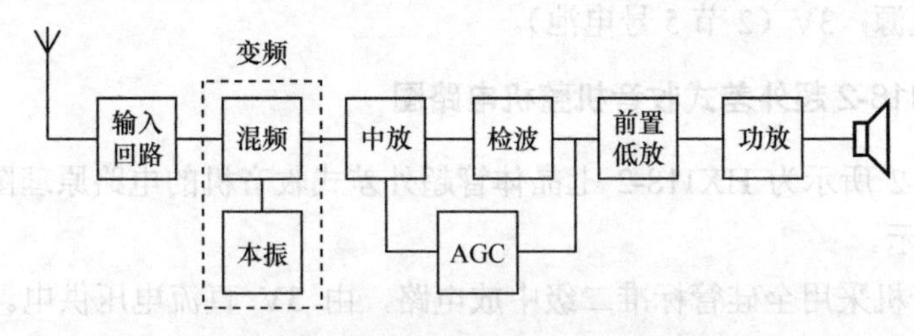

图 8-2-1 超外差式收音机的结构框图

把接收到的电台信号与本机振荡信号同时送入变频管进行混频，并始终保持本机振荡频率比外来信号频率高 465kHz，通过选频电路，取两个信号的“差额”进行中频放大，这种电路叫作超外差式电路，采用超外差式电路的收音机叫作超外差式收音机。

2. 超外差式收音机的工作原理

由接收天线把空中无线电波转变成高频信号，再由输入调谐回路选择一个后送入变频级。变频级包括混频器和本机振荡器两部分。本机振荡器产生的振荡信号，其频率比输入的高频信号的频率高 465kHz，这两个信号同时送入混频器进行混频，混频后产生一系列新的频率信号，其中除输入的高频信号及本机振荡信号外，还有频率为两者之和的和频信号及两者之差的差频信号等。这些信号经过接在混频器输出端的调谐回路选择后，只允许差频信号通过。由于本机振荡信号与输入高频信号的频率差为 465kHz，并且本机振荡器振荡回路的电容与收音机输入回路的电容是同轴联调的调谐电容器，所以不管如何调节，都使差频为 465kHz。也就是说，不论接收哪一个电台的信号，经变频级送到中频放大器的信号总是一个固定的频率，即 465kHz。这个固定的中频信号经过中频放大器（一般为两级）放大到一定程度后，再送入检波器进行检波，将音频信号选出来。检波输出的音频信号，经过低频放大器放大和功率放大，最后推动扬声器发出声音。

3. HX118-2 超外差式收音机的主要性能指标

（1）频率范围：525～1605 kHz。

（2）中频频率：465 kHz。

（3）灵敏度：≤2mV/ms/N 20dB。

（4）选择性：>20dB±9 kHz。

（5）输出功率：>180mW。

（6）扬声器：Φ57mm，8Ω。

（7）电源：3V（2 节 5 号电池）。

4. HX118-2 超外差式收音机整机电路图

图 8-2-2 所示为 HX118-2 七晶体管超外差式收音机的电路原理图，其装配图如图 8-2-3 所示。

该收音机采用全硅管标准二级中放电路，由 3V 直流电压供电。为了提高功放的输出功率，3V 直流电压经滤波电容 C_{15} 去耦滤波后，直接给低频功率放大器供电。前面各级电路是用 3V 直流电压经过由 R_{12}、VD_1、VD_2 组成的简单稳压电路稳压后（稳定电压为 1.4V）供电的。其目的是提高从变频级到中频放大级的电路静态工作点的稳定性，使之不会因电池电压降低而影响接收灵敏度，使收音机仍能正常工作。该收音机体积小巧、外观精致，便于携带。

8.2.2 HX118-2 超外差式收音机的各单元电路原理

1. 磁性天线输入回路

收音机的天线接收到众多广播电台发射出的高频信号波，输入回路利用串联谐振电路选出所需要的信号，并将它送到收音机的第一级，把那些不需要收听的信号有效地加以抑制。因此，要求输入回路具有良好的选择性，同时因为收音机要接收不同频率的信号，而且输入回路处在收音机电路的最前方，所以输入回路还要具有较大且均匀一致的电力传输系数、正确的频率覆盖和良好的工作稳定性。

图 8-2-4 所示为磁性天线，它由一根长圆形或扁长形磁棒和线圈 L_1 线圈 L_2 组成。中波磁棒用锰锌铁氧体材料制成，长度大于 50mm。一般磁棒越长，接收的灵敏度越高。线圈用多股纱包线饶制而成，一般把线圈放在磁棒的两端，这样可以提高输入调谐回路的 Q 值。

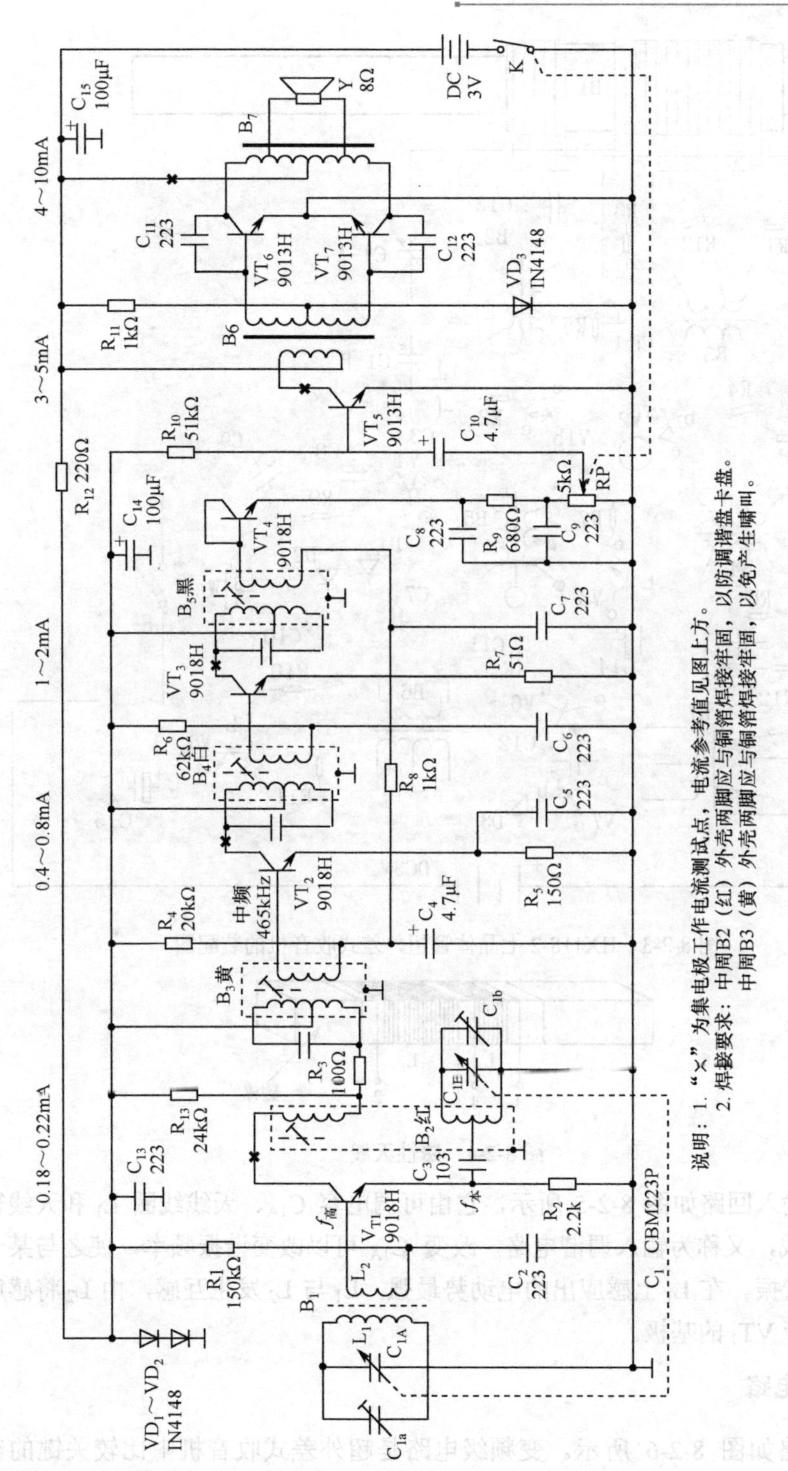

说明：1. “×”为集电极工作电流测试点，电流参考值见图上方。
2. 焊接要求：中周B2（红）外壳两脚应与铜箔焊接牢固，以防调谐盘卡盘。
中周B3（黄）外壳两脚应与铜箔焊接牢固，以免产生啸叫。

图 8-2-2 HX118-2 七晶体管超外差式收音机的电路原理图

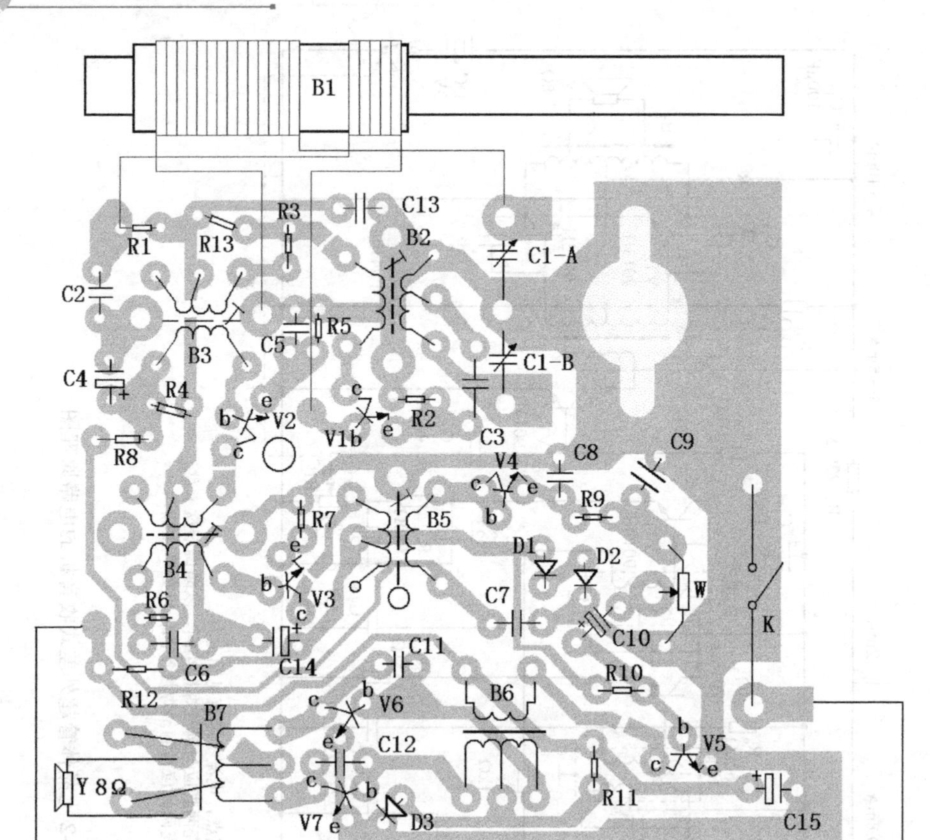

图 8-2-3　HX118-2 七晶体管超外差式收音机的装配图

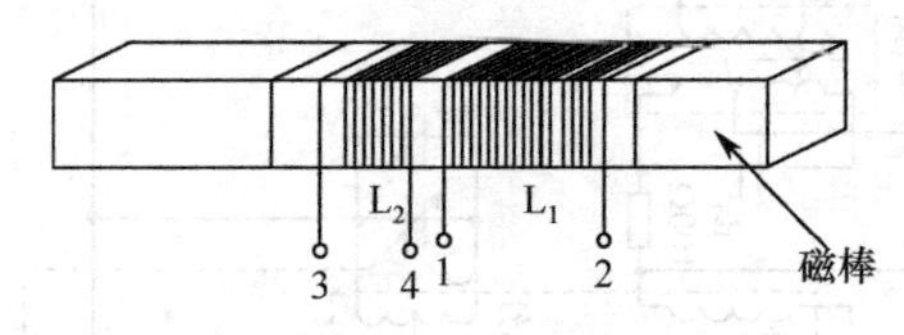

图 8-2-4　磁性天线

磁性天线输入回路如图 8-2-5 所示，它由可调电容 C_{1A}、天线线圈 L_1 和天线微调电容 C_{1a} 构成，又称为输入调谐电路，改变 C_{1A} 可以改变谐振频率，使之与某一高频载波发生谐振。在 L_1 上感应出的电动势最强，L_1 与 L_2 发生互感，由 L_2 将感应信号送入变频管 VT_1 的基极。

2. 变频级电路

变频级电路如图 8-2-6 所示。变频级电路是超外差式收音机中比较关键的部分，其质量对收音机的灵敏度和信噪比都有很大的影响。它的作用是把天线接收下来的信号变成一个固定频率（465kHz）的中频信号，送到中频放大级去放大。对于变频级电路，要求在变频过程中，原有的低频成分不能有任何畸变，并且要有一定的变频增益；噪声系数要非常小；工作要稳定；本机振荡信号频率要始终比输入回路选择出的广播电台高频信号的频率高 465kHz。

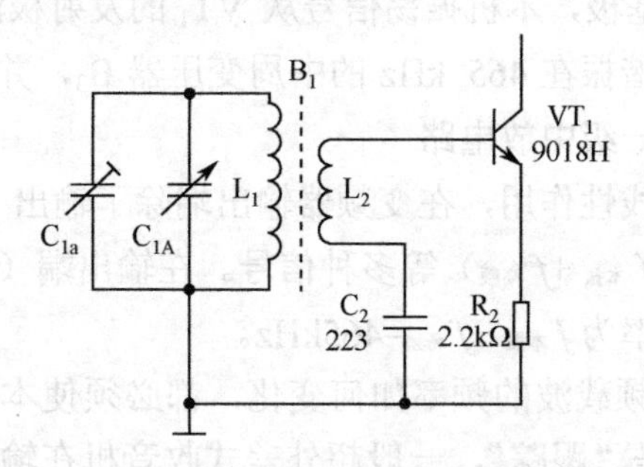

图 8-2-5 磁性天线输入回路

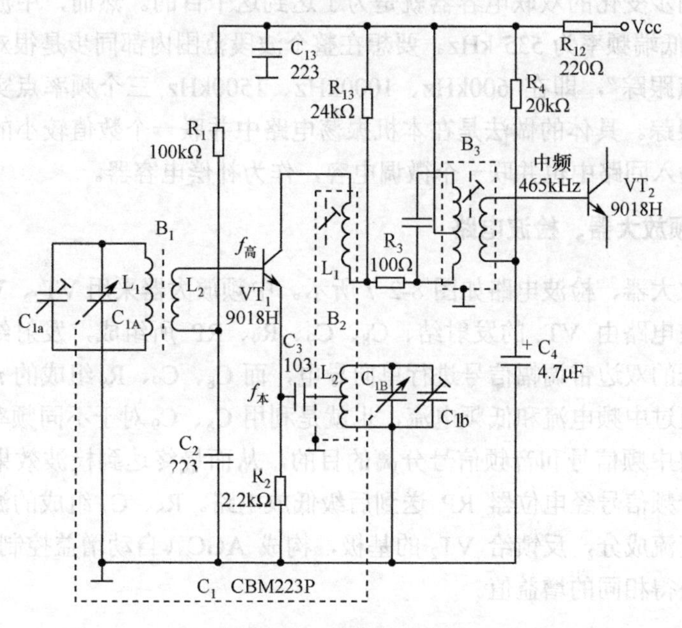

图 8-2-6 变频级电路图

为了达到这个目的，在变频级中要有能产生本机振荡的部分（本机振荡器），然后把本机振荡信号和接收的输入信号加以混频，以产生中频信号。

1）本机振荡电路

该电路是共基极调整式振荡电路，由 R_1、R_2 和 VT_1 共同组成分压式电流负反馈偏置电路；C_2、C_3 提供高频通路，并起隔直作用；B_2 的 L_2 与 C_{1B} 构成本机振荡回路，产生的本机振荡信号由 B_2 的 L_2 中间抽头经 C_3 耦合到 VT_1 的发射级。

2）变频电路

该电路是典型的发射极注入式变频电路。输入调谐回路选出高频信号，经过 B_1 的 L_2 耦合到 VT_1 的基极，本机振荡信号从 VT_1 的发射极注入，两者在 VT_1 中混频出多种频率信号送入谐振在 465 kHz 的中周变压器 B_3，并选出 465kHz 信号，由 B_3 的二次绕组耦合到下一级中放电路。

由于晶体管的非线性作用，在变频器输出端除了输出 $f_{本振}$和 $f_{高频}$的信号外，还输出（$f_{本振}-f_{高频}$）、（$f_{本振}+f_{高频}$）等多种信号。在输出端（集电极所接负载）采用调谐回路，并使谐振频率为 $f_{本振}-f_{高频}$=465kHz。

不管广播电台高频载波的频率如何变化，都必须使本机振荡频率比高频信号频率高 465kHz，这就是“跟踪”，一般超外差式收音机在输入回路和本机振荡回路采用电容量同步变化的双联电容器就是为了达到这个目的。然而，中波段高端频率为 1605kHz，低端频率为 535 kHz。要想在整个波段范围内都同步是很难实现的，一般采用“三点跟踪”，即在 600kHz、1000kHz、1500kHz 三个频率点实现同步，其余各点近似跟踪。具体的做法是在本机振荡电路中并联一个数值较小的补偿电容器，在天线的输入回路中也并联一个微调电容，作为补偿电容器。

3. 中频放大器、检波电路

中频放大器、检波电路如图 8-2-7 所示。中频放大器采用 VT_2、VT_3 晶体管两级放大。检波电路由 VT_4 的发射结、C_8、C_9、R_9、RP 所组成，发射结的作用是对广播电台发送的双边带调幅信号进行单向导电，而 C_8、C_9、R_9 组成的 π 形滤波器的作用分别是通过中频电流和低频电流，也就是利用 C_8、C_9 对于不同频率信号的阻抗不同而达到将中频信号和音频信号分离的目的，从而最终达到检波效果。通过检波挑选出来的音频信号经电位器 RP 送到后级低放电路。R_8、C_7 组成的滤波电路滤除音频信号的直流成分，反馈给 VT_2 的基极，构成 AGC（自动增益控制），以保证远近电台均能获得相同的增益值。

4. 低放、功放电路

低放、功放电路如图 8-2-8 所示。经检波输出的音频信号经 C_{10} 耦合送入 VT_5 的基极，由 VT_5 组成共射极单管前置放大器放大后，由 VT_5 的集电极输出，其输出采用变压器耦合，获得较大的功率增益。同时，为了适应推挽功率级的需要，变压器 B_6 的二次侧有中心抽头，把低放的输出信号对中心抽头分成大小相等、相位相反的两个信号，分别耦合送到由 VT_6、VT_7 组成的推挽式甲乙类功率放大器中进行功率放大，经输出变压器 B_7 使扬声器发出声音。

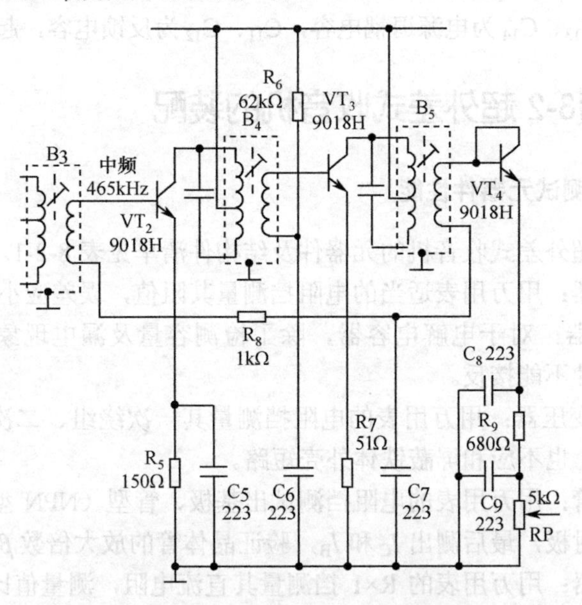

图 8-2-7 中频放大器、检波电路图

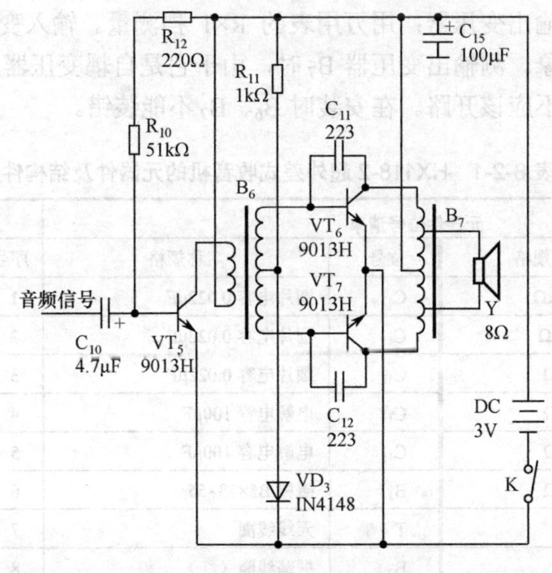

图 8-2-8 低放、功放电路图

R_{10}、R_{11} 分别为前置低放 VT_5，功放 VT_6、VT_7 的偏置电阻器，调整 R_{10} 和 R_{11} 可分别调整各级直流工作点。

为了提高电路工作的稳定性，改善电池电压下降对放大器工作状态的影响，VT_5 的基极偏置电压由二极管 VD_1、VD_2 组成的稳压器提供。此外，当温度升高时，VD_1、VD_2的正向压降也随之减小，有补偿VT_5的U_{be}变化的作用。R_{12}、C_{15}组成退耦电路，C_{13}、C_{14}为电源退耦电容，C_{11}、C_{12}为反馈电容，起改善音质的作用。

8.2.3 HX118-2 超外差式收音机的装配

1. 检查并测试元器件性能

HX118-2 超外差式收音机的元器件及结构件清单见表 8-2-1。

（1）电阻器：用万用表适当的电阻挡测量其阻值，误差应小于±20%。

（2）电容器：对于电解电容器，除了检测容量及漏电现象外，还要注意其极性。安装时极性不能接反。

（3）中周变压器：用万用表的电阻挡测量其一次绕组、二次绕组及抽头，绕组线圈不应断路，也不应和屏蔽铁体外壳短路。

（4）晶体管：用万用表的电阻挡测试出基极、管型（NPN 型或 PNP 型），再测出集电极和发射极，最后测出I_C和I_B，验证晶体管的放大倍数β值。

（5）扬声器：用万用表的 R×1 挡测量其直流电阻，测量值比标称阻抗小一些是正常的，当表笔接触其两个接线端时，还应发出“喀喀”声。

（6）输入、输出变压器：用万用表的 R×1 挡测量。输入变压器B_6的输入端绕组不应有开路现象。测输出变压器B_7时，由于它是自耦变压器，故其输入、输出绕组是一个绕组而不应该开路。在安装时B_6、B_7不能装错。

表 8-2-1　HX118-2 超外差式收音机的元器件及结构件清单

元器件位号清单				结构件清单		
位号	名称规格	位号	名称规格	序号	名称规格	数量
R_1	电阻 150kΩ	C_{11}	圆片电容 0.022μF	1	前框	1
R_2	电阻 2.2kΩ	C_{12}	圆片电容 0.022μF	2	后盖	1
R_3	电阻 100Ω	C_{13}	圆片电容 0.022μF	3	周率板	1
R_4	电阻 20kΩ	C_{14}	电解电容 100μF	4	调谐盘	1
R_5	电阻 150Ω	C_{15}	电解电容 100μF	5	电位器	1
R_6	电阻 62kΩ	B_1	磁棒 B5×13×55	6	磁棒支架	1
R_7	电阻 51Ω	T	天线线圈	7	印制板	1
R_8	电阻 1kΩ	B_2	振荡线圈（红）	8	电池正极片	2
R_9	电阻 680Ω	B_3	中周（黄）	9	电池负极弹簧	2
R_{10}	电阻 51kΩ	B_4	中周（白）	10	拎带	1
R_{11}	电阻 1kΩ	B_5	中周（黑）	11	调谐盘螺钉	1
R_{12}	电阻 220Ω	B_6	输入变压器（蓝、绿）		沉头 M2.5×4	

（续表）

元器件位号清单				结构件清单		
位号	名称规格	位号	名称规格	序号	名称规格	数量
R_{13}	电阻 24kΩ	B_7	输出变压器（黄、红）	12	双联螺钉 M2.5×5	2
RP	电位器 5kΩ	VD_1	二极管 IN4148			
C_1	双联 CBM223P	VD_2	二极管 IN4148	13	机芯螺钉 自攻 M2.5×5	1
C_2	圆片电容 0.022μF	VD_3	二极管 IN4148			
C_3	圆片电容 0.01μF	VT_1	三极管 9018H	14	电位器螺钉 M1.7×4	1
C_4	电解电容 4.7μF	VT_2	三极管 9018H			
C_5	圆片电容 0.022μF	VT_3	三极管 9018H	15	正极导线（9cm）	1
C_6	圆片电容 0.022μF	VT_4	三极管 9018H	16	负极导线（10cm）	1
C_7	圆片电容 0.022μF	VT_5	三极管 9013H	17	扬声器导线（10cm）	2
C_8	圆片电容 0.022μF	VT_6	三极管 9013H			
C_9	圆片电容 0.022μF	VT_7	三极管 9013H			
C_{10}	电解电容 4.7μF	Y	扬声器 8Ω			

2. 焊接前准备

（1）对照电路图检查印制电路板。安装、焊接元器件之前，对照电路图“读”印制电路板，并且检查是否有落线、连线、断线的地方，应及时发现、及时修整，同时熟悉各个元器件的安装位置。

（2）将所有的元器件引脚上的漆膜、氧化膜清除干净，并对电阻器、二极管等的引脚进行整形加工。

（3）将电位器拨盘装在电位器上，用螺钉固定。

（4）将磁棒套入大线线圈和磁棒支架上。

（5）进行焊接练习，要求能熟练使用三步焊接法。焊点要达到如下要求：具有良好的导电性；具有一定的机械强度；焊点上的焊料要适中；焊点表面应具有良好的光泽且表面光滑，无毛刺。

3. 插件焊接

1）焊接时应注意的问题

（1） 按照装配图正确插入元器件，其高低、极向应符合图纸规定。一般来说，插装顺序是由小到大，先装矮小元器件，后装高大元器件。

（2）焊点要光滑，其大小最好不要超出焊盘，且不能有虚焊、搭焊、漏焊。

（3）注意二极管、晶体管的极性。焊接的时间要掌握好，时间不宜过长，否则会烫坏晶体管。每个焊点一般焊 3s 比较合适。如果一次不成，可待冷却后再焊一次。

（4）输入（绿色或蓝色）、输出（黄色或红色）变压器不能调换位置。

（5）红中周变压器 B_2 插件外壳应弯脚焊牢，否则会卡住调谐盘。

2）元器件焊接步骤

（1） 电阻器、二极管。

（2）圆片电容器、晶体管。

（3）中周变压器、输入/输出变压器。

（4）双联可调电容器、天线线圈。

（5）电池夹引线、扬声器引线。

提示：每次焊接完一部分元器件，均应检查一遍焊接质量及是否有错误、漏焊，发现问题应及时纠正，这样可保证焊接收音机一次成功，进而进入下一道工序。

4. 装大件

1）装双联可调电容器

将双联可调电容器 CBM-223P 安装在印制电路板正面，将天线组合件上的支架装在印制电路板反面的双联可调电容器上，然后用两个 M2.5mm×5mm 螺钉固定，并将双联可调电容器引脚超出电路板的部分弯脚后焊牢。

2）装天线线圈

（1）天线线圈的 1 端焊接于双联可调电容器的 C_{A1} 端。

（2）2 端焊接于双联可调电容器中点的地线上。

（3）3 端焊接于 VT_1 的基极（b）上。

（4）4 端焊接于 R_1、C_2 的公共点上。

3）焊电位器组合件

将电位器组合件焊接在电路板的指定位置。

5. 开口检查与试听

收音机装配焊接完成后，请检查元器件有无装错位置，焊点是否脱焊、虚焊、漏焊，所焊元器件有无短路或损坏。发现问题要及时修理、更正。用万用表进行整机工作点、工作电流测量，若检查都满足要求，即可进行收台试听。

6. 前框准备

（1）将电池负极弹簧、正极片安装在塑壳上。同时焊好连接点及黑色、红色引线。

（2）将周率板反面的双面胶保护纸去掉，然后贴于前框，注意要贴装到位，并撕去周率板正面的保护膜。

（3）将扬声器安装于前框内，用一把“一”字的小螺丝刀导入带钩压脚，再用电烙铁热铆三个固定脚。扬声器安装图如图8-2-9所示。

（4）将拎带套在前框内。

（5）将调谐盘安装在双联电容器轴上，用M2.5mm×5mm螺钉固定。注意调谐盘指示方向。

（6）根据装配图，分别将两根白色或黄色导线焊接在扬声器与印制电路板上。

（7）将正极（红色）、负极（黑色）电源线分别焊在印制电路板的指定位置。

（8）将组装完毕的机芯装入前框，一定要到位，完成整机组装。

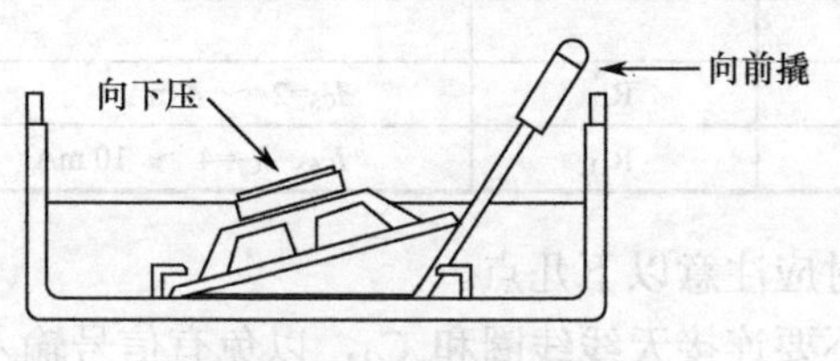

图8-2-9　扬声器安装图

8.2.4　HX118-2超外差式收音机的调试

对于新装的和严重失调的收音机，为急于收台，不讲顺序乱捅、乱调一气，势必适得其反；应认真合理地调试收音机。

调试所需的仪器设备有：直流稳压电源（200mA、3V）、XFG-7高频信号发生器、示波器（一般示波器即可）、毫伏表、无感应螺丝刀。

调试的步骤有通电前的检查、静态工作点调整和动态调试。

1. 通电前的检查

调试前应在以下几个方面进行仔细检查。

（1）各级不同型号的晶体管是否有误装的情况，各晶体管的引脚装接是否正确。

（2）三级中频变压器的前后装接顺序是否有误。

（3）线路的连接和元器件的安装是否有误，各焊点是否有虚焊、漏焊、碰焊的情况，电解电容器的正负极性装接是否有误。

（4）将歪斜的元器件扶直排齐，并着重排除元器件和裸线相碰之处。

（5）应注意把滴落在机内的锡珠、线头等清理干净。

以上情况经过仔细检查无误后，方可接通电源，进行电路调试工作。

2. 静态工作点调整

通过改变晶体管的基极偏置电阻获得合适的静态工作点，静态工作电流可通过将电流表串联在集电极支路中测得。其测试点及数据如表 8-2-2 所示。

表 8-2-2　测试点及其数据（参考）

测试点	调节元件	电流范围	电压值
电源			U_{CC}=3V
三极管 VT_1	R_1	I_{C1}=0.18 ～ 0.22 mA	U_{C1}=1.35V
三极管 VT_2	R_4	I_{C2}=0.4 ～ 0.8 mA	U_{C2}=1.35V
三极管 VT_3	R_6	I_{C3}=1 ～ 2 mA	U_{C3}=1.35V
三极管 VT_4			U_{C4}=1.4V
三极管 VT_5	R_{10}	I_{C5}=2 ～ 4 mA	U_{C5}=2.4V
三极管 VT_6、VT_7	R_{11}	I_{C6}、I_{C7}=4 ～ 10 mA	U_{C6}、U_{C7}=3V

调整偏置电流时应注意以下几点。

（1）调整时先不要连接天线线圈和 C_3，以免有信号输入而将动态电流误认为静态电流。调整从后级开始，向前进行。

（2）调整集电极电流，换上固定电阻器之后，还应重新检查一下电流，并且不要忘记接通集电极电流的检测点。

（3）在调整过程中，保持电池电压充足。

3. 动态调试

调试仪器连接方框图如图 8-2-10 所示。

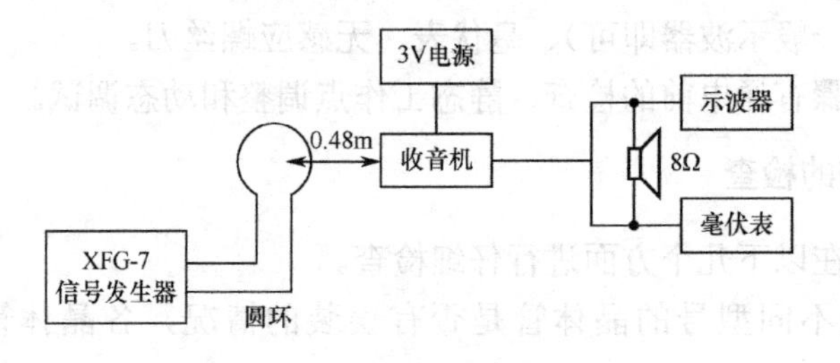

图 8-2-10　测试仪器连接方框图

1）中频调试

中频调试就是调整中频频率，即调整中周变压器，改变其电感量使其谐振在 465kHz 中频频率上。首先将双联可调电容器旋至最低频率点（即全部旋入），再将 XFG-7 高频信号发生器置于 465kHz 频率处，输出场强为 10mV/M，调制频率为 1000Hz，调幅度为 30%。收音机收到信号后，示波器应该有 1000Hz 信号波形，用无感应螺丝刀依次调节黑（B_5）、白（B_4）、黄（B_3）三个中周变压器，且反复调节，使其输出最大。此时465kHz中频调节好，之后就不需要再动了。

2）调整频率范围（对刻度）

调整频率范围就是旋动可变电容器，从全部旋进的最低频率到全部旋出的最高频率之间恰好包括了整个接收波段（535～1605kHz）。

将XFG-7高频信号发生器置于520kHz，输出场强为5mV/M，调制频率为1000kHz，调幅度为30%。将双联可调电容器调至最低端，用无感应螺丝刀调节红中周变压器（振荡线圈B_2），调到收到信号使声音最响、幅度最大为止。再将双联可调电容器旋至最高端，XFG-7高频信号发生器置于1620kHz，调节双联可调电容器的微调电容C_{1b}（图8-2-11为双联示意图），使收到信号的声音最大。再将双联可调电容器调至最低端，调红中周变压器，高低端反复调整，直至低端频率为520kHz，高端频率为1620kHz为止，频率覆盖调节到此结束。

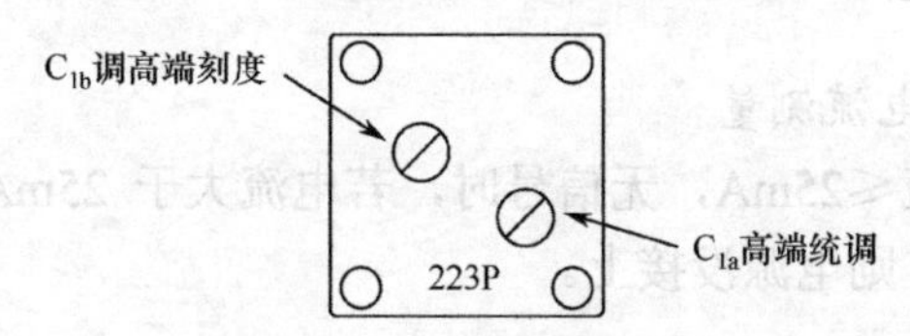

图8-2-11 双联示意图

3）统调（调整整机灵敏度）

利用调整频率范围时收到的低端电台，移动磁棒上的线圈使声音最响，以达到低端统调；利用调整频率范围时收到的高端电台，调节与磁棒线圈并联的微调电容器，使声音最响，以达到高端统调。高低端的调整反复进行几次，直到满意为止。

具体方法：将XFG-7高频信号发生器置于600 kHz，输出场强为5mV/M左右，调节收音机调谐旋钮，收到600 kHz信号后，调节中波磁棒线圈位置，使输出最大；然后将XFG-7高频信号发生器旋至1400kHz，调节收音机，直到收到1400kHz信号后，调双联微调电容C_{1a}（见图8-2-11），使输出最大；重复调节600 kHz和1400kHz统调点，直至两点均为最大为止，至此统调结束。

中频调试、频率范围、统调结束后，收音机即可收到高、中、低端的电台，且频率与刻度基本相符。放入2节5号电池进行试听，在高、中、低端都能收到电台后，即可将后盖盖好。

8.2.5 HX118-2超外差式收音机的故障分析与检修

1. 检查要领

一般由后级向前检测，先检查低功放级，再检查中放和变频级。

1）低频部分

若输入、输出变压器位置装错，虽然工作电流正常，但音量会很低；若 VT_6、VT_7集电极（c）和发射极（e）装错，则工作电流调不上，音量极低。

2）中频部分

中周变压器 B_3 外壳两脚均接地，否则将产生啸叫，收不到电台。若几个中周变压器的位置装错，结果会造成收音机的灵敏度和选择性降低，有时还会产生自激现象。

3）变频部分

用万用表的直流 2.5V 挡测 VT_1 的基极电位和发射极电位，若发射极电位高于基极电位，说明电路工作正常，否则说明电路中有故障。变频级的工作电流不宜太大，否则噪声大。

2. 检测修理方法

1）整机静态总电流测量

整机静态总电流≤25mA，无信号时，若电流大于 25mA，则该机出现短路或局部短路；若无电流，则电源没接上。

2）工作电压测量

总电压为 3V。正常情况下，VD_1、VD_2 两个二极管的电压为 1.3V±0.1V，当此电压大于 1.4V 或小于 1.2V 时，该机均不能正常工作。当电压大于 1.4V 时，二极管 IN4148 可能极性接反或已损坏，此时应检查二极管。

当电压小于 1.3V 或无电压时应检查：

（1）电源 3V 有无接上；

（2）R_{12} 电阻（220Ω）是否接对或接好；

（3）中周（特别是白中周和黄中周）一次侧与其外壳是否短路。

3）变频级无工作电流

检查点：

（1）天线线圈二次侧是否未接好；

（2）VT_1（9018）三极管是否已坏或未按要求接好；

（3）本振线圈（红色）二次侧是否不通，R_3（100Ω）是否虚焊或错焊接了大阻值电阻。

（4）电阻 R_1（100kΩ）和 R_2（2kΩ）是否接错或虚焊。

4）第一中放无工作电流

检查点：

（1） VT_2晶体管是否坏，或VT_2管引脚（e、b、c）插错；
（2）R_4（20kΩ）电阻是否未接好；
（3）黄中周二次侧绕组是否开路；
（4）C_4（4.7μF）电解电容是否短路；
（5）R_5（150Ω）是否开路或虚焊。

5）第一中放工作电流大

第一中放工作电流为1.5～2 mA（标准是0.4 ～ 0.8mA，见原理图）。
检查点：
（1）R_8（1kΩ）电阻是否未接好或连接1kΩ电阻的铜箔里有断裂现象；
（2）C_5（233）电容是否短路或R_5（150Ω）电阻错接成51Ω；
（3）电位器是否坏，测量不出阻值，或R_9（680Ω）电阻未接好；
（4）检波管VT_4（9018）是否坏，或其引脚插错。

6）第二中放无工作电流

检查点：
（1）黑中周一次侧是否开路；
（2）白中周二次侧是否开路；
（3）晶体管VT_3是否坏或引脚接错；
（4）R_7（51Ω）电阻是否未接上；
（5）R_6（62kΩ）电阻是否未接上。

7）第二中放电流太大（大于2mA）

检查点：R_6（62kΩ）是否接错，阻值远小于62kΩ。

8）低放级无工作电流

检查点：
（1）输入变压器（蓝色）初级是否开路；
（2）VT_5晶体管是否坏或接错引脚；
（3）电阻R_{10}（51kΩ）是否未焊好。

9）低放级电流是否太大（大于6mA）

检查点：R_{10}（51kΩ）电阻是否装错，阻值太小。

10）功放级无电流（VT_6、VT_7管）

检查点：
（1） 输入变压器二次侧是否不通；
（2） 输出变压器绕组是否不通；

（3）VT_6、VT_7 晶体管是否坏或接错引脚；

（4）R_{11}（1kΩ）电阻是否未接好。

11）功放级电流太大（大于 20mA）

检查点：

（1）二极管 VD_4 是否坏或极性接反，引脚未焊好；

（2） R_{11}（1kΩ）电阻是否装错，用了小电阻（远小于 1kΩ）。

12）整机无声

检查点：

（1）电源有无加上；

（2）VD_1、VD_2（IN4148）两端是否为 1.3V±0.1V；

（3）有无静态电流（大于 25mA）；

（4）各级电流是否正常，变频级为 0.2mA±0.02 mA；第一中放级为 0.6mA±0.2 mA；第二中放级为 1.5mA±0.5 mA；低放级为 3mA±1 mA；功放为 4～10 mA；

（5）用万用表的 R×1 挡检查扬声器，应有 8Ω 左右的电阻，用表笔接触扬声器引出接头时，应有“喀喀”声，若无阻值或“喀喀”声，说明扬声器已坏（测量时应将扬声器焊下，不可连机测量）；

（6）B_3 中周（黄色）外壳是否未焊好；

（7）音量电位器是否未打开。

当整机无声时用万用表检查故障的方法：用万用表的 R×10Ω 挡黑表笔接地，红表笔从后级向前级寻找，对照原理图，从扬声器开始顺着信号传播方向逐级往前碰触，扬声器应发出“喀喀”声，当碰触到哪级无声时，故障就在该级，测量工作点是否正常，并检查各元器件有无接错、焊错、搭焊、虚焊等；若在整机上无法查出该元件的好坏，则可拆下后检查。

思 考 题

1. 了解 DT830B 数字式万用表的基本原理与结构。
2. 简述双积分 A/D 转换器的工作原理。
3. 简述 DT830B 数字式万用表直流电压挡的工作原理。
4. 简述 DT830B 数字式万用表直流电流挡的工作原理。
5. 数字式万用表液晶片下的导电胶条被污染或接触不良，会出现什么现象？应怎样清洁？
6. 调整超外差式收音机中周时应该注意什么？如果没有示波器应怎样调节？
7. 以超外差式收音机为例，说明静态工作点的调试方法。
8. 以超外差式收音机为例，说明整机动态工作特性的调试方法。

参 考 文 献

[1] 王薇，等．电子技能与工艺．北京：国防工业出版社，2009.
[2] 王英．电工电子综合性实习教程．成都：西南交通大学出版社，2008.
[3] 熊幸明．电工电子实训教程. 北京：清华大学出版社，2007.
[4] 陈世和．电工电子实习教程. 北京：北京航空航天大学出版社，2007.
[5] 徐国华．电子技能实训教程. 北京：北京航空航天大学出版社，2006.
[6] 吴新开，等．电子技术实习教程. 长沙：中南大学出版社，2013.
[7] 李敬伟，等．电子工艺训练教程. 北京：电子工业出版社，2008.
[8] 宁铎，等．电子工艺实训教程. 西安：西安电子科技大学出版社，2006.
[9] 付蔚．电子工艺基础． 北京：北京航空航天大学出版社，2011.
[10] 马全喜．电子元器件与电子实习. 北京：机械工业出版社，2006.
[11] 毕满清．电子工艺实习教程．北京：国防工业出版社，2009.
[12] 张春梅，等．电子工艺实训教程. 西安：西安交通大学出版社，2013.

举报电话：（010）88254396；（010）88258888
传　　真：（010）88254397
E-mail：　dbqq@phei.com.cn
通信地址：北京市海淀区万寿路 173 信箱
　　　　　电子工业出版社总编办公室
邮　　编：100036